雷达干涉测量原理与应用

Synthetic Aperture Radar Interferometry
Principle and Application

（第二版）

李平湘　杨杰　史磊　　编著

测绘出版社

·北京·

内 容 提 要

本书系统地阐述了雷达干涉测量的发展和雷达遥感的基本原理和方法,详细给出了 InSAR 处理生成数字高程模型的实现流程及其关键算法。全书共分 8 章,内容包括:系统分析和总结了国内外 InSAR 影像提取数字高程模型的研究现状;阐述了数字高程模型生成技术及质量控制、InSAR 的基本处理原理,并详细给出了 InSAR 处理流程;比较和分析了现有的干涉相位解缠算法,提出了一种基于经典相位解缠算法(支切法)的改进算法;讲述了基于遗传算法的相位解缠算法;利用干涉测量处理分析的理论,系统全面地分析了利用 InSAR 影像提取数字高程模型时产生误差的因素,并给出了误差估计的定量化公式;给出了一些关键算法的原程序。

本书可作为我国研究 InSAR 处理的人员的参考书,也可作为高年级本科生和相关专业研究生的入门教材。

图书在版编目(CIP)数据

雷达干涉测量原理与应用 / 李平湘,杨杰,史磊编著. -- 2 版. -- 北京 : 测绘出版社,2016.12 (2025.1 重印)
ISBN 978-7-5030-4024-5

Ⅰ. ①雷… Ⅱ. ①李… ②杨… ③史… Ⅲ. ①雷达—干涉测量法 Ⅳ. ①P225.1

中国版本图书馆 CIP 数据核字(2016)第 320991 号

雷达干涉测量原理与应用
LEIDA GANSHE CELIANG YUANLI YU YINGYONG

责任编辑 巩　岩　　**封面设计** 李　伟　　**责任印制** 陈姝颖

出版发行	测绘出版社	**电　　话**	010－68580735(发行部)
地　　址	北京市西城区三里河路 50 号		010－68531363(编辑部)
邮政编码	100045	**网　　址**	https://chs.sinomaps.com
电子信箱	smp@sinomaps.com	**经　　销**	新华书店
成品规格	169mm×239mm	**印　　刷**	建工社(河北)印刷有限公司
印　　张	14.5	**字　　数**	281 千字
版　　次	2006 年 12 月第 1 版 2016 年 12 月第 2 版	**印　　次**	2025 年 1 月第 3 次印刷
印　　数	2301－2400	**定　　价**	48.00 元

书　　号 ISBN 978-7-5030-4024-5

序

应武汉大学测绘遥感信息工程国家重点实验室青年学者李平湘教授、杨杰教授和史磊博士之邀，为其撰写的专著《雷达干涉测量原理与应用》作序。

雷达干涉技术发展几十年来，其应用领域不断发展，主要包括：地形测量和高精度数字地形图的生成，地壳形变与地震位移的测量，火山监测，冰川的流速和运动监测，地面沉降，森林调查，海洋现象和舰船的监测，军事应用，运动目标的发现与监视，以及合成孔径雷达(SAR)图像几何和辐射校正等。

从雷达影像提取高程信息是摄影测量与遥感领域长期关注的课题，也是地形测绘、自然灾害监测、自然资源调查等空间对地观测技术应用领域的先行基础工作，有着巨大的社会和经济效益。合成孔径雷达干涉测量(InSAR)是获取高精度地面高程信息的一种新手段，差分合成孔径雷达干涉测量(D-InSAR)技术能应用于地面沉降的监测，可提供精度达到毫米级的地面形变监测精度。

武汉大学测绘遥感信息工程国家重点实验室多年来一直跟踪国际雷达遥感相关的前沿研究，开展了大量的技术攻关工作，同时也取得了可喜的研究成果。近几年来，李平湘教授、杨杰教授和史磊博士的博士论文都是专门针对 InSAR 技术进行研究，其中杨杰博士的论文是在我的指导下完成。李平湘教授主持了国家"973"课题，同时主持了国家"863"项目(2011AA120404)"面向对象的 SAR 影像地物高精度解译"课题、国家自然科学基金(F010408)"基于震后高分辨率极化 SAR 图像的倒塌建筑物解译"的研究，其中自主开发的干涉雷达处理软件已经嵌入国家"通用遥感平台"。同时，"863"项目利用两位作者研究的方法，对德国地区 InSAR 数据处理得到的数字高程模型(DEM)精度在 10 m 以内、对天津地区地面沉降的监测结果达到厘米级精度。

本书系统地综述了雷达干涉测量的发展和雷达遥感的基础知识，注重基本原理和方法的描述，同时注重对关键技术进行重点阐述，做到了深入浅出。整个内容形成了较为完整的体系，是近年来雷达干涉测量用于地形测量从理论到实践较完备的专著，因此，我推荐给不同专业背景的学者阅读或参考。

在目前雷达硬件技术飞速发展、国外 InSAR 理论研究相对成熟、国内数据处理相对滞后的情况下，期望本书的出版能够起到积极的作用，推动我国 InSAR 在地形测绘领域的理论研究和其数据处理水平向前发展。我殷切地希望三位青年学者能够百尺竿头更进一步，在雷达测绘领域做出更大贡献。

李德仁

中国科学院、中国工程院院士

二〇一六年六月

前　言

合成孔径雷达干涉测量(InSAR)是用来提取地表三维和高程变化信息的一项先进技术，它通过传感器、轨道和地球模型之间几何关系的建立，利用雷达干涉数据导出的相位信息可快速大面积地获取高精度数字地形信息。20 世纪 60 年代以来，InSAR 技术发展迅速，应用十分广泛。例如，冰川和冰缘的变化及地表形变的监测，城市沉降、火山喷发、地震、滑坡等地质灾害的监测，监测精度已达到毫米级。InSAR 技术现已成为遥感研究领域的新热点。

InSAR 是通过机载系统发展起来的，其最初的应用领域受到局限。进入20 世纪 90 年代后，一系列星载系统，如欧洲的 ERS-1/2、JERS-1、Radarsat-1 相继发射成功，提供了大量的星载雷达干涉测量(SAR)数据。由此，InSAR 技术也从纯理论研究迈向实用阶段。例如，在 2000 年，美国利用航天飞机搭载合成孔径雷达飞行 11 天，获取了覆盖全球 80%的数字高程模型(DEM)数据，高程精度在 20 m 以内。在我国，一批学者也致力于 InSAR 技术的基础理论与应用研究。但是，相对于国际先进水平，我国在数据获取与处理技术手段方面仍然滞后。例如，InSAR 数据的处理几乎完全依赖于进口软件，还不能满足国家建设的迫切需要。因此，要加强 InSAR 及其数据处理关键技术的研究和创新，积极推动我国自主版权的数据处理软件平台的开发，满足未来雷达对地观测技术发展的需求。

本书从 InSAR 几何模型入手，全面地阐述了从 InSAR 影像提取 DEM 的基本理论、数据处理技术、实用化系统。第 1 章为概述部分，阐述了 InSAR 的发展及其在地形测绘中和其他领域的应用；第 2 章从 InSAR 的成像几何模型入手，给出了 InSAR 中关键参量的求解方法及可用于干涉测量的 InSAR 数据；第 3 章系统地总结了 DEM 数据获取、存储、处理过程及应用中的一些典型理论与方法，分析了 DEM 的数据来源、数据采集、生产流程及质量控制等因素对 DEM 精度和可靠性的影响，比较了常规 DEM 生产方法与 InSAR 生成 DEM 方法的特点；第 4 章介绍了从 InSAR 提取 DEM 的过程，分析了数据处理的理论和实现步骤，详细推导了从相位到高程转换的模型，对其中的典型方法进行了分析和评述；第 5 章针对相位解缠这一核心技术进行了分类、比较，并对各自适用的条件进行了总结，在经典相位解缠的基础上，提出了改进支切法相位解缠和基于遗传算法的相位解缠的理论与方法；第 6 章结合作者多年的研究成果，系统地阐述了 InSAR 的应用；第 7 章简要地介绍了差分合成孔径雷达干涉测量技术(D-InSAR)的基本原理和应用；第 8 章对目前利用极化干涉技术进行植被下 DEM 提取的基本原理进行了详细介绍。

全书内容充实，针对性强，对从事 InSAR 相关研究的读者具有较高的参考价值。

在本书稿的撰写、修改和出版的过程中，得到了许多知名学者和有关人士的帮助。李德仁院士作为我们的老师和领导，一直关注本书的撰写，为本书提出了宝贵的意见。测绘遥感信息工程国家重点实验室的张良培教授，首先审阅了书稿，对本书的整体结构和一些具体细节都提出了宝贵的修改意见。本书的部分实验是在中国测绘科学研究院完成的，得到了张继贤研究员及相关人员的热情帮助。德国波茨坦地球科学研究中心的夏耶教授为我们的研究工作提供了许多珍贵的资料，同时对我们的研究工作也给予了积极的指导。在此一并表示感谢。

本书的出版得到了国家自然科学基金(F010408)“基于震后高分辨率极化SAR 图像的倒塌建筑物解译”、国家测绘地理信息局公益项目项目(201412002)“微小型 SAR 测图系统及其应急检测应用”、国家“863”项目(2011AA120404)“面向对象的 SAR 影像地物高精度解译”等课题的资助。

由于作者水平所限，书中难免有错误及不当之处，敬请读者不吝指教。

目　录

CONTENTS

第1章 概 述

精确的地形信息在地质、地形、水文、冰山、自然灾害监测、自然资源调查等地球物理领域有着十分重要的作用。相关领域的科研人员一直在进行各种探讨和研究，以求用尽可能短的时间获取覆盖面积广、空间分辨率高、精度高的数字高程模型(digital elevation model, DEM)。合成孔径雷达(synthetic aperture radar, SAR)技术与其他遥感技术相比，具有全天候、全天时、一定的地面穿透能力等独特优点，因此应用领域更加广泛。目前，合成孔径雷达技术已经取得了优于米级的空间分辨率(方位分辨率和距离分辨率)。合成孔径雷达干涉测量(interferometry SAR, InSAR)技术又充分利用了雷达所获取的相位信息，极大地增加了雷达数据所提供的信息量，扩大了合成孔径雷达的应用范围。InSAR 技术为 DEM 的快速精确获取提供了一个全新的信息源，是雷达遥感的最新研究方向，也是遥感和摄影测量学科的前沿。正因为如此，利用 InSAR 图像提取 DEM 的方法研究，已成为各国遥感研究领域的热点研究方向之一[1-3]。

§1.1 合成孔径雷达的发展历史

合成孔径雷达是 20 世纪 50 年代末研制成功的一种微波传感器，也是微波传感器中发展最迅速和最有成效的一种。作为一种主动式传感器，合成孔径雷达技术与其他遥感技术相比，不受光照和天气条件的限制，可全天时、全天候对地观测，还可以穿透一定的地表和植被获取地表下信息。利用 InSAR 图像提取 DEM 的方法研究已成为各国遥感领域研究的主要方向之一，它可广泛用于冰川、地震、火山、地表沉降等研究中[4-5]。

早在第二次世界大战期间，雷达遥感就已在战争中发挥作用。20 世纪 50 年代已出现了能成像的机载侧视雷达(side looking airborne radar, SLAR)。1951 年，美国 Goodyear 宇航公司的 Carl Wiley 首先提出：可以利用频率分析方法改善雷达的角分辨率。与此同时，伊利诺依大学控制系统实验室证实：频率分析方法的确能改善雷达的角分辨率。但由于当时的这些雷达空间分辨率较差，遥感应用上还有很大的局限性。1952 年，第一个实用化的合成孔径雷达系统研制成功。1953 年，安装在 DC-3 飞机上的合成孔径雷达系统(频率为 930 MHz)获取了第一幅合成孔径雷达图像，这是合成孔径原理和合成孔径雷达发展的最初阶段。1957 年，美国密歇根大学雷达和光学实验室对其研制的合成孔径雷达系统进行了飞行实验，得到了第一张全聚焦的合成孔径雷达图像。从此,合成孔径原理和合成孔径雷达被人们所认识[6-7]。

20 世纪 60 年代,美国开展了大量的机载合成孔径雷达实验。

进入 20 世纪 70 年代,合成孔径雷达系统由机载向星载过渡。1972 年,阿波罗 17 登月宇宙飞船上的合成孔径雷达系统是这种过渡的首次尝试。同年,美国航空与航天局(National Aeronautics and Space Administration,NASA)的喷气推进实验室(Jet Propulsion Laboratory,JPL)进行了机载 L 波段合成孔径雷达实验,获得了可喜的成果。1978 年,在先驱者金星 1 号卫星和海洋卫星(Seasat)1 号卫星上合成孔径雷达系统得到了成功应用,尤其是海洋卫星上的合成孔径雷达,它是从航天高度向地球环境和资源进行主动微波遥感的第一次实验,引起了遥感领域科技工作者的广泛注意。海洋卫星为期 98 天的飞行结果取得了大量雷达图像,证明了合成孔径雷达从航天高度获取地面高分辨率图像的能力:其 25 m 的空间分辨率已经超过了陆地卫星上多光谱扫描仪(multispectral scanner,MSS)图像的分辨率(78 m),也超过了专题制图仪(thematic mapper,TM)图像的分辨率(30 m);不会因地面被云层覆盖而产生无效的空白区,具有全天候、全天时的成像工作能力。这是多光谱扫描仪、专题制图仪及 SPOT 卫星上电荷耦合器件(charge coupled device,CCD)推扫式扫描仪等无法做到的。海洋卫星的发射标志着合成孔径雷达已成功地进入从太空对地面进行观测的新时代,标志着星载合成孔径雷达由实验研究向应用研究的关键转变。

进入 20 世纪 80 年代以后,美国航空与航天局开始有计划地对合成孔径雷达进行航天高度上的实验和应用。1981 年 11 月,哥伦比亚号航天飞机上搭载了成像雷达 SIR-A,这是一种 L 波段的合成孔径雷达,根据它所获得的图像探测到了埃及西北部沙漠地区的地下古河床,这一成果引起了国际科技界的震动。1983 年,原苏联利用 COSMOS 卫星进行海洋测绘,同时利用 Verena-15 和 Verena-16 宇宙飞船对金星进行雷达测绘。1984 年,挑战者号航天飞机上的成像雷达 SIR-B 又一次成功地进行了航天遥感实验,SIR-B 是 SIR-A 的改进型,为双波段(C、L)的合成孔径雷达,该系统同时实现了合成孔径雷达立体成像及数字记录和数字处理。1988 年 12 月 2 日,美国航天飞机亚特兰蒂斯号将长曲棍球(Lacrosse)新型军事侦察卫星送入轨道,该卫星是世界上第一颗高分辨率雷达成像卫星,采用 X、L 两个频段和双极化方式。1989 年,美国航空与航天局开展了一项星球雷达任务——Magellan 雷达观测金星计划,Magellan 雷达 1989 年 5 月 4 日由亚特兰蒂斯号送上太空,1990 年 9 月 15 日开始测绘任务,1991 年 5 月 15 日终止。Magellan 雷达工作于 S 波段,HH 极化,距离向分辨率为 120～360 m,方位向分辨率为 120～150 m,入射角大于 30°[6-8]。

原苏联于 1991 年将 ALMAZ-1 卫星送上太空,ALMAZ-1 为 COSMOS-1870

卫星的改进型，其上搭载了S波段合成孔径雷达，可对地球上78°N～78°S之间的地区进行成像，数据的处理采用光学与数字两种方式。同年，欧洲空间局(European Space Agency，ESA)发射了其第一颗地球资源卫星ERS-1，其上搭载的合成孔径雷达工作于C波段，采用VV极化，入射角为23°，观测带宽为100 km，距离向分辨率为26 m，方位向分辨率为28 m，具有全系统校准能力。ERS-1可提供全球气候变化情况，并对近海水域和陆地进行观测。这颗卫星与其后继卫星ERS-2所获取的大量数据被世界各国广泛使用，是性能较好的合成孔径雷达系统之一。1992年，日本发射的地球资源卫星JERS-1携带的是L波段合成孔径雷达系统。该合成孔径雷达系统采用HH极化，观测带宽75 km，距离向和方位向分辨率均为18 m，总体性能与ERS-1相似，主要用于地形测绘，以及农业、林业和畜牧业的植被灾情监测。1994年，美国航空与航天局、德国空间局(German Aerospace Center，DLR)和意大利空间局(ASI)共同进行了航天飞机成像雷达飞行任务(SIR-C/X-SAR)，分别在1994年4月9日至20日、9月30日至10月11日进行了两次飞行。SIR-C是由喷气推进实验室建造的，为双频雷达(L波段和C波段)，采用全极化(HH、HV、VH和VV)方式；X-SAR由德国空间局和意大利空间局共同建造，为单频雷达(X波段)，采用VV极化方式。SIR-C/X-SAR首次实现了利用多频、多极化雷达信号从空中对地球进行观测，利用SIR-C图像数据有助于深入开展植被、土壤湿度、海洋动力学、火山活动、土壤侵蚀和沙化等多项科学研究工作[3]。1995年，欧洲空间局的ERS-1后继卫星ERS-2发射升空，其系统参数与ERS-1基本一致。同年，加拿大成功发射了其第一颗资源调查卫星Radarsat-1。该卫星借鉴了很多ERS卫星经验，采用C波段、单极化(HH)，具有7种工作模式，分辨率从10 m到100 m可变，重复观测周期为24天，观测带宽可达500 km，天线视角在10°～60°之间变化。同时，该卫星带有实验天线波束，可使扫描带进一步扩展，为商业应用和科学研究提供全球冰情、海洋和地球资源数据。1996年，美国航空与航天局开展了继Magellan雷达观测金星计划后第二项星球雷达任务——观测土卫六星(Titan)的Cassini任务，用于开展Titan表面的物理状态、地形和组成成分等观测的多项任务，进而推测其内部构造。Cassini上搭载的合成孔径雷达工作于Ku波段，HH极化，距离向分辨率为400～1 600 m，方位向分辨率为600～2 100 m。由美国、德国和意大利合作研制的航天飞机成像雷达3号(SIR-C/X-SAR)则是运行在地球轨道高度的第一个同时成像的多波段、多极化雷达系统，并且有极化测量及干涉测量功能。在此基础上，2000年2月，美国奋进号航天飞机成功完成了地球测绘任务(shuttle radar topography mission，SRTM)。SRTM系统在SIR-C/X-SAR系统上进行改进，增加了一个进行地形测绘的固定基线距的干涉仪，包括一个60 m长的可展开的天线杆，在天线杆的末端装有C波段和X波段天线，以及用于确定高度和轨道的控制系统。由于SRTM同时拥有C

波段和X波段的InSAR系统,故SRTM能够利用干涉相干与频率之间相关联的特性,以及不同频率电磁波具有不同的穿透特性,来提高所提取的DEM精度,并获取散射过程的物理信息,对植被地区的研究极为有利[4,7,9]。

进入21世纪后,世界各国都在加紧筹划和研制新的可进行长期观测的各种先进空间雷达。欧洲空间局于2002年3月成功发射的环境卫星Envisat上搭载了先进的合成孔径雷达ASAR系统,为C波段、多极化、多模式的系统,采用分布式T/R组件及相控阵技术,对后续合成孔径雷达遥感卫星的设计与研究影响广泛。随后,日本航天宇航局(Japan Aerospace Exploration Agency,JAXA)于2006年1月发射了高级陆地观测卫星1号(advanced land observing satellite,ALOS-1),ALOS-1搭载了L波段的全极化、多模式PALSAR系统。由于L波段的合成孔径雷达穿透力较强,同时ALOS-1具备较高的重轨观测精度,故PALSAR系统被广泛应用于森林覆盖地区的遥感研究。2007年6月,德国空间局发射了TerraSAR-X雷达卫星,其与随后发射的姐妹星TanDEM-X(2010年6月)被公认为具有里程碑意义的双星串联InSAR系统。TerraSAR-X与TanDEM-X为遥感科学家提供了1 m分辨率、X波段、全极化、全球合成孔径雷达图像,双星系统产生的全球DEM垂直精度高达4 m,为地质灾害、地图测图、生态环境研究等领域注入了新的活力。同年,加拿大以Radarsat-1为原型,发展了Radarsat-2全极化合成孔径雷达卫星,并于2007年12月发射升空。Radarsat-2工作波长为C波段,该波长穿透力适中,对农作物生长监测具有较好的能力。为了实现短周期、近实时的全球观测,意大利空间局开展了多星座合成孔径雷达对地观测计划,并于2007年6月和12月、2008年10月、2010年11月分别发射了4颗X波段全极化COSMOS卫星。4颗卫星组成的多星座模式使得COSMOS对自然灾害、土地利用等应用具有连续观测的可能,同时也具备了较好的InSAR数据获取能力。2014年以后,欧洲空间局与日本航天宇航局分别发射了新一代合成孔径雷达卫星Sentinel-1与ALOS-2,虽然其数据尚未大量公开,但可以预见未来的星载合成孔径雷达将向极化干涉、高分辨率、星座连续观测等多模式发展。

从合成孔径雷达技术的历史发展可以看出,随着电子技术和计算机技术的不断发展,合成孔径雷达技术的水平和功能也在不断地提高,从开始的单波段、单极化、固定入射角、单模式,逐渐向多波段、多极化、变入射角、多模式方向发展。天线也经历了固定的、机械扫描、电扫及相控阵的发展过程[2,7]。

在进行星载系统和航天飞机研究的同时,世界发达国家也开展了大量的机载实验与应用研究。与星载系统不同的是,由于机载系统一般都是进行实验研究和一些商业应用,它们的硬件配置经常变化,因此很难给出很准确的机载合成孔径雷达系统性能参数。

我国对合成孔径雷达的研究工作起步较晚,开始于20世纪70年代后期。最初中国科学院电子研究所开展了机载合成孔径雷达的研究工作，经过10多年的不懈努力，在国家“六五”期间研制成功了单通道、单侧视方向X波段合成孔径雷达。1983年，得到了光学处理的地形图像。1987年，研制成功了多观测通道、多极化合成孔径雷达系统，正式命名为CAS/SAR，并在后来的工作中对机载合成孔径雷达系统和信号处理系统进行了进一步改进和完善。20世纪80年代以来，我国利用机载合成孔径雷达系统，成功地进行了洪涝灾害、海岸线遥感、海洋雷达后向散射特性及成像机理的研究。在1991年淮河和太湖流域、1998年长江流域发生洪涝灾害时，机载合成孔径雷达系统获取了大量的现场资料，为及时评估灾情和进行抗洪救灾提供了准确可靠的依据。

目前，国内已经完成或正在研制的机载合成孔径雷达系统主要有以下几种[2,4,10-11]。

(1)机载L-SAR实用系统，即星载合成孔径雷达模拟机机载校飞系统。实践证明，该系统具有大面积、快速、稳定成像能力，在农、林、地矿、水利、海洋等应用中效果明显；首次进行了干涉雷达飞行实验，取得初步成功；开展的聚束成像雷达实验也取得了预期成果，获得优于1.5 m的空间分辨率，特殊点达到1.2 m。该系统已成为国际上先进的机载合成孔径雷达系统之一。

(2)空军机载合成孔径雷达侦察系统。中国科学院电子所承担了该系统的研制任务，该侦察系统最大作用距离为150 km，可以在100 km上获得两帧2.5 m分辨率、观测带宽为16 km(2.5 m分辨率时)的图像数据。另外，在国家“863”计划的支持下，电子所还为该系统配套研制了高分辨率实时成像处理器。经模拟测试，该处理器不仅完全满足了上述雷达指标，而且具有近距离高分辨率模式。在8 km的作用距离上，该处理器具有0.8 m分辨率的处理能力。该处理器在2000年11月首次飞行时就获得成功，得到了大面积高质量的图像，公路、立交桥清晰可见。经实际测试发现，该处理器在L波段上达到了两视3 m的分辨率(最大作用距离33 km)。

(3)聚束高分辨率合成孔径雷达技术。中科院电子所还积极开展了聚束式高分辨率合成孔径雷达技术的预先研究，根据聚束合成孔径雷达的成像机理进行了成像算法的仿真研究；针对机载条件进行了运动补偿方案的初步研究；完成了聚束合成孔径雷达波束控制方案设计，以及多模式波控机的研制与测试；最终在2000年年底进行了机载聚束合成孔径雷达飞行实验，完成了数据采集，经处理后获得聚束合成孔径雷达图像，达到方位向分辨率1.5 m(两视)的技术指标，并具有方位分辨率优于1 m的能力。

(4)中航工业雷华电子技术研究所(607所)研制的机载JZ-8合成孔径雷达系统。该样机是我国首次研制成功的、同时具有前斜视区域成像和侧视条带成像的X波段机载合成孔径雷达系统。在试飞中，在国内首次获得了前斜视满足10 m×10 m

分辨率区域成像和 3 m×3 m 分辨率侧视条带实时成像的图像，还获得了 1 m 分辨率的原始数据，并在事后处理中取得了方位向优于 1 m 分辨率的机载合成孔径雷达图像。

(5)信息产业部电子科技集团第 14 所开展了小型机载合成孔径雷达系统的研制工作。该系统仅重47 kg，工作在 X 波段，方位向分辨率为 1 m，距离向分辨率为 3 m。

(6)中国电子科技集团第 38 研究所研制的高分辨率合成孔径雷达系统，距离向与方位向分辨率均优于 0.2 m，可在全极化模式下进行双天线干涉测量。2010 年，飞行实验后，首批高分辨率极化干涉数据被分发给国内研究所、高校开展地图制图、高程测量等研究。

(7)中国测绘科学研究院 2011 年研制的机载多波段、多极化干涉合成孔径雷达测图系统(SARMapper)，具有 0.5 m X 波段干涉测量与 1 m P 波段全极化观测的能力。作为国内首套具有自主知识产权的机载合成孔径雷达测图系统，SARMapper 已经被广泛应用于国家西部测图工程中。

经过星载合成孔径雷达关键技术攻关后，我国民用雷达卫星环境 1 号 C 星于 2012 年 11 月发射升空。环境 1-C 卫星的工作波段为 S 波段，具备条带与扫描模式，提供最高 5 m 的对地分辨能力，成像带宽为 40 km 与 100 km。

迄今为止，合成孔径雷达已经成功地应用于测制小比例尺平面图。由于合成孔径雷达能通过相位获取三维信息，因此在合成孔径雷达研究的基础上，InSAR 处理生成 DEM 的研究随之得到了发展。现在，越来越多的适合于干涉处理的合成孔径雷达数据被科学家们用于对地面的测绘和形变监测。近年来，随着 InSAR 技术的发展，人们可以探测到地球在几年甚至几天时间内的细微变化，对变化目标的监测具有全球性、准确性和全天时、全天候的特点，精确度可达到毫米级。

§1.2 InSAR 的发展及其在地形测量中的应用

InSAR 技术是将由雷达图像复数数据导出的相位信息作为信息源提取地表三维信息的一项技术，它诞生于 20 世纪 60 年代末。1969 年，InSAR 技术由 Rogers、Lngalls 首次应用于对金星观测，用来分离来自金星南北半球的雷达模糊回波。1972 年，Zisk 用 InSAR 技术获得了月球表面的地形数据，高程精度优于 500 m。1974 年，Graham 首先将合成孔径雷达引入地形制图。1974 年，在 Goodyear 宇航中心工作的 Graham 提出了用 InSAR 进行地形测量的原理和技术，首次演示了 InSAR 用于地形测量的可行性，并制作了第一台用于三维地形测绘的机载合成孔径雷达，该雷达采用单轨道双天线方式，进行光学干涉处理，得到地面的高度信息，属于模拟型的干涉合成孔径雷达。

20世纪80年代，一批学者对InSAR成像的理论与技术进行了进一步研究。1986年，美国喷气推进实验室的Goldstein、Zebker等给出了关于InSAR的论文和InSAR数据处理的图像，并对InSAR数据处理中的图像配准的重要性及其方法进行了描述。同年，Goldstein等针对InSAR数据处理中的相位展开问题，研究了一种抗噪声能力较好的相位解缠方法。

1985年，喷气推进实验室开始对干涉雷达进行更深入的研究。1986年，Zebker和Goldstein展示了利用航空侧视雷达得到的第一个实用观测结果。他们在飞机上安置了两个合成孔径雷达天线，间距为11.1 m，称为“基线”，由其中一个天线发射的信号经地面目标散射后被两个天线同时接收，处理后的复数图像在去除飞机姿态角的影响后，分辨率约为10 m，高程在海面上均方根误差为2～10 m，陆地上误差大一些。美国的Seasat-A合成孔径雷达系统的使用，使InSAR的研究出现了生机。1987年，Seasat卫星在空间飞行约100天，首次从空间获取地球表面InSAR数据，为开展空间InSAR技术应用研究提供了可能。

到了20世纪90年代，许多国家(如美国、加拿大、德国、法国等)的科研人员都在InSAR的基本原理、模型实验、计算方法、软件开发和实际应用等方面开展了大量的工作，并取得了重要的进展。1990年，Li和Goldstein对多基线的星载InSAR的回波信号的特征及高程误差进行了系统分析。Rodriguez对系统优化设计进行了深入的研究。德国地学研究中心于1991年用14个反射器成功地进行了干涉雷达精确测量位移的实验研究。同年，喷气推进实验室采用带有GPS的机载InSAR系统(TOPSAR)对6.5 km×30 km的地区进行了测试，在确定绝对相位时，采用了多视技术(距离向因素为4，方位向因素为32)，把所获地形结果与DEM进行比较表明：在平坦地区有2 m的均方根测量误差，山区有5～6 m的均方根误差。法国的Massonnet于1992年用InSAR技术研究了同年在加利福尼亚发生的地震，取得了重大的成果，成为应用InSAR技术研究地面位移最早的成功范例。在1995年举行的国际雷达会议上，喷气推进实验室展示了1994年奋进号航天飞机上SIR-C/X-SAR图像与1994年4月和10月合成孔径雷达图像的干涉条纹图导出的高程叠加数据，通过这些数据得到的加利福尼亚朗瓦利(Long Valley)地区的三维成像结果观测精度可达厘米级。

自1991年欧洲空间局发射ERS-1，尤其是日本于1992年发射JERS-1、欧洲空间局于1995年发射ERS-2及加拿大于1995年发射Radarsat卫星以来，全球获得了丰富的干涉雷达数据，InSAR技术开始从纯理论研究迈向实用研究。目前，一些机载合成孔径雷达系统，如AIRSAR/TOPSAR、DO-SAR、CCRSC/X-SAR，都已拥有InSAR工作模式。一些用于InSAR数据处理的商业性软件已陆续推向市场，如ERDAS、ENVI、GAMMA、Doris InSAR、EarthView InSAR。InSAR技术的应用已涉及地形测图、DEM、洋流、水文、森林、海岸带、变化监测、地面沉降、火山灾害、地震活动及极地研究等诸多领域。

1996 年,欧洲空间局在瑞士苏黎世举办了第一次干涉雷达技术国际研讨会(FRINGE'96),会议就 InSAR 在地质和灾害应用、DEM 应用、森林和土地覆盖应用、冰川应用、处理器产品、算法和技术等专题上进行了深入的讨论。1999 年,欧洲空间局在比利时列日(Liège)举办了第二次干涉雷达技术国际研讨会(FRINGE'99),会议就干涉雷达技术从理论研究走向实用化问题进行了深入的讨论。2000 年 2 月 11 日,美国奋进号航天飞机采用 InSAR 技术,在 11 天内,成功地获取了覆盖地球表面 80%的干涉数据,这批数据又采用 InSAR 技术生产出全球 30 cm 高分辨率的地形数据,实现了迄今为止高精度的全球 DEM 的构建。这要远远优于现在能得到的 1 km 网格的全球地图,显示了 InSAR 技术用于测绘地形图的无与伦比的潜力,被誉为"与建立人类基因库相并列的伟大工程"。

2006 年后,随着 Radarsat-2 与 ALOS 卫星的发射,传统单极化合成孔径雷达观测向全极化 InSAR 观测模式发展,对地物结构敏感的极化观测系统具有了双天线或重轨观测能力,可以将具有不同散射机理的地物在垂直高度上区分开,最典型的用途为植被下 DEM 提取、隐藏目标探测、冰层年份判别等。此外,具有极佳轨道重复性的 TerraSAR-X/TanDEM-X 与 COSMOS 为星载层析合成孔径雷达技术(tomography SAR,TSAR)提供了可能,其通过多次重复 InSAR 观测获取高程方向上的高分辨率,可以很好地解决城区常见雷达叠掩问题。

目前,国际上合成孔径雷达技术主要朝着高空间分辨率、多波段、全极化方向发展。InSAR 技术已发展得日趋完善。ERS-1/2、JERS-1、SIR-C/X-SAR、Radarsat-1/2、ALOS-1/2、COSMOS 与 TerraSAR-X/TanDEM-X 等干涉雷达数据得到了越来越广泛的应用。德国、法国、美国先进机载系统 E-SAR、SETHI 与 UAVSAR 都具备多次进行重轨 InSAR 与层析合成孔径雷达观测的能力,其空间分辨率从厘米级到数十米,用 InSAR 生成的 DEM 高程精度为 0.1～2 m,这完全能满足城市大比例尺测图的需要。新一代机载合成孔径雷达系统通常有多个工作波段,其合成的多波段、全极化、彩色图像能提供地面目标更为详细的信息。

有关 InSAR 的研究已经取得了很大的成绩,在欧洲和北美洲出现了多个世界知名的研究机构。根据现有的软件成果和合成孔径雷达数据,可以看到干涉测量生成 DEM 的潜力。事实上,InSAR 的研究还远没有结束,主要是有关的经验和知识的欠缺加上合成孔径雷达数据处理本身的复杂性使得 InSAR 的研究还有很长的道路。

我国对 InSAR 领域的研究,在最近十几年取得了大量研究成果,在算法、理论上进行了研究,在机载平台及相关应用领域也取得了大量成果。但是在星载 InSAR 硬件的研究上,我国还处于起步阶段。

InSAR 技术已经成为国际研究热点,在理论上趋于成熟,且在地面位移监测、高精度数字高程图制作等方面得到初步的应用。近几年来,随着商业合成孔径雷达系统的普及与我国自主研发能力的增强，InSAR 技术开始在国内得到普及。但总体来说，我国 InSAR 硬件技术仍然比国外落后，这就需要抓住时机，充分利用目前雷达卫星提供的丰富的图像资源，深入研究并解决由 InSAR 图像获取高精度 DEM 和地形形变的关键技术问题，研制利用 InSAR 技术生成高精度 DEM 和地形形变的相关硬件平台，使 InSAR 图像获取高精度 DEM 和地形形变走向实用化[4,7,10,12]。InSAR 的历史如表 1.1 所示。

表 1.1 InSAR 的历史

时间	事件	备注
20 世纪 60 年代	InSAR 技术出现	利用相位信息测起伏
1965 年	从地球观测行星和月球	InSAR 首次应用
1969 年	从地球观测金星	分离金星南北半球雷达回波
1972 年	月球表面高程	高程精度 500 m
1974 年	机载干涉用于地形测量	首台机载干涉合成孔径雷达
1986 年	机载 InSAR	高程精度 10 m
1987 年	Seasat 星载干涉	星载 InSAR 重现生机
1991 年	带 GPS 机载 InSAR	高程精度 6 m
2007 年	星载多重轨 InSAR	高程精度 4 m
2010 年	星座系列 InSAR 观测	时间去相干小于 1 天
目前	多重轨沉降估计精度	形变精度毫米级

§1.3 InSAR 图像提取 DEM 的现状及发展趋势

1.3.1 优 点

InSAR 技术的特点在于它充分利用了雷达波束的相位信息，形成地形的干涉条纹图，然后通过测定相位差来确定地面点高程。与传统的可见光、红外遥感技术相比，利用 InSAR 图像提取 DEM 具有以下优点。

1. 全天候、全天时的工作能力

InSAR 技术是以几毫米至几十厘米波长的电磁波获取目标信息的，波长是可见光的 10^5 倍，受大气分子散射的影响很小。雨滴是引起微波散射的主要因素。因散射引起的微波衰减随着降雨强度的增大而增大，当波长相对于雨滴大小来说较长时，散射的影响较小。因此，认真地选择 InSAR 波长就可以不受天气的影响，具有全天候的优点。

另外，InSAR 是以主动方式成像的，雷达天线发射电磁波并接收目标的回波，而不依靠太阳的辐射和物体自身的反射。因此，InSAR 可昼夜工作，具有全天时的优点。

InSAR技术全天候、全天时的观测优势，可以弥补光学传感器在时间和空间上受限造成的成像“盲区”，使其在自然环境监测、战场环境调查、热带雨林和极地附近地区测绘等方面有着特殊的应用。例如，1991年，海湾战争中，美国就使用了装有合成孔径雷达的卫星对侦察区进行了全天候24小时的监视；1989年8月，在恶劣天气条件和夜间的情况下，我国利用合成孔径雷达对荆州地区洪涝灾害进行了监测；常年被云雾覆盖的热带雨林地区及受天然光照条件严重制约的极地附近地区，当前只有采用InSAR技术来获取其DEM效率；2008年，利用时序合成孔径雷达图像对汶川地震进行了实时监控，获取灾害信息。

2. 一定的穿透能力

InSAR技术由于采用波长较长的微波作为信息源，因此对介电常数较小的干燥的沙漠和土壤有较大的穿透深度，能够提供其他遥感技术无法获取的信息，对于揭示地下目标比可见光、近红外遥感更有优势。例如，利用SIR-A图像发现撒哈拉沙漠下的古河道就是建立在合成孔径雷达L波段对极端干旱地区的穿透性基础之上的。

3. 提取DEM的精度高、速度快

InSAR技术由于独特地利用了图像数据中包含极丰富信息的相位部分，故可以精确地测定地面的微小位移变化，提取DEM的精度也可达到米级。与之相比，利用雷达立体相对提取的目标高程的精度只能达到20 m左右。利用差分合成孔径雷达干涉测量(D-InSAR)技术进行地表垂直形变信息提取的精度已达到了毫米级，其应用在国外工程技术刊物中多见报道。同时，ERS-1/2、JERS、Radarsat-1等重复轨道干涉雷达卫星的发射和运行，为快速获取全球DEM提供了可能。2000年2月，美国奋进号航天飞机仅用11天，就完成了覆盖全球陆地表面面积80%的三维地形测图任务，充分展示了InSAR对全球地形快速测图的能力；而TerraSAR-X与TanDEM-X目前正在获取绝对垂直误差4 m、相对误差2 m的全球高分辨率DEM。

因此，利用InSAR图像提取DEM具有全天候、全天时、一定的穿透能力，以及精度高、速度快等优点，能够解决用常规手段非常困难或无法解决的许多问题，为管理大范围的环境问题提供了更直接、简洁、高效和低成本的方法，具有极强的应用价值。

1.3.2 缺　点

InSAR图像提取DEM具有以上独特的优势，无疑将成为未来遥感领域发展的一个新方向，InSAR技术的发展有赖于传感器和数据处理两方面的同步发展。InSAR技术在数据处理方面的发展，其一般理论在国外已趋于完善，而在国内尚处于起步阶段。总体而言，从初始的InSAR图像来提取地面高程信息，包含许多环节，欲使之形成成熟的理论技术体系，仍有许多关键问题有待解决，或急需进一步完善。InSAR 图像提取 DEM 存在的主要问题如下。

1. 单视复数图像的高精度自动配准

目前，星载 InSAR 的实施首先需要解决图像对配准问题。即使双天线系统，在 D-InSAR 的场合也需要进行同样的高精度配准。众所周知，合成孔径雷达图像由于斑点、噪声的影响，无论是对其进行人工配准，还是自动配准，都比光学图像之间的配准要困难得多。InSAR 图像对是单视复数图像，也就是未经任何辐射分辨率改善的最原始的图像信号，其配准的难度更大。

2. 时间因素

时间引起的去相关现象对干涉效果有影响。通常，重复轨道获取图像对需要几天或十几天的周期，而在两次观测期间，地貌会发生变化，使得观测景物本身发生改变，从而导致获取的图像难以匹配。

3. InSAR 图像的处理及分析工具

利用 InSAR 图像提取 DEM 的应用已在世界上许多国家得以实现，但是，我国在此方面才刚刚起步，大多仅限于算法理论上的研究，在实用化方面的进展还不大。要想有效地使用 InSAR 数据，就需要独特的处理及分析工具，也就需要将 InSAR技术的理论实用化，研究出一套可行的实用化方法，使 InSAR 图像提取 DEM 走向实用化。

4. InSAR 图像斑点噪声滤除

InSAR 技术由于对原始数据要求非常高，常常会因为数据难以满足干涉条件造成相干结果不能满足实际需求，这使得该技术受到很大限制。这就要求对 InSAR 图像的原始数据进行斑点噪声滤除，同时对 InSAR 图像提取 DEM 的潜在误差因素进行分析，尽量减少误差因素对 DEM 结果的影响。

5. 相位解缠的影响

地面起伏的复杂性和干涉图像对数据本身质量的差异，使得相位解缠的难度变大。正因为如此，已有很多业内研究者对相位解缠进行了大量研究。但没有一个是公认的最为有效的算法，无法适合各种情况的高精度相位解缠。因此，迄今为止，相位解缠算法的研究仍是 InSAR 领域研究的一个重点和难点。

§1.4　InSAR 在其他领域的应用

自 ERS-1 发射以来，国际上有许多关于 InSAR 应用的报道，其应用领域除了前面所述的地形测量、DEM 应用外，其他还有地物分类、地形坡度测量、工程变形监测、海流及自然灾害监测和预测[4,9,13]。

1.4.1 地形坡度测量

1992 年，Werner 等对表面坡度估计做了细致的工作，可以从复数的干涉条纹图上直接得到相位梯度：如果知道了干涉测量基线的几何关系，就可以直接确定表面坡度。此外，由地形坡度可以确定本地入射角，它和合成孔径雷达数据的专题解译是相关的。

由于地形坡度可用独立于绝对相位差的近似切平面几何关系表示，因而不需要相位解缠就可以进行计算。累积的相位梯度可以用来预测相位解缠期间相位在累积过程中的初始值。

1.4.2 工程变形监测

在欧洲的一个合作研究计划实验中[14]，首次证明了 InSAR 用于地形形变变化检测的适用性。在 ERS-1 的两次重复飞行期间，在德国波恩实验区放置了两个角反射器，高度变化为 1 cm。处理小组能够在几毫米的误差范围内检测到角反射器位置的变化。

Hartl[14]等试图从干涉测量数据得到的地形高度中得到地形的详细情况，他们在波恩附近的一个实验区进行实验，在一个砾石矿区开了两个槽(一个沿距离向，一个沿轴向)，通过两个槽他们可以估计这一地区的开采量。Polidori 等给出了一个关于非常小的地形形变(毫米级)检测的更为实际的例子，并在荷兰成功利用 InSAR 技术进行地表沉降的精确测量。

1.4.3 地物、地貌分类

Askne 和 Hagberg[15]评价了 InSAR 用于地物分类的潜力，他们应用了 1992 年早期在瑞典南部的一个地区从 ERS-1 数据上得到的相干图，并对此进行了检验。除了两次获取时间差的时相变化，相干图提供了基于地表特性和后向散射系数的信息。基线的长度对最后的相位差有很大影响，较长基线长度的干涉条纹图对地形更为敏感，小的基线长度则增加了对微小运动或时相变化的敏感性。所以，Askne 和 Hagberg 得到的结论是：对分类目的而言，短基线没有长基线适用。

将森林和空旷的田地分开，应用相干性的研究比基于后向散射特性的研究要容易。对长基线而言，森林的相干性和相干性纹理较空旷田地的低。Askne 和 Hagberg 指出：风和融雪是影响因时相效应产生相干性灵敏度变化的主要因素。

Wegmuller 等用干涉测量相干性表征数据质量，其相干性依赖于波长、信噪比(signal to noise ratio，SNR)、距离分辨率、独立观测的次数等雷达系统参数，还与干涉测量的基线和入射角等几何参数有关。干涉测量相干性和后向散射是相对独立的量，包含互补的专题信息。因此，按照 Wegmuller 的说法，干涉测量是地表分类的一种很有前景的手段。

1.4.4 海流测量

雷达干涉测量用于测量表面水流的技术首先由喷气推进实验室的 Goldstein 和 Zebker 于 1987 年提出，他们使用了装载在美国航空与航天局 CV990 飞机上的 L 波段沿轨道向干涉雷达。

相位差是由表面运动引起的，它是对海洋表面滞后时间相干性的直接测量。滞后时间指海面某一特定点的后向观测会发生在前向观测之后。由于两根天线通常与雷达的运动不是共线的，故对这种飞机运动数据必须进行修正。去除系统影响后，剩余的相位差仅来自地球物理，包括风、潮流、海浪在平台轨道上的投影速度，以及内波和其他一些海流（如船尾迹等）。这些尾迹类型不能准确无误地与风引起的线性构造分开，后者在干涉条纹图中自然存在[16]。为了校正由飞机左右摆动引起的数据中的相位移动，Goldstein 等使用了惯性导航系统（inertial navigation system，INS）数据，这些数据也同样提供了对速度测量的结果和其他飞机的飞行参数。解决这一问题的另一种方法就是把陆地包括在观测范围内，以估算雷达的飞行姿态[17]。

此外，对于 C 波段与 X 波段的合成孔径雷达系统，可以借助地球物理模型函数（geophysical model function，GMF）通过 VV 极化后向散射强度估计海面风速与风向，如 CMOD 系列与 XMOD 系列模型等，并被用于 ERS、TerraSAR-X 等传感器海面风场反演。

1.4.5 冰川和冰原监测

极地冰川、冰原、冰流、移动的冰山和山地冰川组成了低温带，它既是地球的陆地—海洋—大气系统组成固态的部分，也是这个系统的动态部分。低温带对周围温度和沉降物质较敏感，它的变化程度是气候变化的指示器。一般极地冰川对气候反应较慢，从几百年到几千年。山地冰川对气候变化反应较快，从几个月到几十年。冰川和冰原的一个共有的特点是它们都存在于遥远的地区，因此用卫星对它们进行观测非常重要。

冰川和冰原的存在对地球的气候、海洋和大气系统具有十分重要的作用。地形数据是研究冰川和冰原的基础资料，这是因为表面地形直接反映了影响冰块运动的驱动力和阻力。数字高程数据对于冰川和冰原研究有着重要的意义，但是在格陵兰岛、南极洲和大多数的山地冰川地区都没能获取高分辨率地形图。

通过提供流速、潮流位移、位置的测量，现已证明 InSAR 是研究冰川和冰原的重要工具，干涉的条纹图中包含冰流运动和潮流作用的结果。

Goldstein 等将 InSAR 应用于南极的 Russerford 冰川垂直向运动，探测极限为 1.5 mm,水平向运动在交叉轨道方向约为 4 mm,制图精度可达到 0.5 km。

Hartl 等[14]研究了 Filchner-Ronne-Ice 壳上的 Hemmln Ice Rise 附近的一个实验区。假定在数据获取期间,潮流运动的水平向速度保持不变,可以通过 D-InSAR 技术确定,结果与该地区的预报值非常接近(约 5 cm)。

1.4.6 滑坡、崩塌和泥石流监测

崩塌、滑坡和泥石流是十分严重的自然灾害之一,广泛、频繁发生的崩塌、滑坡和泥石流灾害与其他自然灾害一样有其特殊的分布和演化规律。正确地了解这些规律,掌握它们的发展趋势,对于崩塌、滑坡和泥石流灾害的监测和预防有重大的意义。

许多传统的方法(如 GPS 和大地测量方法等)都可用于监测和预防这些灾害,InSAR 技术也显示出监测和预防这些灾害的潜在能力。InSAR 技术主要通过两种方法解决这些问题,即三次重复路径观测(three-pass method)方法和 DEM 法。

Kimura 和 Yamaguchi 用 InSAR 技术在日本北部山方省(Yamagata)地区探测一个活动滑坡,取得了较好的效果。从 1994 年到 1996 年,日本 JERS-1 的 L 波段合成孔径雷达卫星以 44 天的重复周期采集了 20 多幅覆盖该活动滑坡区域的雷达图像。滑坡体约 1 km 宽(北—南)、2 km 长(东—西),呈矩形分布,通过野外观测和 SPOT HRV 和 ADEOS AVNIR 图像的地质摄影测量,确定了主要滑坡地段的大致范围。用上面提到的两种方法对获取的数据进行处理,获得了该活动滑坡的去平地相位干涉条纹图、后向散射干涉条纹图、地学编码的差分干涉条纹图和后向散射图。通过对上述实验结果进行分析、解释发现:InSAR 的测量结果与实际的野外测量结果基本吻合,证明了 InSAR 技术用于滑坡的探测是可行的。

1.4.7 地震探测

科学研究上调查最深入的地震活动是 1992 年发生在加利福尼亚州的地震。由于地震引起地面上规模大且轮廓清楚的裂缝,因此用雷达干涉测量技术来探测地震的同震位移。

测量得到的干涉条纹图包括了所有的同震及部分余震形变,提供了距离向变化的等高线图。Massonnet 等结合 ERS-1 数据和地形信息推导了干涉条纹图,其测量结果与地面调查测得的位移一致。将所得结果与地面调查相比,距离向测量精度在 4 cm 内。Zebker[17]等利用 1992 年 4 月、7 月和 8 月的 ERS-1 合成孔径雷达数据开展了这次地震同震位移场的研究,指出 Massonnet 等的研究中有几个严重的缺陷:①在世界上的一些地方,还没有 DEM;②现有 DEM 的精度还不能满足要求。因此,用地震前后的干涉测量数据能快速、精确地提取地震同震位移信息。

基于断裂图和断裂处表面位移的测量,通过弹性位错模型解释了远场区及中

场区观测到的大多数条纹。对于干涉条纹图中的小尺度特征，Peltzer 和 Rosen 模拟了变形的三种简单的情形：①垂直轴方向的刚性旋转；②水平轴方向的刚性旋转；③分布式的简单剪切作用。推导所得干涉条纹的方向可以产生关于局部位移梯度方向的信息，它们的空间分布是条纹强度的一种量度。

1.4.8 火山灾害监测

由于可以得到 DEM 并监测地表变化，雷达干涉测量具有研究火山灾害的潜力。它直接与火山灾害的三个研究领域——防灾、备灾和救灾相关。

Evans 等[18]使用了 1991 年 7 月在冰岛 Hecla 火山获取的 TOPSAR 数据，这一研究表明 InSAR 对研究火山熔岩流引起的灾害及火山形态有较明显的作用。由于干涉合成孔径雷达有高的空间分辨率（10 m）和垂直向精度（1～5 m），因此 Mouginis-Mark 和 Garbeil 观察到了意大利索马（Somma）山边缘的外形和它侧面最深处峡谷的分布，这些特征在该地区地形图上是不明显的。另外，DEM 也被用来分析火山坡面状况及熔岩流的厚度和宽度[10,15,19]。

参考文献

[1] 李德仁. 从影像到数字地球[M]. 武汉：武汉测绘科技大学出版社，2001.

[2] 张继超. InSAR 影像提取 DEM 的实用化方法研究[D]. 辽宁：辽宁工程技术大学，2002.

[3] 张祖勋，张剑清. 数字摄影测量学[M]. 武汉：武汉大学出版社，2002.

[4] 郭华东. 雷达对地观测理论与应用[M]. 北京：科学出版社，2000.

[5] ROGERS A E E，LNGALLS R P. Venus：Mapping the surface reflectivity by radar interferometry[J]. Science，1969，16(5)：797-799.

[6] 胡庆东. 干涉 SAR 图像系统相干性和相位展开算法研究[D]. 北京：北京航空航天大学，1998.

[7] PHISAN S. Interferometric SAR processing for topographic mapping[S.l.]. Hannover，1998.

[8] 王超，张红，刘智，等. 星载合成孔径雷达干涉测量[M]. 北京：科学出版社，2002.

[9] 魏钟铨，匡定波，郭华东，等. 合成孔径雷达卫星[M]. 北京：科学出版社，2001.

[10] 王超，杨清友. 干涉雷达在地学研究中的应用[J]. 遥感技术与应用，1997，12(4)：37-46.

[11] 李新武. 极化干涉 SAR 信息提取方法及应用研究[D]. 北京：中国科学院研究生院，2002.

[12] 邵玉龙. 干涉合成孔径雷达成像研究[D]. 南京：南京航空航天大学，1999.

[13] 王超，张红. 合成孔径雷达干涉测量技术研究进展[C]//遥感知识创新文集，北京：中国科学技术出版社，1999.

[14] HARTL P H. SAR interferometry：Experiences with various phase unwrapping methods[C]//The Second ERS-1 Symposium，Hamburg，1993：727-732.

[15] ORWIG A L P，IBSEN P M，MANEY H D，et al. Use of interferometric SAR for height

measurement and discrimination[J]. SPIE, 1994, 30(22): 400-410.

[16] ZEBKER H A, GOLDSTEIN R M. Topographic mapping from inteferometry synthetic aperture radar observations [J]. Journal of Geophysical Research. 1986, 91 (B5): 4993-4999.

[17] EVANS D L, FARR T G, ZEBKER H A, et al. Radar interferometry studies of the earth's topography[J]. EOS, Transactions, American Geophysical Union, 1992, 73: 557-558.

[18] 范永弘，赵红，潘时祥. 微波遥感的特点和进展[J]. 测绘科学技术学报，1995(3).

[19] HAGBERG J O, ULANDER L M H. On the optimization of interferometric SAR for topographic mapping[J]. IEEE Transactions on Geoscience and Remote Sensing, 1993, 31(2):303-306.

第2章 干涉雷达测量的基本原理

1969年,Roger 和 Ingalls 率先将无线电波干涉测量技术应用到金星表面的观测[1]。目前,国内外许多研究组织正积极从事着 InSAR 技术机理及其应用的研究。例如,美国军方首次使用机载 InSAR 技术进行地形测绘,利用相位条纹图获取高程信息,并于1971年申请了相关专利;1972年,Zisk 又将该技术应用于月球的地形测绘上[2];1974年,Graham 首次提出合成孔径雷达在地形制图方面应用的设想,并利用机载合成孔径雷达数据获取了能满足1∶25万地形图精度要求的高程数据,开创了 InSAR 技术在对地观测中获取三维信息的先河[3];1985年,喷气推进实验室开始利用机载侧视雷达估算高程的研究;1986年,Zebker 和 Goldstein 展示了首次利用机载合成孔径雷达得到的实用观测成果[4];1988年,Goldstein 等将用于机载图像处理的方法延伸应用到 Seasat 观测数据的处理中,他们采用 Seasat 星载数据获取了死亡谷(Cottonball)盆地的数据,采集相干数据的时间间隔为3天,最后得到的地形图与已经出版的美国地质调查局(US Geological Survey, USGS)的地形图很吻合;1988年,Gabriel 和 Zebker[5]利用 SIR-B 数据研究了加拿大不列颠哥伦比亚省北部的落基山脉地区。在传感器发展方面,自1991年7月欧洲空间局发射载有 C 波段合成孔径雷达的卫星 ERS-1 以来,有关星载合成孔径雷达的 InSAR 技术研究不断深入,应用日益广泛。特别是1995年 ERS-2 发射后, ERS-1 和 ERS-2 串联运行,极大地扩展了利用星载合成孔径雷达进行干涉测量的机会。它们可以提供仅隔1天的干涉数据,利用这些数据所取得的研究结果,使 InSAR 的实用性得到了进一步的证实。更令人鼓舞的是,2000年2月11日至22日,美国成功实施了 SRTM 计划,取得了覆盖地球面积80%的干涉数据,并成功获取了满足国家地图精度标准的地形数据(30 m×30 m的空间分辨率,高程绝对精度不超过16 m,高程相对精度不超过10 m,平面绝对精度不超过20 m)[6]。因此,InSAR 技术的应用前景被日益看好,具有极大的应用价值[7]。

§2.1 干涉测量模型

本节将分别介绍最早的、被引用最多的三个干涉测量模型,希望通过这三个模型帮助理解 InSAR 的基本原理。

2.1.1 Graham 对干涉模型[3]的描述

最早解释 InSAR 高程测量原理的是 Graham,他是以机载双天线光学合成孔径雷达处理为背景的。他描述的是:两天线被水平分开装载在飞机上,如图 2.1 所示,一幅天线发射微波信号,两天线同时独立接收地面反射后的回波。图中 r_1 和 r_2 分别为天线 1 和天线 2 到地面目标的斜距,Z 是高度方向,Y 是地面距离方向。

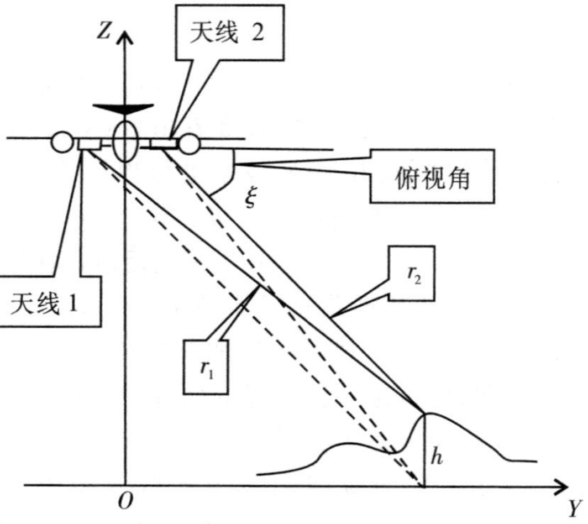

图 2.1 Graham 描述的 InSAR 模型

在合成孔径雷达处理中,平台航向在地面的垂直投影定为 X 轴,称为方位向;垂直于 X 轴,指向天线波束一侧的定为 Y 轴,称为距离向;具有同样 X 坐标值的地面目标称为方位线,具有同样 Y 坐标值的地面目标称为距离线;天线波束照射 Y 轴的范围称为成像带宽度;成像带靠近和远离 X 轴的两边分别称为近距边和远距边;成像带的中心与平台航线平行,它们构成的平面称为斜平面。普通合成孔径雷达的二维成像就是地面目标在斜平面上的投影。

在对两天线各自的回波分别完成合成孔径雷达成像后,对二幅图像进行配准,再进行相干叠加。

由于地面形态变化,两天线收到的回波间就会存在微波传播的路程差 Δr,其表达式为

$$\Delta r = r_2 - r_1 \tag{2.1}$$

回波信号之间还存在相位差 φ_s,即

$$\varphi_s = \frac{2\pi}{\lambda}\Delta r \tag{2.2}$$

式中,λ 为雷达波长。

不同地面距离的目标(不同 Y 坐标值的目标),其回波在两个天线上的路程不同,其相位也有差异。因此,相干叠加的结果是:在 Y 方向上有些目标的回波被加强,有些则被削弱。在相干叠加中,相位差恰好为 $(2k+1)\pi$(k 为整数)的那些目标

的回波因为相位相反，幅值正负抵消而成为零点，在二维相干叠加图中呈现为一条条暗条，每一个 k 值对应一条暗条。

在 InSAR 技术中，两天线之间的连线被称为基线(base line)，以符号 B 表示。在飞机与地面目标的斜距 r 远大于基线 B 的长度时，r_1 和 r_2 可被近似地看成相互平行的两条直线，如图 2.2 所示。

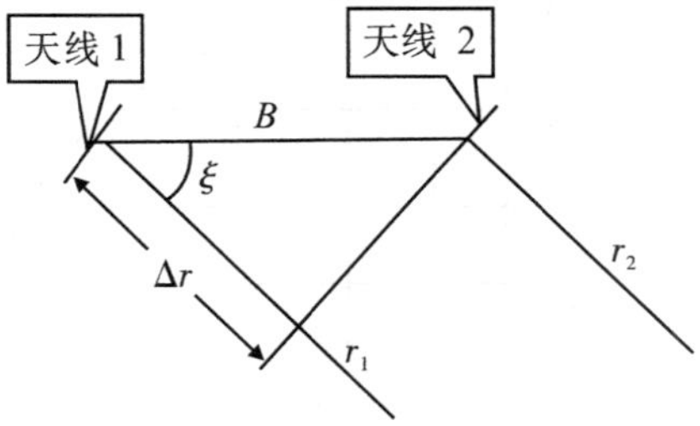

图 2.2　r 远大于 B 时的路程差

这时的路程差 Δr 仅取决于基线 B 的长度和雷达波束到地面目标的俯视角 ξ，且有

$$\Delta r = B\cos\xi \tag{2.3}$$

$$\varphi_s = \frac{2\pi}{\lambda}B\cos\xi \tag{2.4}$$

在式(2.4)中，令 $\varphi_s=(2k+1)\pi$，经整理后有

$$(2k+1)\lambda = 2B\cos\xi \tag{2.5}$$

式中，k 为整数。雷达波长 λ 和基线 B 的长度是稳定和不变的，ξ 是随地面目标点的距离不同而变化的。满足式(2.5)中各 k 值的各 ξ 值所对应的地面目标点，在相干叠加中就成为暗条纹。

式(2.5)表明，在飞机与地面目标区的斜距 r 远大于基线 B 长度的前提下，地面目标回波在相干叠加后是否成为暗条，仅取决于它与天线间所构成的俯角 ξ 是否满足式(2.5)。对式(2.5)进行变形，将形成暗条的各俯视角 ξ 表达出来，并以 ξ_k 标记，即

$$\xi_k = \arccos\frac{(2k+1)\lambda}{2B} \tag{2.6}$$

由函数 arccos(x)的特性，绘出 ξ_k 的曲线，如图 2.3 所示。

当 k 按整数顺序变化时，$\dfrac{(2k+1)\lambda}{2B}$ 线性地步进，而 ξ_k 的步进变化是非线性的。小的 ξ 值对应的 ξ_k 的步进量大，大的 ξ 值对应的 ξ_k 的步进量小。在几何模型中，小 ξ 值对应于远距(Y 坐标值大)的地面目标，大 ξ 值对应于近距(Y 坐标值小)的地面目标。这样，在近距区 ξ_k 的步进量小，在远距区 ξ_k 的步进量大。假设地面

是水平的，在地面距离方向上，与 ξ_k 对应的地面目标点的分布间距会由近到远逐渐由小变大，在二维相干叠加上呈现为近密远疏的平行线。

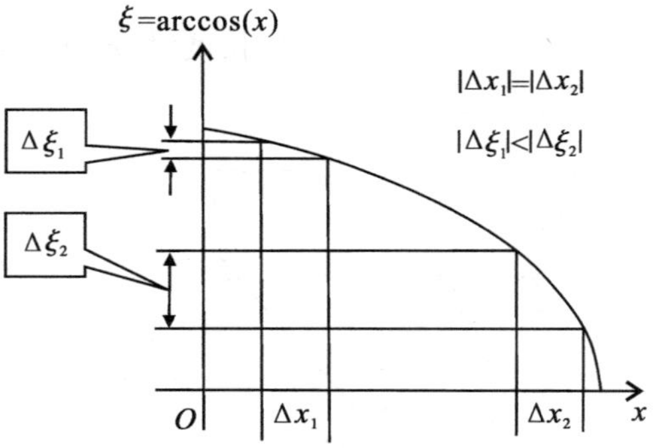

图 2.3　暗条在地面分布的非线性

当地面非水平时，如地面的高度 $h>0$ 时，该地面与水平时相比就有较小的俯视角 ξ 和较短的天线到目标的斜距 r。小俯视角使非水平地面的条纹更靠近远距方向的下一暗条的相位差值，天线到目标的斜距变短使它在合成孔径雷达图像中出现在更近的距离分辨单元中。两者共同的结果是在相干叠加后，使下一远距方向的暗条向近距方向移动，结果是两条暗条间的间距变小。若 $h>0$ 是地面的局部特征，暗条就变成曲线，在 $h>0$ 的局部区域向近距方向凸出。图 2.4、图 2.5 的仿真结果很好地揭示了这种变化。其中，图 2.4 为目标地面和成像关系，图 2.5 为相干叠加后的暗条。

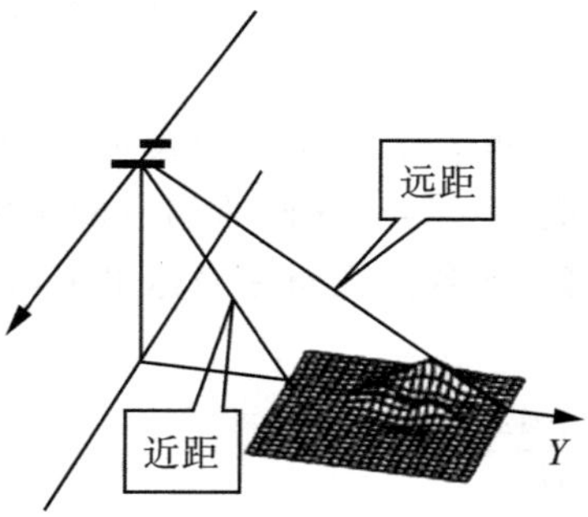

图 2.4　地面和成像关系

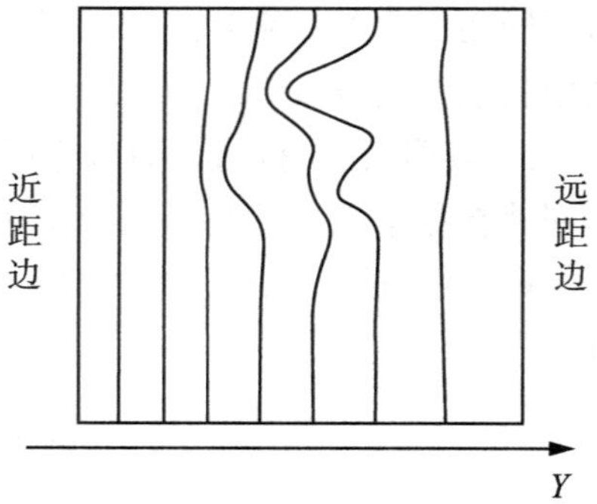

图 2.5　相干叠加后的暗条

这样，地面高度 h 的变化就被暗条的曲线形状所揭示，暗条位置相对于地面水平时的移动量就代表着地面高度的变化。

Graham 对 InSAR 高度成像原理的描述，关系表达简捷，概念十分清晰。其不足之处是用相干叠加的幅度来测高，而不是直接利用相干相位。此外，高度信息来自于暗条纹，这样就仅利用了相位差是 $(2k+1)\pi$ 的少数目标回波中的相位信息，高度测量的分辨率低。

2.1.2 Currie 对干涉模型[8]的描述

Currie 和 Baker 等对 InSAR 提取 DEM 的描述以双天线为背景。该模型不是以机载和星载为前提，也不要求两天线必须水平分开，只需天线在平台飞行航向的垂直方向分开即可。其几何关系如图 2.6 所示。

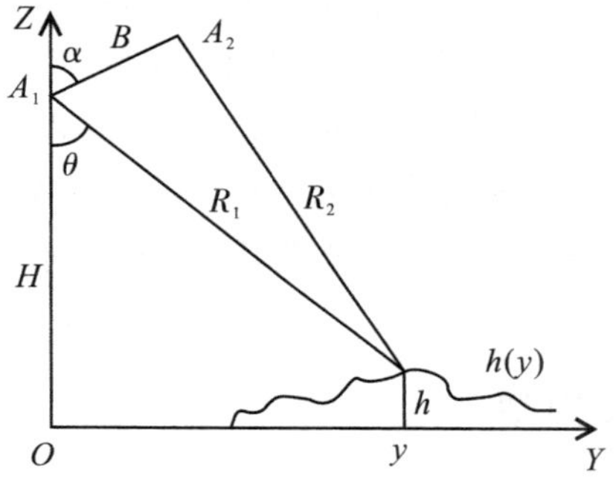

图 2.6　InSAR 成像几何关系

图 2.6 中的 A_1 和 A_2 分别代表两天线；R_1 和 R_2 的含义同前；α 是基线 B 与高度 Z 方向的夹角，B 同时表示基线的长度，H 为飞行平台的轨道高度，α、B 和 H 都假设为已知量；θ 为天线波束中心与垂直方向的夹角；y 为地面目标在距离向的坐标；$h(x)$ 为随地面距离 x 而变的地面目标高度，它是 InSAR 成像的待求量。

分析图中的几何关系，然后运用三角形的余弦定理，对于由 R_1、R_2 和 B 构成的三角形有

$$R_2^2 = B^2 + R_1^2 + 2BR_1\cos(\theta + \alpha) \tag{2.7}$$

经整理后得

$$\theta = \arccos\left(\frac{R_2^2 - R_1^2 - B^2}{2BR_1}\right) - \alpha \tag{2.8}$$

若 R_1 已知，并由干涉测量法得出了地面各目标点在两个合成孔径雷达成像中的相位差 φ_s，由式(2.1)和式(2.2)就可以求出 R_2，即

$$R_2 = R_1 + \frac{\varphi_s\lambda}{2\pi} \tag{2.9}$$

将 R_1 和 R_2 代入式(2.8)，就可以求出各地面目标点对应的 θ。有了 θ 和 R_1，依据模型的几何关系，就可以求出地面各目标点的高度 h，即

$$h = H - R_1\cos\theta \tag{2.10}$$

式(2.8)至式(2.10)，就是 Currie 和 Baker 等对 InSAR 提取 DEM 的几何关系

描述。

Currie 和 Baker 等给出的描述方法，是在解释 InSAR 几何模型中被引用最多的方法。他们的描述指出：地面各目标点的高程 h 都可以由该目标点在两个合成孔径雷达成像中的相位差 φ_s 求出；地面各目标点在合成孔径雷达图像中的相位，都含有其高度信息，不仅限于在相干叠加中成为暗条的少数目标点。因此，该方法可以利用InSAR来提取高程信息，不像 Graham 的方法只利用了相位差为 $(2k+1)\pi$ 少量像素。因此，该方法提取的高程分辨率要比 Graham 方法高得多。同时，该方法首次提出两天线的倾斜位置，为解释重复轨道干涉雷达原理提供了依据。这里只需要把路程差引起的相位差加倍，就可以用它来解释重复轨道干涉雷达的几何模型。但该方法也有不足的地方，就是相位差 φ_s 和高程 h 分属于不同的表达式，其间的联系不够直观，如该式不易直观揭示相干条纹的稠密等。此外，这种模型与实际采用的模型不一致，实际中并不是按先求 r_2、然后求 θ、再求 h 这一过程来进行的。

2.1.3　改进的 InSAR 模型[9]

目前，以 Currie 和 Baker 等的模型为基础，提出了一些新的表达方式。本书以此为基础，也对 InSAR 模型的表达关系进行了重新描述。

图 2.7 中，R_1、R_2、B、H、α、θ 的意义与图 2.6 的相同；A_1 和 A_2 分别为两天线的位置；z 表示该点高程；R_0 表示天线到水平地面点的斜距；B_z 为基线 B 在垂直高度 H 方向的投影；B_x 为基线 B 在水平地面 X 方向的投影；$B_\perp$ 为基线 B 在斜距 R_1 垂直方向上的投影，也是天线 A_2 到天线 A_1 和 P 点连线的垂直距离。

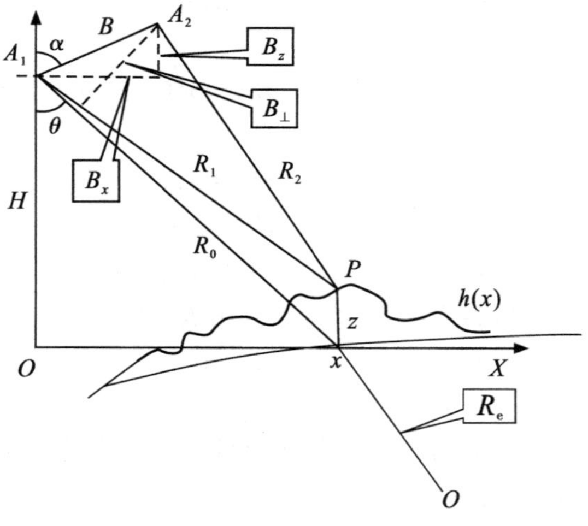

图 2.7　InSAR 成像几何关系

若已知量为 H、B、α，此外还有雷达波长 λ，以及用干涉法求出的两次成像的相位差 φ_s，则两天线接收信号的相位差为

$$\varphi_s = \frac{4\pi}{\lambda}(R_2 - R_1) \tag{2.11}$$

由图 2.7 中的三角形几何关系可知

$$R_2 = \sqrt{(H + B_z - z)^2 + (x - B_x)^2} \tag{2.12}$$

$$R_1 = \sqrt{(H - z)^2 + x^2} \tag{2.13}$$

将式(2.12)和式(2.13)代入式(2.11)得

$$\varphi_s = \frac{4\pi}{\lambda}\left[\sqrt{(H + B_z - z)^2 + (x - B_x)^2} - \sqrt{(H - z)^2 + x^2}\right] \tag{2.14}$$

假设式(2.14)中的 $z=0$ 时的 φ_s 为 φ_0，则 φ_0 表示地表为水平时两次成像的相位差，即

$$\varphi_s = \frac{4\pi}{\lambda}\left[\sqrt{(H + B_z)^2 + (x - B_x)^2} - \sqrt{H^2 + x^2}\right] \tag{2.15}$$

记 $\varphi_h = \varphi_s - \varphi_0$，则 φ_h 为地表高度为 $h(x)$ 时的相差与水平地面的相差 φ_0 之差，即

$$\varphi_h = \frac{4\pi}{\lambda}\left[\sqrt{(H+B_z-z)^2+(z-B_x)^2} - \sqrt{(H-z)^2+x^2} - \sqrt{(H+B_z)^2+(x-B_x)^2} + \sqrt{H^2+x^2}\right] \tag{2.16}$$

使用泰勒级数公式 $\sqrt{1+u} = 1 + \frac{u}{2} - \frac{u^2}{8} + O(u^3)$ $(u<1)$ 整理式(2.16)，同时考虑 B 和 z 都远小于 R_0，可得

$$\varphi_h = -\frac{4\pi}{\lambda} \cdot \frac{B_\perp \cdot h(x)}{R_1 \cdot \sin\theta} \tag{2.17}$$

式(2.17)把地面高程与相位差用一个公式联系在一起，直接表达了地面高程 $h(x)$ 与相位差 φ_h 之间的关系，其重要意义在于表达了基线对干涉雷达测高的贡献在 $B_\perp$ 这一重要概念上，还解释了干涉雷达测高精度与成像参数之间的关系。雷达波长越短，天线到地面目标的距离越近；同样，相差变化反映的高度越小，测高分辨率越高(可以通过下面的高度灵敏度和高度模糊度来表征)。式(2.17)还可用来求取相位差高度的转换系数。

干涉相位的高度灵敏度定义为

$$\frac{\Delta\varphi_z}{\Delta z} = -\frac{4\pi}{\lambda} \cdot \frac{B_\perp}{R_1 \sin\theta} \tag{2.18}$$

高度模糊度定义为

$$\Delta z_{2\pi} = -\frac{\lambda}{2} \cdot \frac{R_1 \sin\theta}{B_\perp} \tag{2.19}$$

式(2.19)表示引起一个 2π 相位变化所对应的高度变化,以此来表征干涉测量对高度变化的敏感程度。

§2.2 干涉基线估算[10]

由于基线是干涉系统中非常重要的参数,也是 InSAR 数据处理过程中必不可少的,因此有很多估计其值的方法。具体方法的选择有赖于具体应用和所要求的处理精度,有赖于是否有所处理数据的 DEM 图或地面控制点,还有赖于成像区域地形的变化等。常用的基线估计算法有:基于星历数据的基线估算、基于地面控制点的基线参数估算、JPL 基线估算方法,以及图像模型建立方法。下面以基于星历数据的基线估算方法为例介绍干涉基线估算的算法。

每幅合成孔径雷达单视复数据(SLC)图像的头文件都提供了若干点的卫星位置矢量和速度矢量、第一点的时间及两点之间的时间间隔。根据这些信息可以拟合一条时间与位置的三次曲线,即

$$\left.\begin{aligned} X_A &= a_0 + a_1 t + a_2 t^2 + a_3 t^3 \\ Y_A &= b_0 + b_1 t + b_2 t^2 + b_3 t^3 \\ Z_A &= c_0 + c_1 t + c_2 t^2 + c_3 t^3 \end{aligned}\right\} \tag{2.20}$$

式中,有 12 个未知数,若已知 5 个点的位置和时间,可以通过最小二乘法进行求解。

SLC 的头文件还提供图像的第一行、中间行和最后一行的成像时间,可以通过这些参数得到每行成像的时间间隔,进而得到每一行的成像时间,从而求得每一行成像时的轨道位置。

得到每行成像时卫星的位置后,要计算基线,还必须知道两卫星对同一地面点成像的行。根据合成孔径雷达成像原理,合成孔径雷达波束与卫星飞行方向垂直,因而,基线矢量应与该点的速度矢量垂直。如果以一幅图像中心点的卫星位置矢量和速度矢量为基准,通过计算可得到基线矢量与速度垂直时第二幅图像的卫星位置。由于两幅图像的方位向分辨率一致,求出第一幅图像中间行与第二幅图像的基线后,其他成像行的基线也可以得到。

这种方法是根据星历数据获取的基线参数,因此星历数据的精度直接影响着基线的精度。

§2.3 多普勒距离等式的几何关系

上面几节介绍的模型都是在假定地球表面是平坦面的基础上建立的,这样就必须对相位也进行相应的近似。但是如果直接通过对两天线成像时严格的多普勒—距离关系进行计算,就可以避免前面假定引入的误差。

卫星瞬时成像时的多普勒—距离关系如图 2.8 所示。

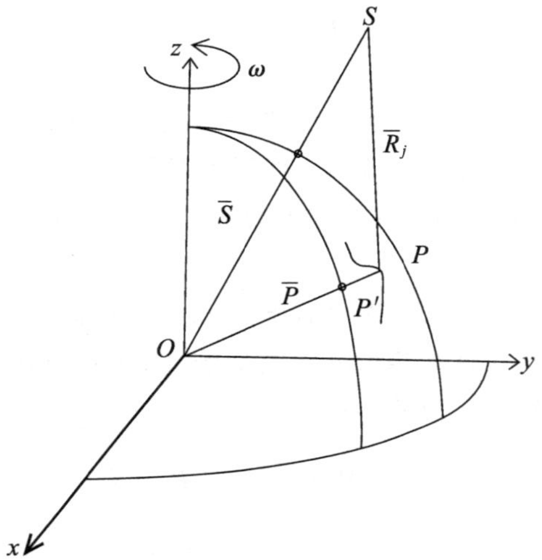

图 2.8　卫星与目标点间的瞬时成像关系

运用多普勒—距离方程求解图像上点的绝对位置将在第 3 章进行详细的介绍。这一过程是通过联立距离方程、多普勒方程和地球椭球体方程来求解的。多普勒等式为

$$|\bar{R}_j| = |\bar{S} - \bar{P}| \tag{2.21}$$

式中，斜距 $|\bar{R}_j|$ 可以根据光速 c 和微波信号从传感器发射到从目标返回的时间计算，$\bar{P}$、$\bar{S}$ 分别表示地面点和卫星成像时刻的位置。根据其成像时情况，$|\bar{R}_j|$ 也可以被表示为

$$|\bar{R}_j| = \frac{c}{2}(\tau - \tau_e) + \frac{c}{2n}j \tag{2.22}$$

式中，$|\bar{R}_j|$ 为单视复图像中第 j 列的点所对应的斜距，τ 为信号从发射到返回所经历的时间，τ_e 为合成孔径雷达系统中电波的延迟（在 ERS-1 中，$\tau_e = 6.625 \times 10^{-6}$ s），n 为雷达的 A/D 采样率。

在雷达信号从发射到接收的期间，雷达平台（卫星）运动平稳，同时地球自身还以一定的角速度绕地轴自身旋转。这些运动将引起经过目标返回的信号在频率上的变化（即多普勒频移）[8]，其关系为

$$f_{DC} = \frac{2}{\lambda R_j}(\dot{\bar{\boldsymbol{P}}} - \dot{\bar{\boldsymbol{S}}}) \cdot (\bar{\boldsymbol{P}} - \bar{\boldsymbol{S}}) \tag{2.23}$$

式中，f_{DC} 是多普勒中心频率，λ 为雷达波长，$\dot{\bar{\boldsymbol{P}}}$、$\dot{\bar{\boldsymbol{S}}}$ 分别是目标点和传感器的速度矢量，$\bar{\boldsymbol{P}}$、$\bar{\boldsymbol{S}}$ 分别是目标和传感器的位置矢量。$\dot{\bar{\boldsymbol{P}}}$ 可以由地球的自转角速度和目标点

的位置计算，即

$$\dot{\bar{\boldsymbol{P}}}=\omega \cdot \bar{\boldsymbol{P}} \tag{2.24}$$

式中，ω 为常量($\omega=7.292\times10^{-5}$ rad/s)。

式(2.24)不能直接求解。目前办法之一是通过迭代来求解，通过目标点的一个近似值 P 计算出新的目标点位置 P，直到相邻两次计算出的位置差小于某一阈值(如 1 mm)时停止迭代。利用牛顿迭代法对三个不同的等式进行四次迭代就可解出结果。

Tannous[11]等利用卫星的两次位置 $\bar{S}_1$ 和 $\bar{S}_2$ 及目标点 $\bar{P}$ 的位置关系，进行基于多普勒—距离等式直接计算相位差。类似的，Geudtner 用零多普勒等式替代多普勒中心频率等式来解算相位差，可以得到干涉相位关系，即

$$\varphi=\frac{4\pi}{\lambda}(|\bar{\boldsymbol{P}}-\bar{\boldsymbol{S}}_1|-|\bar{\boldsymbol{P}}-\bar{\boldsymbol{S}}_2|) \tag{2.25}$$

但令人遗憾的是，来自 SLC 数据的精确轨道参数的精度为 20 cm。实际上，在精确的 DEM 生产中，有效基线精度需要达到 5 cm。如果轨道参数不是足够精确，那么必须找到一种替代方法直接进行精确的基线估算。

地球重力学、海洋潮汐模型、非传统强制模型、陆地参考框架定义和精确轨道计算方法的最新进展，使得 ERS-1/2 目前的轨道半径精度达到了 5 cm 级。

§2.4 干涉相干

在 InSAR 中，干涉相干(coherence)是一个非常关键的量值。首先，它是局部干涉条纹质量的重要评价标准，因此许多的干涉信号处理步骤需要将其作为重要的输入参数；其次，它提供了各散射体的重要信息。例如，干涉测量中的时间去相关可以用于地物的分类；在交轨干涉测量中，相干量可用于对散射层的厚度进行初步的估算。

2.4.1 干涉相干的估计

对于复干涉图像对 S_1 和 S_2，其相干定义为

$$\gamma=\frac{|E(S_1S_2^*)|}{\sqrt{E(|S_1|^2)E(|S_2|^2)}} \tag{2.26}$$

式中，$E(\cdot)$表示求期望，S_2^* 表示复数共轭。在实际估算干涉相干的过程中，假设在估算窗口内，散射体是各态历经的，则可以用空间平均值替代总体平均。同时，考虑图像之间的相位差异，则最大似然相干估算器为

$$\hat{\gamma}=\frac{\left|\sum_{m=0}^{M}\sum_{n=0}^{M}S_1(m,n)S_2^*(m,n)\mathrm{e}^{-\mathrm{j}\varphi(m,n)}\right|}{\sqrt{\sum_{m=0}^{M}\sum_{n=0}^{M}|S_1(m,n)|^2\sum_{m=0}^{M}\sum_{n=0}^{N}|S_2(m,n)|^2}} \tag{2.27}$$

式中，M、m、n 表示在配准窗口中的位置，φ 是每个像元的系统行为分量。该估计器的概率密度函数为

$$pdf(\hat{\gamma};L)=2(L-1)(1-\gamma^2)^L\hat{\gamma}(1-\gamma^2)^{L-2}F_1(L,L,1,\gamma^2\hat{\gamma}^2) \tag{2.28}$$

其均值和 k 阶均值分别为

$$E(\hat{\gamma})=\frac{\Gamma(L)\Gamma(1+L/2)}{\Gamma(L+1/2)^3}F_2(3/2,L,L;L+1/2,1;\gamma^2)(1-\gamma^2)^L \tag{2.29}$$

$$E(\hat{\gamma}^k)=\frac{\Gamma(L)\Gamma(1+L/2)}{\Gamma(L+1/2)^3}F_2(1+k/2,L,L;L+k/2,1;\gamma^2)(1-\gamma^2)^L \tag{2.30}$$

但最大似然相干估算器存在一定的偏差。一般来说，估算值高于真实值，即 $E(\hat{\gamma})\geqslant\gamma$。特别是在低相干或估算窗口过小的情况，偏差较严重。干涉相干偏差为

$$D(|\hat{\gamma}|)=\sigma^2|\hat{\gamma}|=\left[\frac{\Gamma(L)\Gamma(2)}{\Gamma(L+1)^3}F_2(2,L,L;L=1,1;|\hat{\gamma}|^2)(1-|\hat{\gamma}|^2)^L\right]-E(\hat{\gamma})^2 \tag{2.31}$$

如果独立样本 L 很大，则相干估算值无偏差，如图 2.9 所示。

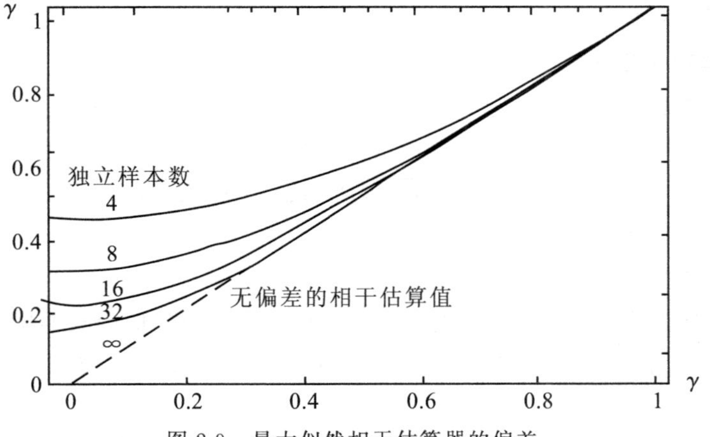

图 2.9　最大似然相干估算器的偏差

在相干估算过程中，干涉相位的计算最费时，但如果不进行干涉相位补偿，则会造成相干估算偏差，该偏差与局部相位频率有关。因此，为了提高计算效率，必须寻求与相位无关的相干估算器。

2.4.2 去相干源

影响两幅合成孔径雷达影像相干的因素很多，但总的来说去相干源的方法主要可分为六种：①基线或几何去相干；②多普勒质心去相干；③热噪声去相干；④时间去相干；⑤数据处理去相干；⑥体散射去相干。

1. 几何去相干

几何去相干量 γ_{geom} 可以简单地表示为

$$|\gamma_{\mathrm{geom}}|=\begin{cases}\dfrac{B_{\perp C}-B_{\perp}}{B_{\perp C}}, & B_{\perp}\leqslant B_{\perp C}\\ 0, & B_{\perp}>B_{\perp C}\end{cases} \tag{2.32}$$

式中，$B_{\perp C}$ 表示垂直基线。式(2.32)给出了 ERS-1/2 合成孔径雷达系统几何去相干随垂直基线距和地形坡度变化的情况。

2. 多普勒质心去相干

多普勒质心去相干量 γ_{DC} 是随着干涉条纹图多普勒质心频率差 Δf_{DC} 的增加而线性减少的，有

$$|\gamma_{\mathrm{DC}}|=\begin{cases}1-\dfrac{\Delta f_{\mathrm{DC}}}{B_A}, & |\Delta f_{\mathrm{DC}}|\leqslant B_A\\ 0, & |\Delta f_{\mathrm{DC}}|>B_A\end{cases} \tag{2.33}$$

式中，B_A 是方位向带宽。

3. 热噪声去相干

热噪声去相干量 γ_{t} 为

$$|\gamma_{\mathrm{t}}|=\frac{1}{\sqrt{(1+SNR_1^{-1})(1+SNR_2^{-1})}} \tag{2.34}$$

式中，SNR 为信噪比。

4. 时间去相干

成像地区的后向反射特征因地表运动、天气影响和其他因素而随时发生着变化。即使重复周期为 1 天，在植被覆盖区 C 波段、X 波段的时间去相干也非常明显。

如果对地表建模，即地表是各个分辨率尺度的散射体的随机组合体，并且这些散射体在雷达观测区间无干扰，那么散射时间是随机确定的，并且如果排除前面热和空间基线效应，那么前后两次的观测信号是完全相同的。Zebker 和 Villasenor 认为相干可以用散射体均方差运动的函数来近似表示，即

$$\gamma_{\mathrm{t}}=\exp\left\{-\frac{1}{2}\left(\frac{4\pi}{\lambda}\right)(\sigma_y^2\sin^2\theta+\sigma_z^2\sin^2\theta)\right\} \tag{2.35}$$

式中，σ_y 和 σ_z 分别表示交轨和垂直向的均方差运动，θ 为平均入射角。实验表明：

时间去相干主要取决于环境因子，如冰冻、雨、雪和风等。

5. 数据处理去相干

数据处理去相干包括很多方面，如配准去相干、插值去相干等。1994 年，Just 和 Bamler 给出了距离向配准去相干的公式为

$$|\gamma_{\text{coreg},r}|=\begin{cases}\sin(u_r)=\dfrac{\sin(\pi u_r)}{\pi u_r}, & 0\leqslant u_r\leqslant 1\\ 0, & u_r>1\end{cases} \tag{2.36}$$

式中，u_r 表示距离向错误配准像元数。方位向配准去相干与之类似，即

$$|\gamma_{\text{coreg},a}|=\begin{cases}\sin(u_a)=\dfrac{\sin(\pi u_a)}{\pi u_a}, & 0\leqslant u_a\leqslant 1\\ 0, & u_a>1\end{cases} \tag{2.37}$$

式中，u_a 表示方位向错误配准像元数。

§2.5　干涉测量的合成孔径雷达数据[10]

如上所述，根据相位差可计算地面高程，得到一个这样的相位差矩阵必须有一种特殊的合成孔径雷达产品提供相位信息。

Leberl 介绍了 SLC 处理的方法，混频器将信号解调分成两部分，即同相部分 I 和整数相位部分 Q。这两部分说明了一个事实，即将相位项正弦曲线 $\varphi(t)$(t 表示时间)分解成线性的正弦项和余弦项。实际上，正弦项和余弦项的差别就是正弦波有一个$\frac{\pi}{2}$的相位偏移，即 $\sin(x)=\cos(x-\frac{\pi}{2})$，因此，同相部分和整数部分用数学公式可以表示。

假定一个信号 $s(t)$ 为

$$\begin{aligned}s(t)&=a(t)\cos(2\pi f_0 t+\varphi(t))\\&=a(t)\cos(2\pi f_0 t)\cos\varphi(t)-a(t)\sin(2\pi f_0 t)\sin\varphi(t)\end{aligned}$$

式中，$a(t)$为振幅函数，f_0 为雷达载频。

现在，I 和 Q 的组成为 $a(t)\cos\varphi(t)$和 $a(t)\sin\varphi(t)$。因此，由信号混频器所生成的信号信息被分解成解调数据的两部分。I 和 Q 可以看作由一个复数组成，$a(t)$是一个三角函数。因此，每一个输出的合成孔径雷达图像元素都是由 I 和 Q 组成。这就是所谓的复数图像。然后，合成孔径雷达图像的灰度值由$(I^2+Q^2)^{1/2}$决定。

在地球资源卫星中，ERS-1. SAR. SLC 产品可以被用于干涉过程。ERS-1. SAR.SLC 表示的是经过了预处理但没有进行噪声去除的合成孔径雷达数据。表 2.1为 ERS-1/2 SLC 数据特性。

表 2.1 ERS-1/2 SLC 数据特性

数据名称	单视复图像
视数	1
空间分辨率(距离/方位)	<11 m/<7 m
重采样像元大小	7.9/PRF
距离方向场景大小	2 500 采样
方位向场景大小	15 000 线
覆盖区域	100 km×107 km
像元深度	带正负号的整复数(16*I*,16*Q*)
产品位置精度	大约 500 m
总数据量	约 150 MB
发射	地面距离
产品标准媒体	CCT,EXABYTE(ESAER-IS-EPO-GS-5902) CD-R[ESA-SAR.SLC95]

§2.6 ERS-1/2 的 InSAR

从 1991 年 ERS-1 和 1995 年 ERS-2 发射起,适用于干涉测量处理的合成孔径雷达数据就得到了极大的关注,因为人们对于在不长的时间周期内获得全球一致的 DEM 有着巨大的需求。特别是对于地形测图和地图修测来说,精确的区域 DEM 的获取是很有必要的。在这一方面,欧洲空间局的地球资源卫星数据有明显优势,因为这些数据有合适的重叠区。

ERS-1 发射 4 年后,ERS-2 成功发射,由于运行 4 年的 ERS-1 仍然状态良好,因此这就使人们有可能获得具有相似特性的两颗雷达卫星串接模式的数据。1995 年 3 月,欧洲空间局理事会提供了串接模式的两颗卫星从 1995 年 8 月 17 日到 1996 年 5 月 16 日 9 个月的数据。两颗卫星保持着 35 天的重复周期,每次距同一轨道平面有 30 分钟的偏移(如 ERS-1 和 ERS-2 之间的地面修正是 1 天)。对两颗卫星设定特定的不同轨道,以确保最合适的基线值用于特殊的地面站获取图像,并实时生成 DEM。最先串接模式的目的主要是为了对合成孔径雷达进行干涉。串接模式获取数据的基本步骤为:

(1)两颗卫星上两套相同设备相隔一天观测同一地面区域,如用于 InSAR 和变化监测。

(2)两颗卫星上的采样设备在同一天观测不同的地面区域,以提供一个附加的空间采样。

在欧洲空间局互联网服务网站上,列出了包括由同样的 ERS-1 或 ERS-2,或者两颗卫星混合所匹配得出的 InSAR 像对。对 InSAR 基线进行列表的目的是：

(1)为用户提供一个索引，方便识别适合于进行 InSAR 应用的干涉像对。

(2)进行全球干涉测量研究。

(3)为干涉测量应用进行地球资源卫星轨道维护策略的研究和评估。

列表包括许多的章节，每一部分包含同样轨迹的场景。每一章节引导部分为卫星的类型，是 ERS-1 还是 ERS-2，以及不同基线长度和时间的同名图像情况。InSAR 的评定参数是由基线垂直于合成孔径雷达斜距方向组成，表示为 B_N 或者用符号“1”表示。B_N 的绝对值必须满足雷达特性和图像几何所决定的条件。对于 ERS-1/2 理论值的上限是 1 100 m。

实际上，用户首先必须确定研究区域的地理位置。欧洲空间局互联网服务网站也提供了过去所计划获取和已获取的图像数量及像片数和轨道等信息。DESCW 软件使用户可以查看这些已经获取的或者计划中的 ERS-1/2 情况，以及每项任务唯一的轨道数据、确定的日期和获取的路径、合格的图像数和场景的范围。

正在形成的有三大 InSAR 应用领域，每个领域都有其最优的 B_N 绝对值要求。表 2.2 给出了 ERS-1/2 系统基线近似值的范围。

表 2.2　InSAR 应用基线范围

应用领域	B_N 近似值/m
数字地面模型	150～300
表面变化监测	30～70
表面特征移动	0～5

事实表明，在 1990 年到 1994 年间，ERS-1 的图像有 50%的重复轨道数据满足 InSAR 基线条件。

§2.7　干涉质量分析与评价[10]

即使两幅合成孔径雷达图像完全重叠并且被整体匹配，生成纹理的相关性也可能导致地形和地形覆盖发生变化，而位置及物理反射特性的随机变化会导致同名图像一致性的降低。

干涉相位的质量依赖于电子设备引起的相位噪声的数量，这类噪声是随机的，应在实验室进行消除。

大气影响是又一个难以用模型表述的误差源。信号在从传感器到目标的传播过程中，要经过不同的介质，而这些介质又各有不同的传播模型。常规处理方法是将不同类型的大气层简化成多个若干层合一的同类型复合层，对该复合层用近似模型进行处理。

地震和滑坡等地球物理现象的存在，使得图像出现空间去相关现象。这种现象也包括前后两次观测期间植被的变化，这可能使一致性明显恶化。

匹配不准确是由多个处理过程所决定的，即匹配点或图像块的质量问题、匹配所使用的算法、几何变换函数和重采样技术。

图像的移位导致相位差或干涉相位出现误差。常规的处理，特别是ERS-1/2，由于轨道近似平行，大部分现有的几何变换和像元内插技术都是可行的。

轨道参数的不确定性直接影响高程的解算精度。精确的轨道参数来自全球网上作为主要来源的30个卫星激光测距系统。ERS-1/2上微波测高仪测得的数据作为附加数据也被用于轨道模型的确定，这将有助于整个海洋和全球轨道参数的提高。微波测高仪相对气候的独立性使它成为激光测距的理想补充。常用的有两类精确轨道的产品，即ERS-1/2.ORB.PRC和ERS-1/2.ORB.PRL，但它们都不能达到干涉任务的全部要求。表2.3显示的是精确轨道产品的起始精度，该精度是根据内部质量检核计算得出。

表2.3 对于ERS-1/2的欧洲空间局轨道产品的精度

轨道产品	轨道径向相对误差/cm	轨道垂直方向的相对误差/cm	沿轨道方向的相对误差/cm
ERS1.ORB.PRC(精确)	7	33	31
ERS1.ORB.PRL(预备)	8	35	35

但是，来自SLC数据的轨道状态矢量可以用于基线长度的粗略估计。

还有一个误差来源是体散射的影响，这种情况往往出现在有密集棚盖(如树冠)的图像中，信号在传播途中遇上棚盖侧面会导致信号延迟。因而，体散射影响图像的一致性。多基线观测已经证明，可以估计出这些一致性的增加值。这一技术已经通过用不同视向的6幅ERS-1图像结合得到检核。

Prati等提出了一种合成孔径雷达图像变化质量测量的方法。两幅合成孔径雷达复图像u_1和u_2的理论一致性定义为

$$r=\frac{E(u_1 u_2^*)}{\sqrt{E(|u_1|^2)E(|u_2|^2)}} \tag{2.38}$$

式中，u_1、u_2分别代表两幅单视复图像；$E(\cdot)$是期望值，实际上等于采样的平均值。r的绝对值是干涉质量估计值的基本量，该值位于0～1之间。0表示两幅图像完全不相关，1表示没有差别，即没有噪声。

相应的评估采样一致性可以定义为

$$r = \frac{\sum_n u_1 u_2^*}{\sqrt{\sum_n |u_1|^2 \sum_n |u_2|^2}} \tag{2.39}$$

在实际计算中，可以在生成干涉条纹图后估算相干系数。在 ISAR/ESA 软件中，通过取 10 像素×15 像素的窗口来计算相干系数。通过窗口在整幅图像中的滑动计算每一点的相干系数，这样每点的相干系数构成的一幅新图像就称为相干系数图。

参考文献

[1] ROGERS A E, INGALLS R P. Venus: Mapping the surface reflectivity by radar interferometry [J]. Science, 1969, 65: 797-799.

[2] ZISK S H. Anew earth-based radar technique for the measurement of lunar topography[J]. Moon, 1972(4): 296-300.

[3] GRAHAM L C. Synthetic interferometer radar for topographic mapping[J]. Proceedings of IEEE, 1974, 62(6): 763-768.

[4] ZEBKER H A, GOLDSTEIN R M. Topographic mapping from interferometric synthetic aperture radar observations[J]. Journal of Geophysical Research Solid Earth, 1986, 91(B5): 4993-4999.

[5] GABRIEL A K, GOLDSTEIN R M. Crossed orbit interferometry: Theory and experimental results from SIR-B[J]. International Journal of Remote Sensing, 1988, 28(1): 88-96.

[6] 詹总谦. 雷达干涉测量中相位解缠算法的研究[D]. 武汉：武汉大学，2003.

[7] 王超，张红，刘智. 星载合成孔径雷达干涉测量[M]. 北京：科学出版社，2002.

[8] CURRIE A, BAKER C J. High resolution 3-D radar imaging[C]//IEEE International Radar Conference'95, 1995.

[9] 杨杰. 星载 SAR 影像定位和从星载 InSAR 影像自动提取高程信息的研究[D]. 武汉：武汉大学，2004.

[10] 李平湘. 利用 InSAR 数据提取 DEM 的理论与技术研究[D]. 武汉：武汉大学，2003.

[11] TANNOUS I, PIKERON B. Parametric modeling of spaceborne SAR image geometry application: SEASAT/SPOT image registeration[J]. Photogrammetric Engineering and Remote Sensing, 1994, 60(6): 755-766.

第3章　DEM产品

随着科学技术特别是计算技术的迅速发展，DEM的数据获取方法、数据存储和数据处理速度等方面已经取得突破性进展。由于地理信息系统（geographic information system，GIS）的普及，在美国、中国、德国、英国及其他国家和地区，DEM作为数字地形模拟的重要成果已经成为国家空间数据基础设施（national spatial data infrastructure，NSDI）的基本内容之一，并被纳入数字化空间数据框架进行规模化生产。DEM数据包括平面位置和高程数据两种信息，可以直接在野外通过全站仪或者GPS、激光测距仪等获取，也可以间接地从航空图像或者遥感图像及既有地形图上得到。具体采用何种数据源和相应的生产工艺，一方面取决于这些源数据的可获得性，另一方面也取决于DEM的分辨率、精度要求、数据量大小和技术条件等[1-3]。

§3.1　数据获取

有很多现成的方法可以获取地面高程，其中有些方法并不复杂，既不需要昂贵的设备，也不需要很高水平的专业技术人员，但这些方法缺乏生产性和自动化程度。有些方法需要在专门的站点上进行测量观测，如流速测量，还有一些需要昂贵的设备，同时还有很大的后处理工作量，如摄影测量。

世界上几乎所有的国家和地区都拥有地形图，这些地形图是DEM的一个重要数据源，无疑也成为地形建模丰富、廉价的数据源。从既有地形图上采集DEM涉及两个问题：一是地图符号的数字化，二是这些数字化数据往往不满足现势性要求。特别是在经济发达地区，土地开发利用使地形地貌变化剧烈而且迅速，既有地图往往不宜作为DEM的数据源；而对于经济落后地区，如山区，因地形变化小，既有地图无疑是DEM物美价廉的数据源。

大地测量是一种传统的技术，也是获取地面高程最精确的方法之一。受仪器到地面目标点的通视条件的限制，这种野外直接获取的方法可能是代价最大的。因此，利用测距仪或全站仪获取野外DEM仅适合于大比例成图或局部工程项目。

摄影测量的优点就是只需要少量的外业工作得到几个地面控制点的前提下，远距离探测整个被测区域。一旦获取了被测地区的连续像片，在室内即可利用专用的摄影测量仪器对立体像片对进行量测，很快就可以得到整个区域的DEM。现在航空摄影测量正在逐渐被星载摄影测量所代替，如DLR测量摄影机可安装在航天飞机上。俄罗斯的 KFA1000 和 KWR1000 摄影系统也已成为获取 DEM 的设备。随着高分辨率立体轨道卫星的发射，将来它们也会成为获取 DEM 的主要数据来源。这些立体图像对序列利用数字摄影测量的图像匹配技术，甚至不需要人工干预的情况下就可自动地获取 DEM 产品。

激光外形测量是 DEM 获取领域的一个新角色，该技术是基于激光距离测量设备垂直安装在飞机上直接正交或接近正交扫描地面。高程精度依赖于波长和时间精度。该系统可以用于生成高精度的城市 DEM，因为它可以判定出城市地区的离散人工目标，如建筑物。由于不同地面物体有不同的反射特性，因此根据反射信号的强度也可以生成一个灰度图。可以预见，不久激光表面测量将成为三维制图的一项热门的技术。

最近十年来，雷达数据获取地面高程引起了人们极大的兴趣，类似于平面测量的雷达图已在多种比例尺图中得到应用。来自雷达的高程获取有三种可能的用途：合成孔径雷达立体测图、根据阴影测形状和干涉处理。

合成孔径雷达立体测图可以由雷达立体像对经三维几何数据的提取而实现。合成孔径雷达立体测图是一项艰苦而复杂的工作，它实际上是将立体图像测量转换成对目标几何信息的处理。在其他数学方式复杂的方法中，选择重叠图像也可以用模拟立体摄影测量方法进行立体测图。雷达立体测图的有关报道也有，但数量不是太多。其中，根据 Apollo17 图像雷达测制的月球表面图和由 SIR-B 系统测制的地球地形图是最成功的，高程精度分别达到了 100 m 和 10 m。当然这一精度的取得离不开好的雷达数据[3]。

合成孔径雷达数据生成 DEM 的其他方法还有阴影法，它将信号的反射率作为地面坡度的函数。由这一关系式，可以根据反射率计算坡度。如果相邻点的坡度是连续的，就可以得到系列的高程值。不过，从反射率到模型是很困难的，它依赖于许多比坡度难以预测的因素，如植被覆盖、地表的粗糙度。当地表构造不同时，反射的结果也是不一致的，模型的构造也就更难。阴影法也需要一些边缘估计的范例或外部地表低频信息来保证结果的可靠性。最近加拿大遥感中心（Canada Centre for Remote Sensing，CCRS）和英国 DGM 公司利用星载合成孔径雷达数据（Seasat）进行了阴影法的试验，结果精度达到了 22 m。

由雷达数据生成 DEM 的最新方法还是 InSAR，InSAR 的研究只是近几十年才开始，但它所得到的 DEM 的精度已经高于其他方法。对于不受气候条件影响下获取覆盖全球的无缝 DEM，该方法将是可能的而且是唯一的方法。因此，它将用于获取全球 DEM。有关干涉测量的细节，这一章不介绍，在后面的章节中将进行深入的探讨。

3.1.1　获取方法

摄影测量的方法和地形图数字化的方法是目前大规模 DEM 采集最常用的两

种方式，本节以摄影测量数据采集方法为例进行介绍。

涉及 DEM 数据采集的摄影测量采样方法包括等高线法、规则格网法、剖面法、渐进采样法、选择采样法、混合采样法等，这些方法是人机交互的或自动化的。

1. 等高线法

在地形复杂及陡峭地区，可采用沿等高线跟踪的方式进行数据采集，而在平坦地区，则不宜采用沿等高线采样的方法。沿等高线采样可按等距离间隔记录数据或按等时间间隔记录数据。当采用后者时，由于在等高线曲率大的地方跟踪速度较慢，因而采集的点较密集，而在曲线较平直的地方跟踪速度较快，采集的点较稀疏，故只要选择恰当的时间间隔，所记录的数据就能很好地描述地形，又不会有太多的数据冗余。

2. 规则格网法

规则格网采样能确保所采集的数据具有规则的格网形式。通过固定某一方向（如 X 轴方向），而在另一方向（如 Y 轴方向）以等间距移动测标，同时对每一点测量其高程值，便可获得规则格网数据。在这种方法中，量测点在 X 或 Y 方向的移动由微处理器自动控制，不需要手工操作。显然，这种方法非常适合于自动或半自动的数据采集。

3. 剖面法

剖面法与规则格网法类似，它们之间的唯一区别是在格网法中量测点在格网的两个方向上都均匀采样。在剖面法中，通常情况下点以动态方式量测，而不像在格网采样中以静态方式进行。因此，这种方法从速度方面来说具有较高的效率，但其精度将比以静态方式量测的规则格网法的精度低。另外，这种方法的固有缺点是如果要保持较小而且重要的地形特征，就必须保证采样数据有较高的冗余度。大多数情况下，剖面法并非主要为了采集 DEM 数据，而是与正射图像的生产联系在一起的。从这一方面来说，DEM 数据更像剖面法的副产品，而不是其主要产品。

4. 渐进采样法

为了使采样点分布合理，即平坦地区样点较少，地形复杂地区的样点较多，可采用渐进采样方法。在这种方法中，小区域的格网间距逐渐改变，而采样也由粗到精地逐渐进行。渐进采样能解决规则格网法所固有的数据冗余问题，但这种方法仍然存在一些缺点：

（1）在地表突变邻近区域内的采样数据仍有较高的冗余度。

（2）有些相关特性在第一轮粗略采样中有可能丢失，并且不能在其后的任一轮采样中恢复。

（3）跟踪路径太长，导致时间效率降低。

5. 选择采样法

为了准确反映地形，可根据地形特征进行选择性的采样，如沿山脊线、山谷线、断裂线及历史特征点(如山顶点)等进行采集。这种方法的突出优点在于只需以少量的点便能使其所代表的地面具有足够的可信度。但另一方面,因为它需要受到专业训练的观测者对立体模型进行大量内插,所以并非是一种高效的采样方法。实际上,没有一种自动采样程序是基于这种采样策略的。也正因为这个原因,一些需要快速获取数据的机构或组织(如军事测绘单位),不常使用这种方法。

6. 混合采样法

混合采样法是一种将选择采样法与规则格网法相结合或者是将选择采样法与渐进采样法相结合的采样方法。这种方法在地形突变处(如山脊线、断裂线等)以选择采样的方式进行,然后这些特征线和另外一些特征点(如山顶点、谷底点等),被加入规则格网数据中。实践证明,使用混合采样法能解决很多在规则格网法和渐进采样法中遇到的问题。混合采样可建立附加地形特征的规则矩形格网DEM,也可建立沿特征附加三角网混合形式的DEM,但显然其数据的存储管理与应用均较复杂。

7. 交互式采集法

上述的等高线法、剖面法、选择采样法和混合采样法等方法适合于利用解析测图仪或机助测图仪进行半自动的交互式数据采集。特别是在数字摄影测量工作站(digital photogrammetric workstation,DPW)中,混合采样的方法既可以达到较高的作业效率,又可取得较好的数据质量。交互式采集法首先使用计算机自动相关生成粗格网DEM,然后在立体模型上加测地形特征线,在此基础上内插细格网DEM。

8. 自动采集法

自动采集是数字摄影测量系统最主要的特征。自动采集按照像片上的规则格网利用数字图像匹配进行数据采集,若利用高程直接求解的图像匹配方法,也可按模型上的规则格网进行数据采集。全数字化摄影测量系统在市场上已有比较成熟的产品,如Leica/Helava的HL、Zeiss/Intergraph的ZI、中国的JX-4A和VirtuoZo等。这种方法的优点是许多操作是自动化的,用户不需要进行太多的干预。但是在自动相关生成DEM时,仍需要采集地貌特征点、线,才能保证DEM的高保真度。特别是在平坦地区、森林覆盖地区和房屋密集的城区,仍需要相当多的人工干预和编辑工作,否则,DEM的精度将难以保证。

数字化后的等高线数据通过一定的处理,如粗差的剔除、高程点的内插、高程特征的生成等,便可产生最终的DEM数据。

3.1.2　获取方法比较

(1)对DEM数据的采集方法可以从性能、成本、时间、精度等方面进行评价。应当指出,各种采集方法都有各自的优点和缺点,因此选择DEM数据采集的方法要从目的需求、精度要求、设备条件、经费条件等方面考虑,选择合适的采集方法。

表 3.1 是 DEM 数据采集方法和各自特性的比较。

表 3.1 DEM 数据的采集方法及各自特性比较

获取方式	DEM 的精度	速度	成本	处理难易程度	应用范围
地面测量	非常高(cm)	耗时	很高	很困难	小范围区域,特别的工程项目
摄影测量	比较高(cm～m)	比较快	比较高	容易	大的工程项目,国家范围内的数据收集
立体遥感 SPOT、MOMS-2	低	很快	低	容易	国家范围乃至全球范围内数据收集
GPS	比较高(cm～m)	很快	比较低	容易	小范围,特别的项目
地形图手扶跟踪数字化	比较低(图上精度 0.2～0.4 mm)	比较耗时	低	困难	国家范围内及军事上的数据采集,中小比例尺地形图的数据获取
地形图屏幕数字化	比较低(图上精度 0.1～0.3 mm)	非常快	比较低		
激光扫描、干涉雷达	非常高(cm)	很快	非常高	容易	高分辨率、各种范围

(2)摄影测量是 DEM 重要的数据源,采用解析测图仪或经数字化改造的紧密立体测图仪采集数据,在使用摄影测量方法对 DEM 数据的采集中仍占有很重要的地位。交互式数字摄影测量自动化程度较高,并可顾及地形特征,同时生成的 DEM 精度也比较高,因此是进行数据库更新的最有效的方式之一。

(3)现有地形图是 DEM 的另一重要数据源,经过大量的实践证明,用等高线地形图生产 DEM 的方法已经相当成熟,可以广泛应用于生产。

(4)不论从何种数据源获取 DEM 数据,在采集等高线或规则格网点的同时采集重要的地形特征点线都是保证 DEM 质量和提高作业效率的重要措施。

(5)利用基于不规则三角网(triangular irregular network,TIN)的方法进行数据建模和随机栅格转换,是快速可靠地生产高精度格网 DEM 切实可行的方案。

(6)使用 GPS、激光扫描、干涉雷达等新型技术进行 DEM 数据采集是很有发展前景的 DEM 数据采集方式。

§3.2 生成技术

DEM 作为地球空间数据框架的基本内容,一直是有关生产单位进行规模化生产的主要任务之一。对于一个 DEM 项目,最终目标是要经济、快速地生产满足一定精度要求的 DEM 产品。换句话说,DEM 的生成涉及三个基本问题,即 DEM 的精度、生产成本和效率,而精度在大多数情况下是最重要的。在 DEM 生成技术中,首先数据源要有足够的精度和采样密度,其次表面重建的方法或算法要完美。

然而,随着采样密度的增加,成本自然也会提高,还会影响建模的效率,因此从效率和经济的角度来看,采样点的数量应尽量减少。为了能更好地生成 DEM,必须制定高效、规范的生成流程。

3.2.1 DEM 生成技术流程[4]

DEM 生产技术设计一般包括以下内容。

(1)归总项目情况。确定项目的内容、承担单位、负责人及项目所涉及的测区概况,如测区范围、地貌水系概况和地形类别等。

(2)收集与分析资料。收集生产 DEM 所需的所有原始资料,如地形图、航片、图例簿、内外业控制点成果、图幅接合表、不同坐标系之间的坐标改正量等,并对这些资料进行分类整理。

(3) 制定作业依据与技术标准。明确所采用的生产技术规定、技术标准、图幅分幅和编号标准、地形图要素分类与代码标准等,以及其他各种相关规定。这是指导、监督和检查整个生产过程的基本依据。

(4) 配置生产设备及技术力量(包括硬件、软件、技术力量等)。确定硬件、软件和技术力量的合理配置,特别是技术力量应包括高级工程师、工程师、助理工程师、技术员和检查员等各个层次的人员。

(5)制定技术路线与工艺流程。在整个 DEM 的生产过程中,有三条主线贯穿其中:①数据流程主线;②作业流程主线;③质量控制主线。其中,数据流程主线与质量控制主线的成果构成了最终成果的主要内容,而这两项恰恰又是作业流程质量评定的依据。图 3.1 为从既有地形图生成 DEM 的技术流程。

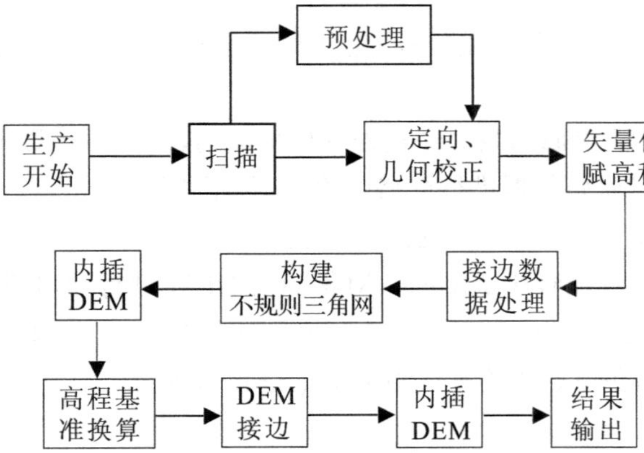

图 3.1 DEM 生成技术流程

(6)制定操作规程。对 DEM 生产过程中影响生产效率和产品质量等关键问题的环节都应明确具体的规程,如数据预处理、相邻图幅的接边检查、水文观测值的收集与平差、高程检查点的收集、图纸扫描、定向与几何纠正、等高线矢量化的采样点分布与密度、数据查错与编辑、矢量接边、建立不规则三角网和自动增加特征点、DEM质量检查、原数据文件录入等。

(7)制定质量控制方案。对DEM应采取多级检查和验证制度,并填写质量跟踪卡。最低一级(如室一级)要进行100%的检查,包括作业员自检。上一级(如队一级)也要进行100%的检查,由于这一级检查往往是作业单位对成果质量的最终控制,因此检查员要对交出的成果负责。再上一级的检查则由专门的质检部门(如局一级)组织验收,进行一般抽样,如10%的详查。

(8)确定上交成果。上交成果包括数据文件、图文件和文档资料等。

(9)制定进度计划。为了保质保量按期完成生产任务,一般要将组成整个系统的各项任务分解为各个阶段及先后顺序,运用网络技术对系统进行统筹安排,使进度、资源、人力、质量和风险等因素在系统进程中都得到充分考虑,达到合理的投入。

3.2.2 DEM生成注意事项

(1)根据DEM生成所涉及的具体应用领域,确定需要加测的重要地物。例如,对于生成江河流域的DEM,除了地形DEM外,大江大河两岸的主干堤、人工堤等对实际的防洪是很有意义的,这些必须加测,才能保证最后的数据是完整可靠的。

(2)高程精度难以达到正常规定精度要求的,应使用一定的方法圈出其范围,作为DEM推测区。这些情况一般是:地形图上大范围内(图面上5 cm以上)既无等高线、高程注记点又达不到规定密度(一个千米格网内不足5个点)的城镇街区、沼泽、乱掘地等;草绘等高线的范围;一定树高的密林区;一定面积的陡石山;一定宽度的双线河水域。

(3)由于DEM是由原始数据经过处理后生成的,因此原始数据的质量必须保证。也就是说,应对原始数据进行严格的检查,包括检测系统误差、偶然误差,以及对粗差的剔除,这实际上是DEM的测前处理。

(4)不论使用哪种流程生成DEM,对得到的DEM进行编辑修改都是必要的。对于摄影测量的方法,可以在立体模型上进行编辑修改;对于地形图矢量化的方法,可将DEM叠加在原始的等高线地形图上进行检查。

§3.3 质量控制

质量控制是DEM生成中最关键的环节之一,DEM精度的好坏事实上取决于DEM的质量控制好坏。影响DEM精度的因素是多种多样的,其中DEM原始数据的质量是最主要的因素。DEM 的质量检查是 DEM 质量控制中的重要内容[2]。

3.3.1　质量控制手段

1. DEM 的误差来源

DEM 的实际精度主要由原始数据的采集误差和高程内插误差两方面决定。数据采集误差来自原始资料的误差、采点设备误差、人为误差、坐标转换误差。对于使用航空摄影测量内业方法采集 DEM 数据来说，原始资料的误差主要表现为航片的误差（包含航空摄影的各种误差的综合）、定向点误差；采点设备误差包括测图仪的误差和计算机计算有效位数；人为误差包括测标点切地面的误差（采用数字图像相关时为图像的相关误差）；坐标转换误差包括原始地形图的精度、采点误差、控制点转换误差。对于采用地形图采集 DEM 数据来说，由于原始地形图主要通过航内和编绘手段制作，其误差包括航内除内插之外的所有误差及地形图本身的误差，后者包括地图综合（坐标移位）、纸张或材料变形所引起的误差；采点设备误差包括地形图手扶或扫描数字化仪的误差；人为误差包括数字化对点误差及高程赋值误差；控制点转换误差类似于航内的绝对定向误差，这种误差主要来源于控制点数字化和控制点大地坐标匹配时产生的误差。

DEM 的另一误差来源存在于高程内插的过程当中，因为不管采用哪种内插算法，内插点的计算高程与实际量测高程之间总存在差值。高程内插的误差一方面与选用的数学方法（内插算法）有关，另一方面与采点的方式有关。DEM 的高程精度与采点密切相关，不同的采点方法对高程内插有不同的作用。一般来说，沿等高线采集稀疏高程点（或沿一定的格网或断面采集高程点）加上采集其他特征点（如山脊点、山谷点等）是一般的内插计算方法，如多层叠加法、最小二乘配置法、有限元法、移动曲面法和三角剖分法等。

从定量角度考虑，DEM 的误差可表示为

$$\sigma_{\mathrm{DEM}} = \sqrt{\alpha_1 \sigma_m^2 + \alpha_2 \sigma_z^2} \tag{3.1}$$

式中，σ_{DEM} 为 DEM 的误差，σ_z 为高程内插误差，α_1 和 α_2 为系数，σ_m 为原始资料的高程误差，有

$$\sigma_m = M \cdot ds \cdot \tan\alpha \tag{3.2}$$

其中，α 为平均坡度，M 为一常数，Tempfli 提出在用传递函数法描述内插误差时，内插误差的系数 α_1 和 α_2 分别为 1 和 4/9。参数 ds 为

$$\mathrm{d}s = \sqrt{\sigma_e^2 + \sigma_0^2 + \sigma_d^2 + \sigma_t^2} \tag{3.3}$$

对使用地形图等高线等要素生成 DEM 来说，σ_e 为数字化仪或扫描仪误差，σ_0 为地形图原始资料的误差，σ_d 为数字化人为误差，σ_t 为转换误差。对地形图来说，除去地图综合引起的等高线位移之外，其他误差要求为：点位平面误差，控制点为

0.1 mm,其他点位为 0.2 mm,最大不大于 0.3 mm;设备误差,数字化仪精度一般为 0.1 mm,如采用扫描数字化,若扫描线为 300 dpi,则扫描误差为 0.08 mm;采用手扶数字化时,人工对点精度一般为 0.2 mm;采用扫描数字化时,人工对点精度一般由等高线宽度所决定;坐标转换误差为数字化仪坐标转换到大地坐标时的误差。通过式(3.2)和式(3.3)可得出因原始资料引起的误差。

DEM 高程内插误差的定量计算与内插方法有关,计算方法有传递函数法和协方差函数法等多种方法。

2. 误差分析

总体而言,可将误差分为三种,即系统误差、偶然误差和粗差。

系统误差的产生常常不是由 DEM 原始数据激发的。例如,在摄影测量中,系统误差的产生通常跟物理方面的因素有关,它们可能源于摄影胶片的温度变化或测量仪器本身。另外,测量仪器在使用前缺乏必要的校正,或者因为观测者自身的限制(如观测立体的敏锐度或未能进行正确的绝对定向等),也有可能产生系统误差。系统误差一般为常数,也可以互相抵消。在 DEM 的生产实践中,大部分进行数据获取的人员都充分认识到了系统误差的存在,并尽量将其影响降到最低的程度。

按经典的误差理论,对同一目标的量测由于观测误差的存在,其测量值会有所不同,且不表现出任何必然规律,这种误差便称为随机误差或噪声。随机误差均匀分布,一般使用通过量测值计算出来的统计值如均方根误差(RMSE)来表示。

粗差实际上是一种错误,同随机误差和系统误差相比,它们在测量中出现的可能性一般较小。在某些情况下,如操作者记录了一个点的错误读数,或者由于识别错误而观测了另一个不相干点,或者在使用自动记录仪时仪器处于不正常的工作状态等,都会出现粗差。粗差通常也发生在自动图像相关时图像的错误匹配中。根据统计学的观点,粗差是与其他观测值不属于同一集合(或采样房间)的观测值,因此它们不能与集合中的其他观测值一起使用,必须予以剔除。基于这个原因,对测量方法和观测程序应统筹规划,以便于粗差的检测及剔除。

因为 DEM 产品是由 DEM 原始数据经过一系列的处理获得的,所以 DEM 原始数据的质量将极大地影响通过原始数据建立的 DEM 的质量。DEM 原始数据的质量可使用原始数据的三个属性(即精度、密度和分布)质量来衡量。如果原始数据点没有好的分布(如在粗糙、起伏不平的地区数据点只是稀疏分布,而在平坦光滑的地区数据点密度却很高),显然可以认为原始数据质量比较低。密度和分布与采样有关,相关问题可通过合理的采样策略解决。

另一个涉及 DEM 原始数据质量的重要因素是数据点自身的精度。显然,数据点精度越低,数据质量越差。数据精度与量测过程有关,数据点经量测获取后,精度值便可相应获得或估算出来。任何测量数据的精度值都是不同类型误差的综合结果。

3.3.2　精度分析

获取 DEM 数据的不同的方法，将得到不同精度的 DEM。地图的用户群体对覆盖情况、可靠性、价格及精度是很关心的，数据量的大小也是获取 DEM 的又一个重要方面。对于一个大数据量的 DEM，不仅成本很高，而且在计算机中进行处理也不太方便。折中的办法是，兼顾尽可能高的分辨率和精度，满足用户的要求。由于 DEM 的数据量通常来说是很大的，所以有时用户必须清楚计算机处理的能力。

由于地理信息系统数据和数字地图在很多地方被用来作为后期地理分析的原始数据，故用数字化仪对现有地图数字化或直接在屏幕上数字化已经成为常用的方法。在进行数字化模拟图时，DEM 是根据等高线生成的，这样，高程的获取精度就更大地依赖于地图本身的质量了。另外，数据处理和设备有时也是必须考虑的。

表 3.2 列出了 DEM 生成技术的精度比较结果。

表 3.2　DEM 生成技术的比较[2]

DEM 获取技术	覆盖范围	精度
大地测量	局部、大比例尺图	1～10 cm
摄影测量	区域	1～10 m
激光表面测量	区域	0.5～2 m
InSAR	区域到全球	5～20 m
合成孔径雷达阴影测量	区域到全球	坡度≤2°，22 m
合成孔径雷达立体测图	区域	10～100 m
地图数字化	依赖于地图范围	依赖于地图的使用

目前，不发达国家主要还是用卫星数据进行地形测图，地图修测还处在积累经验阶段。造成这一现象的主要原因是计算机分辨率和处理的可靠性对于完成测图任务来说还不是足够好；另一个原因是对于完成这类任务，计算机硬件和软件还没有开发到优于传统获取技术的程度。对于这样的一个理想系统，它必须更可靠、快速、自动化程度更高，这样才能形成经济上的优势。

表 3.3 总结了不同比例尺的地形图所需要达到的精度。

表 3.3　DEM 用于测图的精度要求

类型	比例尺	DEM 的格网间距	DEM 的精度
大比例尺	≥1∶1 万	10 m	<1 m
地形图	1∶2.5 万～1∶20 万	25～100 m	2.5～25 m
全球	<1∶20 万	1～5 km	50～100 m

表 3.4 表明了 DEM 用于制图的卫星影像的要求，由美国国家制图精度标准制定。

表 3.4 卫星图像的要求

图比例尺	平面精度/m	高程精度/m	图像制图分辨率/m	图像测图分辨率/m
1∶25 万	75	15～30	14	≤75
1∶10 万	30	6～15	6	≤30
1∶5 万	15	6	3	≤15
1∶2.5 万	7.5	3	1.5	≤7.5

对 InSAR 的研究就是期望获得高精度的 DEM，在 ERS-1/2 的情况下，希望精度达到 5 m，合成孔径雷达数据是最适合而且也是可以提供的。长期大量的合成孔径雷达系统研究经验使合成孔径雷达的产品越来越可靠。由于 InSAR 技术的主动性和不依赖于天气的条件，机载和星载合成孔径雷达结合，能够满足全球和区域的测图要求。例如，对于 1∶5 万地形图测图，该系统就是一套虚拟三维图的设备，可用于各个领域很多需要的场合，如测绘新图、地图的修测等。

1. DEM 的精度评定

DEM 精度评定可通过两种不同的方式来进行：一种是平面精度和高程精度分开评定，另一种是两种精度同时评定。对前者，平面精度可独立于高程精度获得，但对后者，两种精度的获取必须同时进行。在实际应用中，一般只讨论 DEM 的高程精度评定问题。

DEM 的精度评定可有三种途径：一是理论分析，二是试验检测，三是理论与试验相结合。理论分析同理论与试验相结合方法的共同特点都是试图寻求对地表起伏复杂变化的统一量度和各种内插数学模型的通用表达方式，使评定方法、评定所得的精度和某些带规律性的结论有比较普遍的理论意义；所不同的是前者纯粹是理论研究，而后者要通过大量的试验来建立数学模型。应当指出，由于影响 DEM 精度的因素是多种多样的，因此无论采用哪种途径都不能很好地解决所有的问题。

在实际应用中，常用的 DEM 精度评定方法有检查点法、剖面法、等高线法等。

检查点法即事先将检查点按格网或任意形式进行分布，生成的 DEM 在这些点处进行检查。将这些点处的内插高程和实际高程逐一比较得到各个点的误差，然后算出中误差。

剖面法是将一定的剖面量测，计算高程点和实际高程点而进行比较的精度计算方法。剖面可以是沿 X 方向、Y 方向或任意方向。可以用数学方法（如传递函数法）计算任意剖面的误差，也可以用实际剖面和内插剖面相比较的方法估算高程误差。

应当指出，由于影响 DEM 精度因素的多样性，在考察 DEM 的精度时，不仅要考虑 DEM 的单点误差，还要考虑 DEM 在山区、平原地区、平缓地区和破碎地区的整体形状，使DEM不仅在单点的精度达到相当的水平，而且使整个DEM的形状与实际地形保持一致。

2. DEM的质量检核

DEM的质量控制流程是DEM生产流程中的一条主线。以这个角度来划分，可以将DEM生产项目的质量检查分为三个部分：原始资料的质量检查、数据处理的质量检查、最终产品的质量检查。这三部分的质量检查事实上是与生产的工艺流程密切相关的。

不管采用何种生产工艺流程生产DEM，它们与DEM的质量检查是密切相关的，即不同的工艺流程会导致DEM的质量检查内容有很大的不同。但总体来说，DEM的质量检查应当包括以下内容：

(1)检查DEM原始的数学基础。

(2)检查DEM原始起止点坐标的正确性。

(3)检查DEM原始数据的质量。

(4)检查DEM的高程值有效范围区是否正确。

(5)检查生成DEM的内插模型。

(6)检查生成的DEM产品的质量。

(7)检查DEM的元数据文件是否正确。

这些内容中，对于DEM原始的数学基础、DEM数据起止点坐标的正确性、DEM高程值有效范围区的正确性、DEM元数据文件的正确性等问题的检查一般都比较容易。相反，对DEM原始数据的质量、生成DEM的内插模型及生成的DEM产品的质量检查比较困难，也是比较关键的。

对DEM原始数据的质量进行检查的实质是检查数据中是否含有误差(包括系统误差、偶然误差和粗差)。对生成的DEM产品的质量检查主要是检查DEM产品是否含有误差、整体精度如何、是否准确反映了地形等。对生成DEM的内插模型的检查则要复杂一些，从数学的角度而言，可从逼近程度、外推能力、平滑效果、唯一性、计算时间等方面进行比较检查和评价；但在实际应用中，无法对内插模型的这些特性进行检查。更主要的是，大量的实践表明：影响DEM精度的主要因素取决于原始数据的质量及顾及地形特征与否，而与内插并无明显的关系。

参考文献

[1] 李志林，朱庆. 数字高程模型[M]. 武汉：武汉大学出版社，2001.

[2] 李德仁，周月琴，金为铣. 解析摄影测量学[M]. 北京：测绘出版社，1992.

[3] 张剑清，张祖勋. 数字摄影测量学[M]. 武汉：武汉测绘科技大学出版社，1996.

[4] 李平湘. 利用InSAR数据提取DEM的理论与技术研究[D]. 武汉：武汉大学，2003.

第 4 章　InSAR 生成 DEM

InSAR 是将由雷达影像复数据推导出的雷达信号的相位信息作为信息源，利用这些相位信息提取地表三维信息的一项技术。InSAR 通过两天线同时观测（单轨模式）或两次平行的观测（重复轨道模式），获取地面同一景观的复数图像对；由于目标与天线位置的几何的关系，在复图像上产生相位差，形成干涉条纹图；干涉条纹图中包含了斜距向上的点与两天线位置之差的精确信息。因此，利用传感器高度、雷达波长、波束视向及天线基线距之间的几何关系，可以精确地测量出图像中每一点的三维位置，生成该地区的 DEM。InSAR 图像提取 DEM 的算法主要包括复图像的配准、干涉条纹图的生成、相位解缠、DEM 重建，核心算法是二维相位展开算法。

§4.1　基本流程

图 4.1 显示了由接收到的雷达信号到生成 DEM 产品的处理流程。

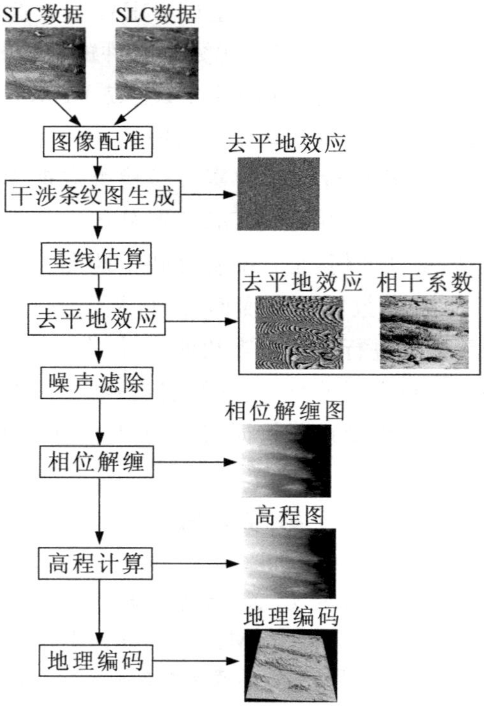

图 4.1　InSAR 数据用于数字地形建模的处理流程

§4.2 复图像配准

图像配准是干涉处理的第一步，它的好坏影响着生成干涉条纹的质量，从而影响提取 DEM 的精度。当来自临近轨道上的两幅合成孔径雷达复图像精确配准时，它们的相位差图像会显现出条纹，条纹的变化包含地表地形的信息。如果两幅图没有精确配准，由它们产生的干涉条纹就会模糊不清，甚至不能生成干涉条纹，此时的相位图像看上去就像均匀分布在[0,2π]空间的相关噪声。

雷达照射的地面辐照带是平行于轨道的。对于单天线双轨道方式的 InSAR 系统，当两次通过时的轨道不平行而是偏差一个小角度 α 时，对应的雷达辐照带也会偏差一个角度 α。这就意味着，来自这些轨道的同一景物的两幅图像不经过距离向重采样是不能重叠的。另外，交叉的轨道也会导致不同高度的目标在方位向表现为相对移动，要使两幅图像得到全局重叠也必须在方位向重采样。

4.2.1 内插算法

InSAR 图像提取 DEM 对图像配准的精度要求极高，要生成高质量的干涉条纹通常要将两幅复图像配准至 0.1 像素精度，这就要在配准过程或干涉合成时对原图像进行内插处理。InSAR 处理中常用的内插方法主要有两种，即双线性内插法和三次卷积内插法。下面予以简单介绍。

(1) 双线性内插法，又称一级内插法。如图 4.2 所示，该法使用内插点周围的 4 个观测点的像元值，对所求的像元值进行线性内插，具体公式为

$$Q(u,v)=(1-s)(1-t)P(i,j)+(1-s)tP(i,j+1)+s(1-t)P(i+1,j)+stP(i+1,j+1) \tag{4.1}$$

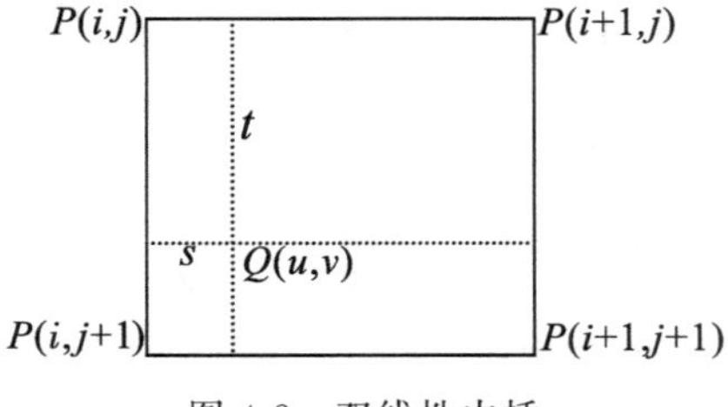

图 4.2 双线性内插

该方法具有图像均衡化和清晰化的效果，可得到较高的图像质量，但破坏了原有数据，使高频分量受损，图像轮廓模糊。

(2) 三次卷积内插法。利用多项式 $S(\omega)$ 来逼近理论上的最佳插值函数 $\operatorname{sinc}(\omega)=\dfrac{\sin\omega}{\omega}$，其中

$$S(\omega)=\begin{cases}1-2|\omega|^2+|\omega|^3, & |\omega|<1\\4-8|\omega|+5|\omega|^2-|\omega|^3, & 1\leqslant|\omega|\leqslant 2\\0, & |\omega|>2\end{cases}\tag{4.2}$$

函数如图 4.3 所示。

计算时，参照图 4.4，利用周围 16 个邻点的灰度进行内插，即

$$Q(u,v)=\boldsymbol{ABC}$$

式中

$$\left.\begin{aligned}\boldsymbol{A}&=\begin{bmatrix}S(1+t)\\S(t)\\S(1-t)\\S(2-t)\end{bmatrix}^{\mathrm{T}}\\\boldsymbol{C}&=\begin{bmatrix}S(1+s)\\S(s)\\S(1-s)\\S(2-s)\end{bmatrix}^{\mathrm{T}}\end{aligned}\right\}\tag{4.3}$$

$$\boldsymbol{B}=\begin{bmatrix}p(i-1,j-1) & p(i-1,j) & p(i-1,j+1) & p(i-1,j+2)\\p(i,j-1) & p(i,j) & p(i,j+1) & p(i,j+2)\\p(i+1,j-1) & p(i+1,j) & p(i+1,j+1) & p(i+1,j+2)\\p(i+2,j-1) & p(i+2,j) & p(i+2,j+1) & p(i+2,j+2)\end{bmatrix}\tag{4.4}$$

三次卷积内插方法计算量大，但可以克服双线性内插方法的缺点，而且精度较高。

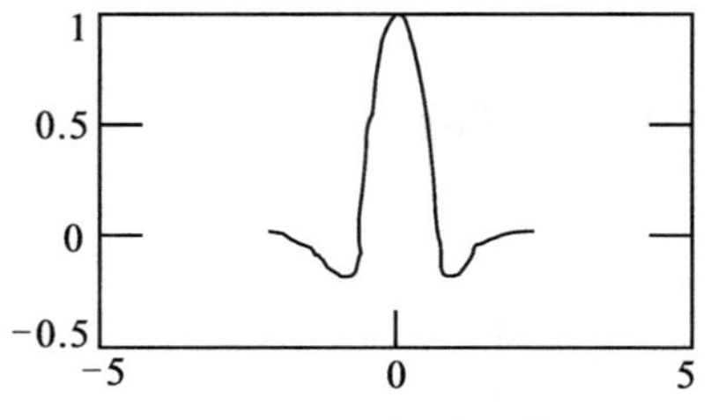

图 4.3　$S(\omega)$插值函数

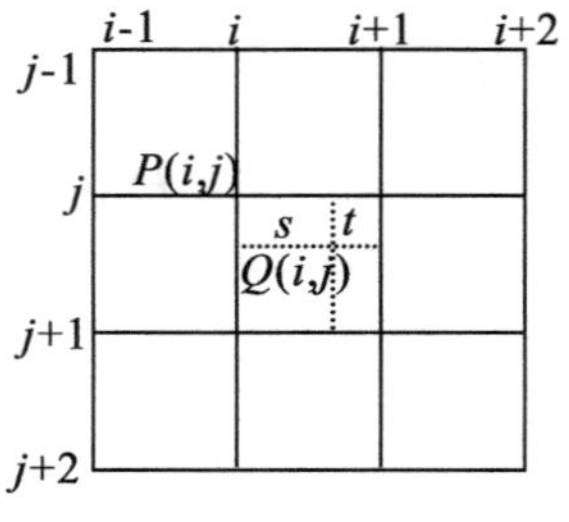

图 4.4　三次卷积内插示意

4.2.2　配准算法

InSAR 图像的配准算法很多，传统的合成孔径雷达图像配准方法是利用合成孔径雷达复图像的统计信息，或利用合成孔径雷达相位差图像的统计信息，通过内插和偏移操作来实现。这类算法的主要缺点是计算量太大。利用特征点进行配准也是较常用的方法，虽然它易受噪声的影响，但对合成孔径雷达图像中存在如角反

射器的特征点时，该方法非常有效。

根据配准算法实现域的不同，可将其大致分为三类：基于灰度的配准、基于干涉条纹的配准和基于干涉条纹图频谱的配准。

1. 基于灰度(信号幅度)的配准

信号幅度配准算法主要有两种，即统计相关配准和最小二乘法配准。

统计相关配准方法是计算两幅图像在不同方位和距离偏移处互相关系数 S。产生的最大相关系数的偏移值，可通过对离散像素偏移值的相关系数拟合来得到。这种技术可使提取高程的任何系统误差最小化。对于大基线分离图像对，为了正确配准图像，距离向偏移是距离的函数，应使用三点内插法来调整次像元距离偏移，然后在整个图像上用线性拟合重新计算距离向偏移，即

$$S=\frac{\sum_i\sum_j M_1(i,j)M_2(i,j)}{\sqrt{\sum_i\sum_j M_1^2(i,j)}\cdot\sqrt{\sum_i\sum_j M_2^2(i,j)}} \tag{4.5}$$

最小二乘法配准算法是基于相应像元灰度差的均方根值为极小的最小二乘原理，它的主要特点是在匹配方案中引入了匹配窗口之间的几何变换参数和辐射变换参数。几何变换参数用来补偿两个匹配窗口之间的几何差异，通过相似变换和仿射变换来实现；辐射变换参数则用以补偿两个匹配窗口之间像元灰度的辐射差异，用线性变换实现。与相关系数法仅对辐射进行线性变换的算法相比，最小二乘法配准具有更高的精度。该算法仍属于基于像元灰度的图像匹配，多用于数字摄影测量中。

一般情况下，待定的参数远小于观测值(像元个数)，这有利于提高参数估计的精度。由于要通过迭代求解，每次迭代都要重新线性化，并且利用灰度内插，因此这种方法的计算量较大。

2. 基于干涉条纹(相位)的配准

基于干涉条纹的配准算法由 Qian Lin 于 1992 年提出[1]，通过基于相位差的评价函数来寻求最优的配准参数。因为提取 DEM 的过程是以干涉条纹图为基础的，这种图像的质量，亦即条纹的清晰度，可用来作为配准的主要标准。

没有噪声或地形变化的理想相位差图像在方位向有一个恒定的相位值，在距离向呈锯齿状。相位差随距离增加，从 0 到 2π，接着又到 0，重新增加。相邻像素间的平均起伏是非常小的。当相位噪声和配准噪声存在时，相邻像素的差值才会增大。当两幅合成孔径雷达复图像正确配准时，相位差图像上的平均起伏将会最小。定义起伏评价函数 f 为

$$f=\sum_i\sum_j(|p(i+1,j)-p(i,j)|+|p(i,j+1)-p(i,j)|)/2 \tag{4.6}$$

式中，$p(i,j)$是相位差图像在点(i,j)处的值。式(4.6)在图像上所有的相邻像素

点处执行。接近边缘线处的像素点趋向于增加评价函数的值，但是评价函数最小值的位置不会因为计算中包括这样的像素点而改变。这是因为，当两幅图像正确配准后，从 2π 到 0 的转变是很突然的，条纹线上的像素只占全部像素的一小部分，因此条纹线附近的像素对于评价函数的整体贡献很小。当图像存在配准偏差时，转变地区会变模糊，使像素值接近 0 到 2π 的地区变大，这将会增加评价函数的值。

当平行轨道非常接近时，两幅图像的距离向像素尺寸相同，两幅图像可以先决定距离向和方位向偏移，然后决定距离向比例因子来达到配准的目的。

当要配准的图像距离向像元尺寸差别较大时，偏移计算和比例因子调整这两步是不可分割的。每次比例因子调整后，两幅复图像的最优偏移量必须重新计算，反之亦然。如果这样，计算将是无穷尽的。为了减少计算负担，可用简化的下山方法来解决这一多变量最优化问题。影响评价函数的参数只有三个，即距离向偏移、方位向偏移、方位向偏移和距离向偏移比例因子，用三维简化下山法可使评价函数最小。这个最优化程序通过不断改变参数值，重新计算评价函数值，直至其减少到可以容忍的程度。

3. 基于干涉图频谱的配准

基于干涉图频谱的配准首先计算在不同距离向和方位向偏移值（像素级）处所产生的干涉条纹图的 SNR（干涉条纹图频谱上的最大值除以其余谱线之和）。接着，应用二次函数插值来找到最大值（次像素级），也就是所寻求的偏移值的位置。

通常，距离向的扭曲是系统的，而方位向的偏移却不是，它们与地形有关，在每一方向，有必须知道与每个具体像元相关联的偏移大小。经过试验可发现，在斑点噪声存在的情况下，仅仅靠景物特征识别建立的图像配准的准确性是不够的。

基于干涉图频谱的配准与前面讲述的方法相比，是一个复杂但精准得多的方法。它基于的原理：当图像准确配准后，图像上干涉条纹的质量最高。

首先，将一个小栅格（8×8）的复数数据从两幅图像近乎相同的地区抽取出来，接着把一个小栅格中的数据同另一个小栅格中的相应数据共轭相乘，得到一小块乘积图像（假定其可产生干涉条纹）。然后，用一个二维的傅里叶（Fourier）变换对这个积栅格进行处理，产生该二维条纹的频谱。谱上最大值所在位置代表所见最亮条纹的空间频率 f_x、f_y，最亮条纹的相对值通过计算频谱的信噪比得到。将频谱最大值存储起来作为配准质量的一个评价。最后，使用一个图像上的同一位置栅格，与另一图像上的新的位置（距离向或方位向移动一个像素）处的栅格重复进行这一过程。

这样，通过在第二幅图像距离向或方位向扫描 ±4 个像素，可得到一个频谱最大值矩阵，并可以很容易找到这些最大值中的极值，图像最优偏移就位于这个值所代表的偏移及其周围相邻点所代表的位移处。精确的偏移可通过执行一个二维二次插值来找到。

以上的定位算法是十分精确的，但计算量非常大。

上面几种配准算法，都是以干涉复图像为出发点的。

目前采用较多的是相关配准方法，其具体做法如下：

(1)将两幅合成孔径雷达幅度信息的图像按逐个像素点方式二维显示出来。用目测观察的方法，熟悉一下两幅图像上各目标呈现出的大体特征，然后选出两幅图像中最具特点、最相近的两个区域的中心点坐标(x_1, y_1)和(x_2, y_2)，并记录下来。这里之所以采用幅度信息而不是利用相位信息来进行图像配准，是因为幅度图像上各目标的图像特征较容易辨识，而且人们对幅度图像上各目标的辨识经验要比对相位图像丰富得多、成熟得多。

(2)根据选取出的这两个坐标点(x_1, y_1)和(x_2, y_2)，分别在第一幅图像中和第二幅图像中取出两块子图像M_1和M_2。M_1是以坐标点(x_1, y_1)为中心，半径为a个像素的子图像，其大小为$m\times m$；M_2是以(x_2, y_2)为中心，半径为b个像素的子图像，其大小为$n\times n(b>a, n>m)$。

(3)以子图像M_2为“基模板”，以子图像M_1为“搜索模板”，使搜索模板在基模板上滑动，如图4.5所示，(假设$a=8, b=16, m=17, n=33$)搜索整个基模板，计算每个搜索瞬间搜索模板$M_1(m\times m)$覆盖基模板的区域$M_2(m\times m)$，两者间的相似度值为S。

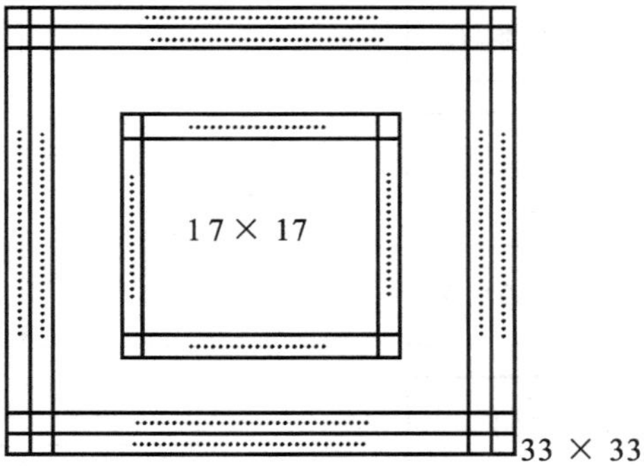

图4.5　搜索模板在基模板上滑动示意

搜索模板M_1与其所覆盖的基模板的区域M_2之间的相似度S为

$$S=\frac{\sum_{y=0}^{16}\sum_{x=0}^{16}M_1(x,y)M_2(x,y)}{\sqrt{\sum_{y=0}^{16}\sum_{x=0}^{16}M_1^2(x,y)}\sqrt{\sum_{y=0}^{16}\sum_{x=0}^{16}M_2^2(x,y)}}$$

两者的相似度S越大，表示两者越相似；$S=1$时，两者完全一致。

若搜索模板搜索遍整个基模板，则可以计算出289(17×17)个相似度值，从这

289 个相似度值中挑出最大的相似度值 S_{max}，其所对应的基模板和搜索模板间的位移坐标（Δx，Δy），就是要对两幅图像进行调整的位移量。（两图像已经进行过运动补偿、辐射校正、几何校正等处理，故这里假设两幅复图像仅存在 x 方向和 y 方向上位置的差别。）

（4）根据两幅图像的校正坐标（Δx，Δy），对两幅合成孔径雷达幅度图像进行匹配，得到两幅新的、配准了的幅度图像。

（5）根据校正坐标（Δx，Δy），对两幅合成孔径雷达相位图像进行配准，得到两幅新的、配准了的相位图像。至此，分别完成了两幅合成孔径雷达幅度图像和相位图像的配准处理。

图像配准的算法流程如图 4.6 所示。

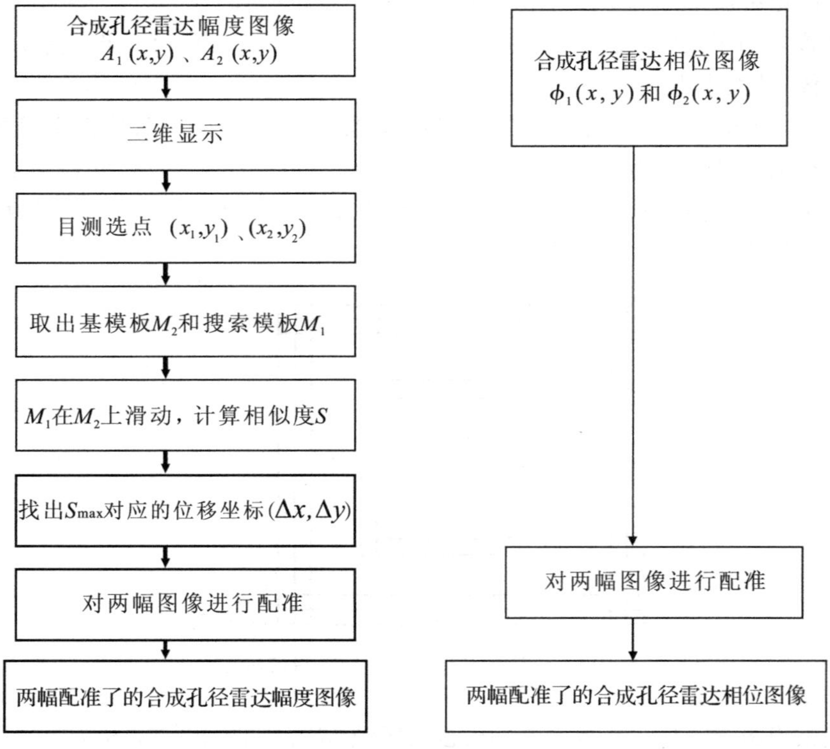

图 4.6　两幅图像配准的算法流程

§4.3　原始干涉数据滤波

对重复轨道干涉雷达来说，形成干涉时两幅合成孔径雷达图像的视角存在一些差异，使得分辨单元内的散射体相对视角有所变化，造成信号的几何去相干。解决这些差异常用的方法为频谱滤波。

分析雷达发射频率和地距波数 k 之间的关系，结合图 2.1 可以得出

$$k=\frac{4\pi}{\lambda}\sin(\theta-\alpha)=\frac{4\pi f}{c}\sin(\theta-\alpha) \tag{4.7}$$

式中，θ 表示入射角，α 表示地形坡度。在上面的近似中，考虑了地形坡度。下面通过对式(4.7)的求导来得到 Δk 和 $\Delta\theta$ 的关系，即

$$\Delta k=\frac{4\pi f\Delta\theta}{c}\cos(\theta-\alpha) \tag{4.8}$$

因此，在通常情况下，雷达入射角的变化将会引起地形回波谱的偏移和扭曲。现在，为了计算地面回波的谱偏移，本书通过对式(4.7)和式(4.8)相比得到频率随视角变化的函数，即

$$\Delta f=\frac{f\Delta\theta}{\tan(\theta-\alpha)}=\frac{cB_{\perp}}{r\lambda\tan(\theta-\alpha)} \tag{4.9}$$

进行频谱滤波后，将会大大提高干涉条纹图的质量。一般情况下，能够降低干涉条纹图残余的 10%～20%。同时，从式(4.9)可以方便地得到临界基线距为

$$B_{\perp}=\left|\frac{Wr\lambda\tan(\theta-\alpha)}{c}\right| \tag{4.10}$$

式中，Wr 表示距离向带宽。对于常用的 ERS-1/2 的数据来说，其系统的临界极限距大约在 1.1 km。

§4.4　干涉条纹图生成

复数干涉条纹图是通过两幅复图像上相互对应的各点共轭相乘得到的，即

$$S(x,y)=S_1(x,y)S_2^*(x,y) \tag{4.11}$$

若以极坐标的形式来表述，可得

$$\left.\begin{aligned}S(x,y)&=A_1(x,y)e^{j\varphi_1(x,y)}A_2(x,y)e^{j\varphi_2(x,y)}\\&=A_1(x,y)A_2(x,y)e^{j(\varphi_1(x,y)-\varphi_2(x,y))}\\&=A(x,y)e^{j\Delta\varphi(x,y)}\\\Delta\varphi(x,y)&=\varphi_1(x,y)-\varphi_2(x,y)\end{aligned}\right\} \tag{4.12}$$

式中，$A(x,y)$为干涉条纹图的幅度，它等于两幅原合成孔径雷达复图像的幅度之积；$\Delta\varphi(x,y)$为干涉条纹图的相位，它等于两幅原合成孔径雷达复图像的相位之差。

这里假定天线 A_1 远离被测地区，天线 A_2 靠近被测地区，那么与 $\varphi_1(x,y)$相对应的天线 A_1 距被测点的斜距 R_1 恒大于与 $\varphi_2(x,y)$相对应的天线 A_2 距被测点的斜距 R_2，从而 $\Delta\varphi(x,y)$恒大于 0。因此，若式(4.12)计算出的干涉相位值小于 0，则应进行处理，即

$$\Delta\varphi(x,y)=\Delta\varphi(x,y)+2\pi \tag{4.13}$$

由于三角函数的周期性，因此在计算相位时，丢失了整数倍的弧度值，利用式(4.13)得到的 InSAR 的相位差图也将是一幅所有点的数值都在[0,2π]主值范围内的二维图像，它并不真正代表两天线距地面同一被测目标的斜距差值，而是丢失了 $2n\pi$，其真正关系如下：

(1)对于单天线双轨道方式，有

$$\Delta\varphi(x,y)+2n\pi=-\frac{4\pi}{\lambda}(R_1-R_2)=-\frac{4\pi}{\lambda}\delta \tag{4.14}$$

(2)对于双天线单轨道方式，有

$$\Delta\varphi(x,y)+2n\pi=-\frac{2\pi}{\lambda}(R_1-R_2)=-\frac{2\pi}{\lambda}\delta \tag{4.15}$$

§4.5 相位数据质量评价

在得到干涉条纹图后，需要对相位数据进行分析，以确定在哪些区域相位是一致的，在哪些区域相位不一致，根据缠绕相位的质量来确定相位解缠策略。一般情况下，使用相位质量图来评价相位数据的质量。

相位质量图主要有四种：相干图、伪相干图、相位倒数变化图和最大相位梯度图。

4.5.1 相干图

Prati[2]等于 1993 年提出了一种合成孔径雷达图像变化质量度量的方法。两幅合成孔径雷达图像 u_1 和 u_2 的相干性在理论上定义为

$$\gamma=\frac{E(u_1u_2^*)}{\sqrt{E(|u_1|^2)E(|u_2|^2)}} \tag{4.16}$$

式中，$E(\cdot)$是期望值，实际上等于采样的平均值；γ 的绝对值是干涉质量的测度，该值位于 0～1 之间。0 表示两幅图像完全不相关，1 表示两幅图像没有差别。相干系数与信噪比之间对应关系为

$$\gamma=\frac{\mathrm{SNR}}{1-\mathrm{SNR}} \tag{4.17}$$

即相干系数越高，信噪比也越高。

相应的评估采样的相干系数可以定义为

$$\gamma=\frac{\sum_n u_1u_2^*}{\sqrt{\sum_n|u_1|^2\sum_n|u_2|^2}} \tag{4.18}$$

在实际计算时，相干系数可以在计算干涉图之后计算，其对应的图称为相干系数图。

4.5.2　伪相干图

在无法获得合成孔径雷达复图像对的强度值时，常常用伪相干图来模拟相干图。这时把合成孔径雷达复图像的强度定义为 1，那么伪相干就定义为

$$|z_{m,n}|=\frac{\sqrt{(\sum\cos\psi_{i,j})^2+(\sum\sin\psi_{i,j})^2}}{k^2} \tag{4.19}$$

式中，k 为视数，$\psi_{i,j}$ 为相位梯度。伪相干图最大的缺陷是对于陡峭地形区，它均标志为低质量数据区（即使该地区的相位数据质量很好，并且没有噪声）。这时就需要用新的质量图来评价相位导数的变化。

4.5.3　相位导数变化图[3]

相位导数变化图定义为

$$z_{m,n}=\frac{\sqrt{\sum(\Delta_{i,j}^{x}-\overline{\Delta_{m,n}^{x}})^2}+\sqrt{\sum(\Delta_{i,j}^{y}-\overline{\Delta_{m,n}^{y}})^2}}{k^2} \tag{4.20}$$

式中，$\Delta_{i,j}^{x}=Phase(i+1,j)-Phase(i,j)$，$\Delta_{i,j}^{y}=Phase(i,j+1)-Phase(i,j)$，$\overline{\Delta_{m,n}^{x}}$和$\overline{\Delta_{m,n}^{y}}$分别表示 $m\times n$ 窗口中 $\Delta_{i,j}^{x}$ 和 $\Delta_{i,j}^{y}$ 的均值，$Phase(i,j)$表示图像中(i,j)处的相位。

相位导数变化图不同于相干图和伪相干图，它用来表征相位数据的好坏。在无法获得相干系数图的情况下，相位导数变化图是可靠的相位质量图。

4.5.4　最大相位梯度图

从相位图上可以看出，在噪声相位区往往相位梯度也很大，所以可以用最大相位梯度来表征相位数据的质量。一般最大相位梯度定义为

$$\max\{|\Delta_{i,j}^{x}|\},\quad \max\{|\Delta_{i,j}^{y}|\}$$

最大相位梯度图也有伪相干图的缺陷，地形很陡峭（即相位变化显著，但无噪声）的地区也表征为低质量数据。

§4.6　干涉条纹图滤波

干涉条纹图在没有噪声和其他干扰的情况下，提取相位的偏导数，通过简单的路径积分运算就可以反演出各点的真实相位差。但是，如果噪声存在，就可能造成相位数据的不连续性和不一致性，这样就使得在上述积分过程中会产生局部误差，导致积分结果不一致。局部误差还将在解缠过程中向全局传播，导致解缠结果偏离相位的真值，这种现象称为残余。残余问题在 InSAR 相位解缠中普遍存在，对

相位解缠的效率、精度都有很大的影响。因此，在生成干涉条纹图后，一项重要的工作就是尽量地降低噪声、提高信噪比、减少残余的出现，以提高后面相位解缠的精度和效率。

在 InSAR 数据中，由于两次飞行期间地面特性的变化产生的噪声，以及成像数据处理过程中产生的噪声等方面的因素，使得相位中存在十分严重的干扰。可见，干涉条纹自身在信号形式上的特殊性，使人们对它不能采用一般的滤波方法来降低噪声。对它进行降噪滤波的困难在于：既要尽可能多地滤除干扰，又要尽可能好地保存条纹的连续。

目前，针对降噪滤波的文章大体可分为两类：一类是先假设模型，然后研究在模型下噪声干扰在统计上的规律，如分布函数法等，希望通过理论来指导噪声的消除；另一类则是具体分析干涉条纹的特点，以试验数据为准则，针对数据特点寻找专门的解决方法。目前，从滤波的效果上看，后一类算法的降噪效果较好。因此，本书也采用后一类方法来进行干涉条纹的降噪处理研究。

4.6.1 干涉条纹的特点[4]

干涉条纹是由两幅同一地区的合成孔径雷达复图像配准、重采样后共轭相乘得到的。因此，它必然带有合成孔径雷达成像和复数干涉所导致的特点。

干涉条纹最主要的特点是相位值的周期性。由于复数对其相位的周期性，干涉条纹的相位值，只能在$(-\pi,\pi)$之间出现。因此，如果干涉条纹图中的某点及其邻近点的复数相位值在 π 附近连续变化，则其在干涉条纹中的相位主值就在$(-\pi,\pi)$之间跳跃变化。这样的情况对每一个相位在$(2k+1)\pi$(k 为整数)附近的区域都存在。对于干涉条纹图中的一行，如图 4.7 所示，图中的 ψ 表示干涉条纹，φ 表示真实相位。

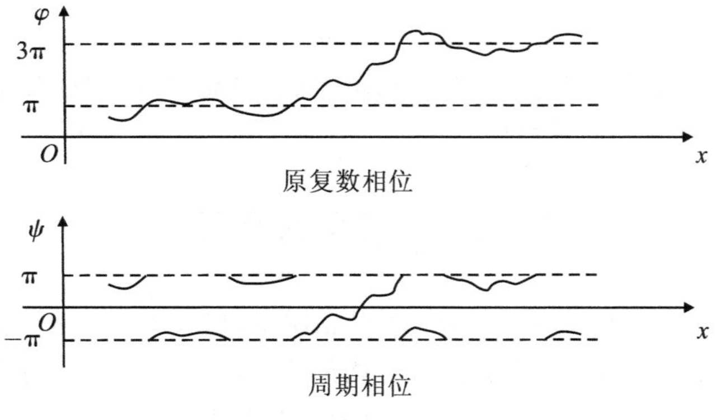

图 4.7 干涉条纹的圆周期性

(1)干涉条纹图的第一个特点是相位值的周期性。该特点使人们无法采用通常平滑滤波的各种方法来处理干涉条纹图。可以假设相位值在某一区域内为 π，受到噪声的干涉使其偏离 π，成为 π 附近的值，那么，理想的滤波处理输出值就应为 π。但在干涉条纹图中，π 附近的值变成为在（π，－π）间跳变的值，如果采用通常的降噪滤波的方法，那么对干涉条纹图滤波的结果，输出的值将接近于 0，这显然也是错误的。

（2）干涉条纹图的第二个特点是各像素点上相位值的可信度不同。由干涉处理得到的干涉条纹图中各点的相位值反映的是被测物体物理量的原值，其准确程度取决于成像系统及成像过程中的诸多因素。其中，两幅图像相干性的好坏，对得到相位值的精度起着绝对重要的作用。可以这样认为，一点的相干系数越大，其准确度就越好，可信度也越高，反之亦然。影响相干性的因素很多，机理各不相同，它们对不同像素的作用也不相同。其结果是，干涉条纹图中各像素点对应的相干系数不一样，从而导致各点的相位值的可信度也不一样，故在滤波过程中要分别对待。

（3）干涉条纹图的第三个特点是噪声的统计特性污染严重。因为合成孔径雷达本身为相干成像，故在通过两幅或多幅合成孔径雷达图像得到的干涉条纹图中，必然带有相干成像所特有的相干斑。这种在干涉过程中带入干涉条纹图中的相干斑，将成为野值。野值的存在，污染了相位噪声的统计特性，使其分布产生拖尾。

4.6.2　周期均值和周期中值滤波

针对干涉条纹图的周期性，Rodriques 和 Martin 提出了一种滤波方法[5]。他们在对一个样点进行降噪滤波时，先用多视的方法求出 N 个复图像对，然后用各对复图像进行干涉，再分别对 N 个干涉结果在这一样点上的实部和虚部求和，最后对虚部和实部和的比值取反正切，得出该点的滤波结果。这一方法滤波性能的好坏，取决于 N 的大小，N 越大滤波效果越好。但该方法会带来合成孔径雷达分辨率下降、多视增加计算量之间的矛盾。

Eichel 和 LanariPrati[6] 等分别提出了周期均值滤波法和周期中值滤波法。这两种方法都只需要一对复图像进行干涉，对干涉相位用邻域统计来实现滤波，一种取统计平均值，一种取统计中值。它们的降噪滤波方法的先决假设是：地形的起伏相对于取样率是缓变的，所以相邻样点间有一定的相关性，而噪声则是在相邻样点间统计独立的。这样可以采用空域滑动窗式低通滤波来处理。

对于 InSAR 干涉条纹图，记 $\psi(i,j)$ 为干涉条纹图中各点的相位值。其中，i、j 分别代表图像的行、列方向的位置，$i=1、2、\cdots、M$，$j=1、2、\cdots、N$。滤波窗口 W 为 $(2m+1)\times(2n+1)$ 的小矩形，被滤波的相位点位于窗口的中心。记 $\hat{\psi}(i,j)$ 为滤波的输出值，周期均值滤波算法为

$$\left.\begin{aligned}\hat{\psi}(i,j) &= \underset{l_1,m_1}{\text{mean}}\{\arg(\exp\{j\psi(l_1,m_1)\}/d(i,j))\} + \arg(d(i,j)) \\ d(i,j) &= \sum_{l_1=-m}^{m}\sum_{m_1=-n}^{n}\exp\{j\psi(l_1,m_1)\}\end{aligned}\right\} \tag{4.21}$$

式中，mean{·}是对以(i,j)为中心的窗口 W 内的各元素取平均值；$\exp\{j\psi(l_1,m_1)\}$为干涉条纹图中$(i+l_1,j+m_1)$点相位值 ψ 所对应的单位幅度的相位矢量；$d(i,j)$为滤波窗口 W 中各相位矢量 $\exp\{j\psi(l_1,m_1)\}$的矢量和，称 $d(i,j)$为 ψ 在 W 窗口的主矢量；$\arg(\exp\{j\psi(l_1,m_1)\}/d(i,j))$为窗口 W 中(l_1,m_1)点对应的相位矢量与主矢量的角度差。算法通过求随 ψ 而变的主矢量$d(i,j)$，并用主矢量作为参考点、变窗口中的相位为对称分布来解决滤波的问题。

周期均值滤波的优点是：在干扰为雷达信号独立的加性高斯噪声时，其滤波结果在理论上是最大似然意义下统计最优的。然而，在对真实数据的滤波处理中，对干涉条纹的连续性保留能力较差，尤其在干涉条纹较密集的地方。

周期中值滤波算法可表达为

$$\hat{\psi}(i,j) = \underset{l_1,m_1}{\text{median}}\{\arg(\exp\{j\psi(l_1,m_1)\}/d(i,j))\} + \arg(d(i,j)) \tag{4.22}$$

式中，median{·}是对以(i,j)为中心的窗口 W 内的各元素取中位数。周期中值滤波的优点是：与周期均值滤波相比，对干涉条纹的连续性有较强的保留。实际上，中值滤波的结果不依赖于干扰的分布，所以它对不同干扰情况有极强的适应能力。它不会像最优估计那样，在干扰模型与实际不符时，估值的性能会受到很大损害。同时，这也正是它的缺点，即它没有考虑信号的统计规律，故其处理结果是远离最优的。

无论周期均值滤波还是周期中值滤波，滤波处理的最后效果都与所取窗口的大小紧密相关。一般情况下，窗口越大，滤波后结果越平滑，所付出的代价是分辨率降低，反之亦然。但窗口的大小受条纹疏密的限制，当窗口覆盖的条纹达到两条或更多时，滤波结果将毫无意义。

4.6.3 加权周期均值滤波

本书在对周期均值滤波分析的基础上，针对 4.6.1 节分析的干涉条纹的第二和第三个特点，在统计时依据相干系数对各点的相位实现相位加权，然后进行均值滤波，得到更可靠的滤波结果。

Just 等在假定地面后向散射特性为平稳复高斯过程、干扰来自天线热噪声、对回波数据的收集和计算处理中引入噪声、重合空间谱段不精确产生等价噪声的模型下，对干涉条纹的统计规律进行了仔细的研究，并推导出了干涉条纹的分布函数 $pdf(\psi)$，即

$$pdf(\psi) = \frac{1-\gamma^2}{2\pi(1-P^2(\psi))}\cdot\left[1+\frac{P(\psi)\cdot\arccos(P(\psi))}{\sqrt{1-P^2(\psi)}}\right] \tag{4.23}$$

式中，γ 为相干系数；$P(\psi)=\gamma\cdot\cos(\psi-\psi_h)$，$\psi_h$ 为与地面高程相对应的未受干扰的相位。

由干涉条纹分布函数 $pdf(\psi)$ 求出相位 ψ_h 的方差 σ_ψ^2 为

$$\sigma_\psi^2=E((\psi-\psi_h)^2)=\int_{\psi_h-\pi}^{\psi_h+\pi}(\psi-\psi_h)^2 pdf(\psi)\mathrm{d}\psi=\int_{-\pi}^{\pi}\psi^2 pdf(\psi+\psi_h)\mathrm{d}\psi \tag{4.24}$$

由图 4.8 的各相干系数对应的方差，就可以依据方差给予不同样点以不同的权重值。

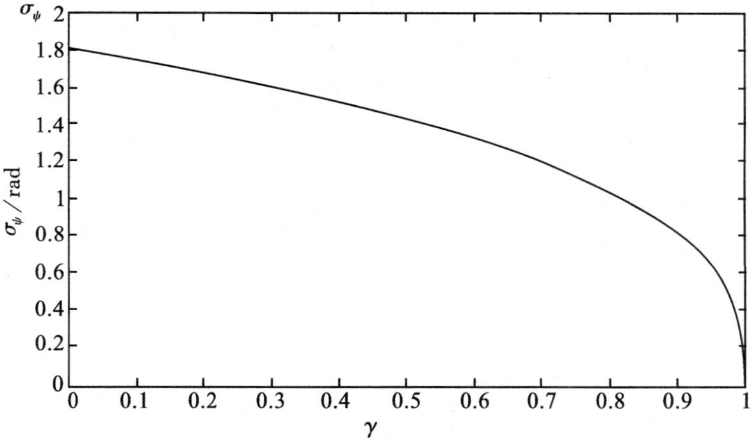

图 4.8　σ_ψ 与 γ 的关系曲线

加权周期均值滤波公式可以改写为

$$\hat{\psi}(i,j)=\underset{l_1,m_1}{\mathrm{mean}}\{w(l_1,m_1)\arg(\exp\{\mathrm{j}\psi(l_1,m_1)\}/d'(i,j))\}+\arg(d'(i,j)) \tag{4.25}$$

式中，$w(l_1,m_1)$ 为窗口中各点对应的权重，有

$$w(l_1,m_1)=\frac{\dfrac{1}{\sigma_\psi^2(l_1,m_1)}}{\underset{l_1,m_1}{\mathrm{mean}}\left\{\dfrac{1}{\sigma_\psi^2(l_1,m_1)}\right\}} \tag{4.26}$$

$$d'(i,j)=\sum_{l_1=i-m}^{i+m}\sum_{m_1=j-n}^{j+n}w(l_1,m_1)\exp\{\mathrm{j}\psi(l_1,m_1)\} \tag{4.27}$$

这样就可以实现加权的周均值滤波。

图 4.9 至图 4.12 分别是原始干涉条纹及针对干涉条纹的周期均值滤波、周期中值滤波、加权周期均值滤波的结果。图中各滤波的窗口 W 为 3 像素×3 像素。

图 4.9 原始干涉条纹

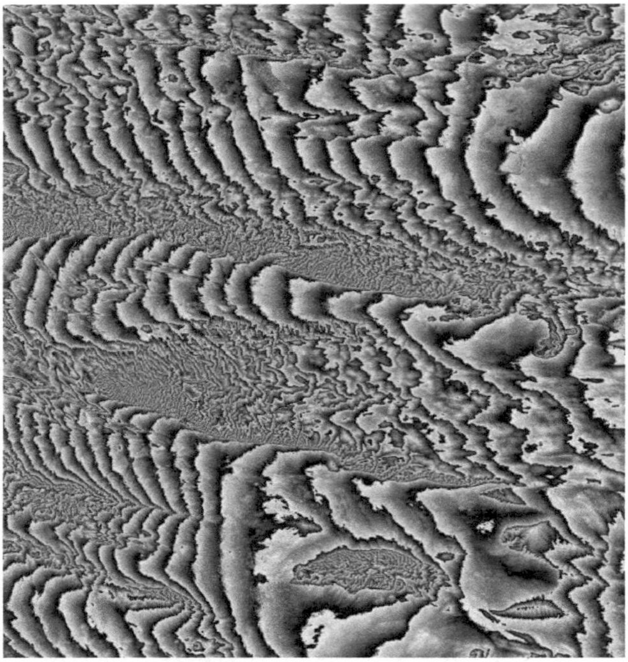

图 4.10 周期均值滤波后干涉条纹

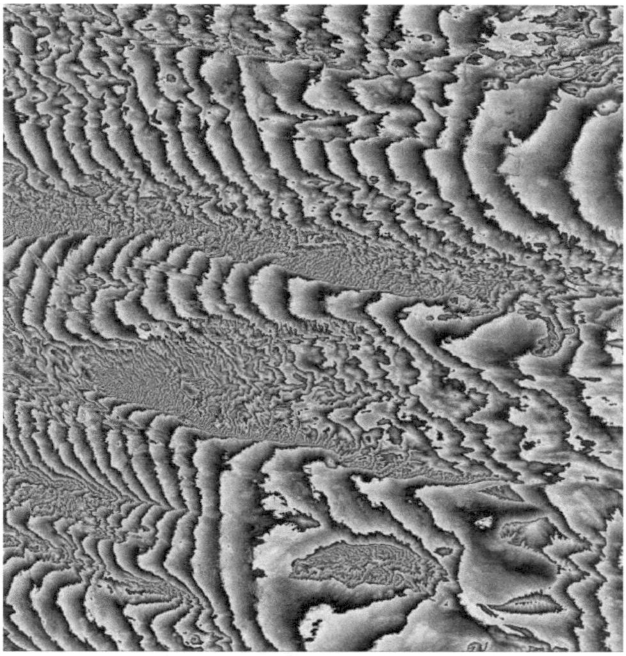

图 4.11　周期中值滤波后干涉条纹

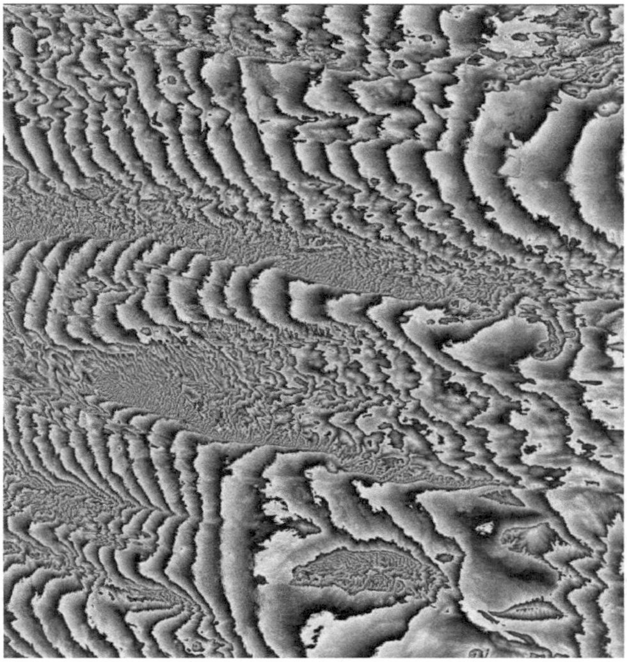

图 4.12　加权周期均值滤波后干涉条纹

图 4.13 至图 4.16 是针对图 4.9 至图 4.12 的第 2 000 行的前 512 个点的剖面图。

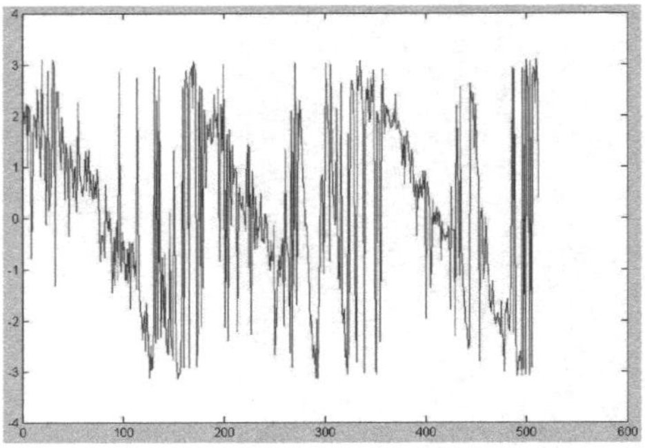

图 4.13 原始干涉条纹图剖面

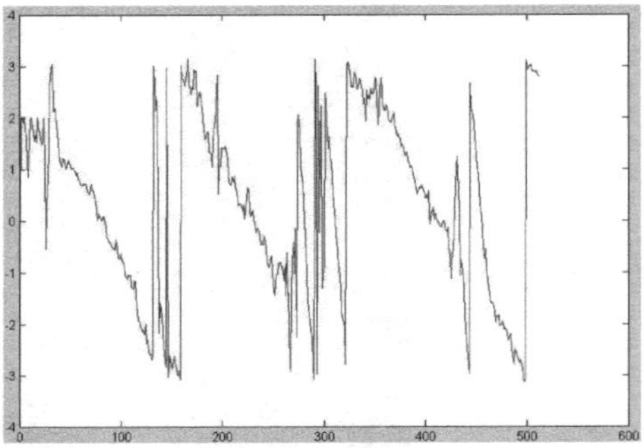

图 4.14 周期均值滤波后的剖面

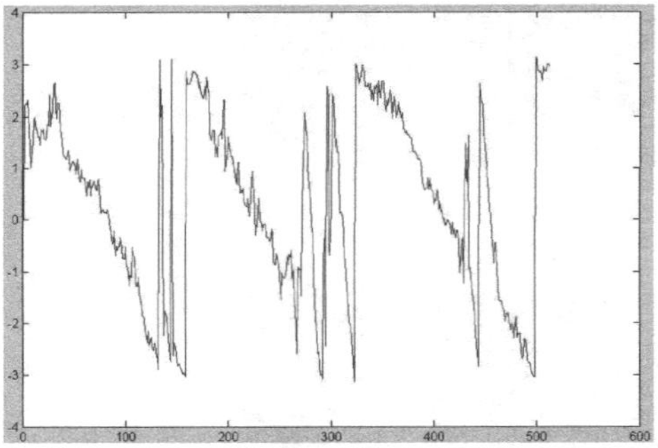

图 4.15 周期中值滤波后的剖面

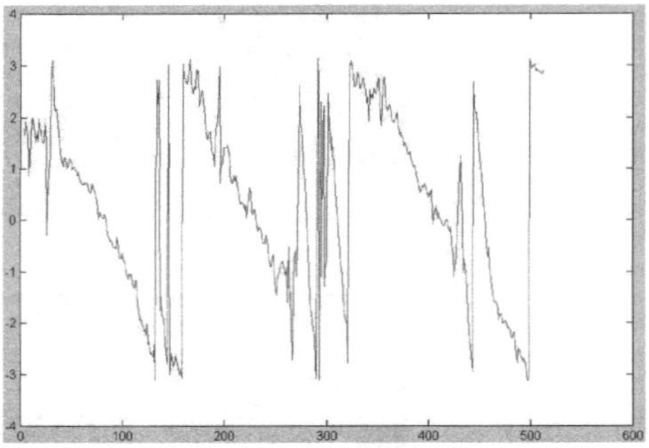

图 4.16 加权周期均值滤波后的剖面

从图 4.13 至图 4.16 的细节上可以看出：①三种滤波方法的结果是不同的；②周期滤波和周期中值滤波的处理结果大体相当；③加权周期均值滤波的处理使干涉条纹连续性增加。

§4.7 平地效应消除

平地效应指高度不变的平地引起干涉相位在距离向和方位向呈现周期性变化的现象。平地效应使干涉相位图呈现为密集的阴暗相间的干涉条纹，一定程度上掩盖了地形变化引起的干涉条纹变化。此时，干涉相位图不能直观地体现地形的变化，也给相位解缠带来了很大的困难。

由第 2 章图 2.7 描述的干涉雷达成像几何关系，Lin[1] 在 1991 年推导出了两卫星到目标点的路径差可以表示成两部分，即平地效应引起的路径差和高程差引

起的路径差，表达为

$$\delta D=\delta D_1+\delta D_2=\frac{xB}{(x^2+H^2)^{1/2}}+\frac{zxBH}{(x^2+H^2)^{3/2}} \tag{4.28}$$

式中，δD_1为平地效应引起的路径差，δD_2为地形变化引起的路径差。这两部分的比为

$$\frac{\delta D_2}{\delta D_1}=\frac{zH}{x^2+H^2} \tag{4.29}$$

对于地球资源卫星，卫星高度为 790 km 左右，x 大约为 335 km。如果高差变化 1 km，式(4.29)的比值为 10^{-3}，可见地形高差对路径差的贡献相对于平地效应对路径差的贡献可以忽略不计。因此，必须精确地消除平地效应。

目前，常见的平地效应消除方法有：①通过估算距离向和方位向的占优势的条纹频率来计算平地相位，然后消除平地效应，该方法对相对平坦地区是有效的，但对于地形变化大的地区，因部分地形变化造成的条纹频率与平地条纹频率相同，也被消除，造成错误；②基于轨道参数和成像区域中心点的位置消除平地效应；③利用粗精度 DEM 数据消除平地效应。

4.7.1　基于精密轨道参数平地效应的消除

基于精密轨道参数消除平地效应的原理为：选择基准面，在同一参照坐标系下，确定基准面中任一点的坐标和该点所对应的两次成像卫星的位置，就可以直接计算场景内基准面上的点到两卫星的距离差，进而得到基准面的平地相位。

在星载合成孔径雷达数据处理中，由于一景图像成像范围较大(如 ERS-1/2 大约为 38.729 km×101.595 km)，此时，地球曲率的影响就不能忽略，故采用椭球模型作为参考基准面。

参照第 2 章的式(2.20)、式(2.23)、式(2.24)和第 2 章的相关知识，可以得到下面方程组为

$$\left.\begin{aligned}&f_D=-\frac{2}{\lambda R}(\boldsymbol{R}_{\mathrm{t}}-\boldsymbol{R}_{\mathrm{sat}})(\boldsymbol{v}_{\mathrm{t}}-\boldsymbol{v}_{\mathrm{sat}})\\&R^2=(\boldsymbol{R}_{\mathrm{t}}-\boldsymbol{R}_{\mathrm{sat}})(\boldsymbol{R}_{\mathrm{t}}-\boldsymbol{R}_{\mathrm{sat}})\\&\frac{x_{\mathrm{t}}^2+y_{\mathrm{t}}^2}{R_{\mathrm{e}}^2}+\frac{z_{\mathrm{t}}^2}{R_{\mathrm{p}}^2}=1\end{aligned}\right\} \tag{4.30}$$

式中，λ 为微波波长，R 为斜距，$\boldsymbol{R}_{\mathrm{t}}$ 为目标点的位置矢量，$\boldsymbol{R}_{\mathrm{sat}}$为卫星的位置矢量，$\boldsymbol{v}_{\mathrm{t}}$为目标点的速度矢量，$\boldsymbol{v}_{\mathrm{sat}}$为卫星的速度矢量 x_{t}、y_{t}、z_{t} 为地面点位置坐标，R_{e}、R_{p}为地球椭球的半轴。应用迭代法就可以得到目标点的位置坐标。同时，由式(3.24)知平地相位可以表示为

$$\varphi=\frac{4\pi}{\lambda}(|\bar{P}-\bar{S}_1|-|\bar{P}-\bar{S}_2|) \tag{4.31}$$

这样就可以求得图像中每一点的平地相位，但计算量相对比较大。结合式(4.30)，在卫星飞行高度一定的情况下，可知平地相位主要由基线、卫星位置与目标点的距离决定(斜距可以通过卫星数据精确得到)。而卫星在成像时间段内运行相对平稳，基线变化很小，故对一景图像的平地效应可以通过计算图像中几个离散的点的平地相位后，通过多项式拟合来求取整幅图像中各点的平地相位。其多项式描述为

$$\varphi(x,y)=\sum_{i=0}^{d}\sum_{j=0}^{i}a_{i,j}x^{i-j}y^{j} \tag{4.32}$$

式中，d 是拟合采取的多项式次数，x 表示该点列号，y 表示该点行号。从干涉条纹图中减去平地相位后就可以得到实际由于地形高差引起的相位图。

4.7.2 基于粗精度的 DEM 数据的平地效应消除[8]

基于粗精度的 DEM 数据消除平地效应先要获取研究区域的 DEM 数据。目前，可用的全球 DEM 数据包括：①ETOPO5；②全球数字地球(Digital Chart of the World，DCW)；③数字地形高程数据；④GTOPO30。GTOPO30 数据可以从网上免费获取，所以采用的粗精度 DEM 数据经常为 GTOPO30 数据。GTOPO30 数据水平方向的网格间隔为 30 rad(大约 1 km)，由多种矢量和栅格数据源转换而成的全球 DEM，其坐标系为 WGS-84 坐标系。利用粗精度的 DEM 数据进行平地效应消除的具体方法如下：

(1)读取并计算 DEM 的点间隔，同时计算干涉条纹图像元点的间隔，计算两者的比值。

(2)根据干涉纹图与 DEM 之间的比值，对 DEM 点进行采样，利用最近邻插值法得到其像元值。

(3)基于多普勒方程、斜距方程和地球模型方程，利用轨道参数将 DEM 转换到地心坐标系。

(4)利用最邻近插值法，对转换后的 DEM 数据进行赋值。

(5)将 DEM 数据转换为相位值。

(6)从干涉条纹中减去参考 DEM 数据计算的相位值。

利用粗精度的 DEM 数据消除平地效应的结果如图 4.17 所示。

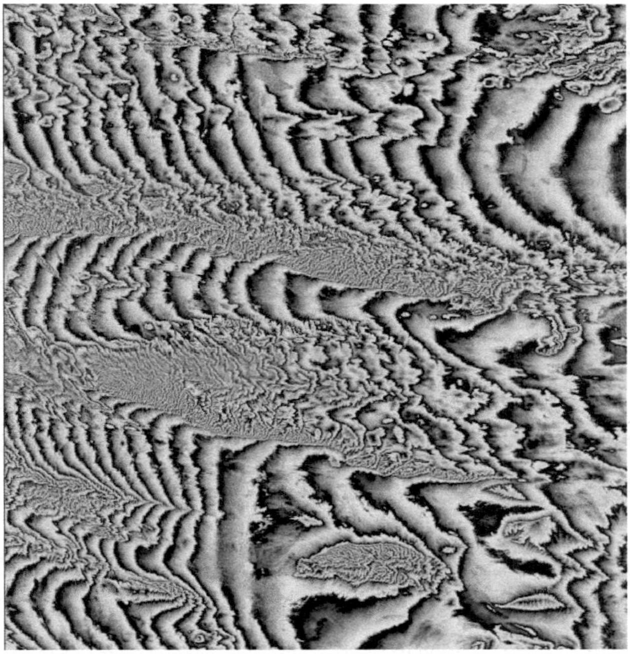

图 4.17　消除平地效应后的干涉条纹

§ 4.8　相位解缠算法

一切将相位由主值(模为 2π)恢复到真值的方法统称为相位解缠技术。相位解缠技术在同态信号处理(homomorphic signal processing)、固态物理学(solid-state physics)、全息干涉测量(holographic)中都有重要的应用。

二维相位解缠的研究始于 20 世纪 70 年代初,是由自适应光学和补偿式成像的发展需要而进行的。如果直接将一维相位解缠算法推广到二维,往往得不到满意的结果,因为误差会沿垂直向或水平向传递,相位解缠的结果与一维分割的取向、二维采样频率和信噪比都有很大的关系。

从干涉条纹图中得到的相位仅是真实相位的主值部分,其取值范围在($-\pi$, $+\pi$)之间,这是由反正切函数自身定义限制的。要得到真实相位差必须在这个值的基础上加上 $2k\pi(k=\cdots,-1,0,1,\cdots)$。这样的过程就是相位解缠过程。二维相位解缠是 InSAR 干涉数据处理过程中最关键的步骤,相位解缠算法的精度是否满足要求和实用化,直接关系到 InSAR 技术的应用和发展。雷达卫星的斜视模式会引起合成孔径雷达图像产生近距离压缩、透视收缩、叠掩和阴影,以及各种其他原因引起的去相关现象在雷达信号处理中引入的相干噪声等,这些使 InSAR 数据的相位解缠过程往往变得十分困难。尽管这样，通过几十年的研究，各国学者提出了很多实用的相位解缠算法，有的已嵌入商业软件中。我国由于数据源的问题，在这方面的应用研究相对比较落后。

在相位进行解缠前，必须先对相位图进行滤波，去除噪声的影响。但目前总的来说，相位解缠方法可分为两类：一类是基于局部的方法，另一类是基于整体的方法。从这两大类中又衍生出以下几种类型：

(1)路径跟踪法：像元扩散法、最小生成树法、加权的最小不连续法和区域生长法等。

(2)基于最小二乘原理方法：高斯—赛德尔(Gauss-Seidel)迭代法、最小 L^p 范数法、共轭梯度法、快速傅里叶变换/离散余弦变换(FFT/DCT)法和多级格网法等。

(3)边缘分析或区域分割法：数学形态边缘分析法和区域分割法等。

(4)最优估计法：卡尔曼(Kalman)滤波法、遗传算法、退火算法、网络规划法等。

(5)其他的综合方法：主要是将基于路径跟踪的算法和最小二乘法相结合。

其中，前面两类算法是传统的经典解缠理论，也是比较基本的算法；第三类算法则是不考虑噪声或噪声较少的情况下的最佳方法；第四类算法则是近年来从相位解缠数学模型出发，借助成熟的优化理论提出的优化算法，目前，仍有许多研究者继续从事这方面的研究，并已取得一定的成果；最后一类算法则是对前面几类算法的综合。

虽然上面的各类相位解缠方法被证明都是比较有效的，但它们仍然存在下面一些问题：

(1)传统的根据小窗口进行相位梯度估算得到的相位梯度容易受噪声和地形起伏的影响而偏离实际值，故那些依赖于相位梯度的最小梯度相位解缠算法会在解缠结果中引入全局的变形。

(2)基于路径相位解缠算法中，相干系数被用作路径选择的指标，因此如何补偿因基线去相关、时间去相关和雷达成像时散焦现象等引起的相干性的损失也有待研究。

(3)如何获得基于最小 L^p 范数的相位解缠算法的全局最优解。

(4)如何利用多基线干涉数据或已有的参考 DEM(较粗精度)数据减少相位解缠的处理难度。

第 5 章将详细讲述相位解缠算法，本节不再详述。

§4.9 目标高程反演

要实现解缠相位值到地面高程值的转换，必须先找出相位 φ 和地面高程 h 之间的关系。Rodriguez 在 1992 年提出通过雷达的成像几何关系来计算 $\sin(\theta-\alpha)$，然后解算地面高程；Schwabisch 在 1995 年提出先完成一些参照点的计算，然后与实际值比较来推导出其他点的高程；现在，推导出了直接从几何模型关系来解算相位和高程的转换关系。

4.9.1　Schwabisch 方法

Schwabisch 方法的具体实现描述如下。

1. 计算图像中点在不同高程下的相位

假设该点的高程 $h=0, 2\,000, 4\,000$，则进行以下步骤：

(1)确定计算中采用 WGS-84 椭球体。

(2)计算主图像、副图像中 P 点的位置矢量。

(3)$B_{/\!/}=r_1-r_2$。

(4)平地相位 $\varphi_R=-\dfrac{4\pi}{\lambda}B_{/\!/}$。

(5)存储上面的值及点的位置及高程量。

2. 把高程表示为相位 φ_R 的函数

描述为

$$\left.\begin{aligned} h&=0\,000=a_0+a_1\varphi_0+a_2\varphi_0 \\ h&=2\,000=a_0+a_1\varphi_1+a_2\varphi_1 \\ h&=4\,000=a_0+a_1\varphi_2+a_2\varphi_2 \end{aligned}\right\} \tag{4.33}$$

运用式(4.33)就可以方便地求出系数 a_i。

3. 利用多项式来描述图像位置(x, y)和系数 a_i 的关系

描述为

$$a_{i_{xy}}=\sum_{i=0}^{d}\sum_{j=0}^{i}\beta_{i-j}x^{i-j}y^{j} \tag{4.34}$$

4. 完成相位到高程的转换

通过式(4.34)估计系数 β_i，应用式(4.33)完成相位到高程的转换。

4.9.2　Rodriguez 方法

Rodriguez 方法可根据干涉雷达图像的几何关系(图 4.18)推导出来。

由图 4.18 设定参数 β 为

$$\beta=\angle(2\text{-}1\text{-}P) \tag{4.35}$$

式中，β 表示卫星 1 和卫星 2 的连线 B 与卫星 1 和地面点 P 的连线的夹角，则

$$\cos\beta=\cos\left(\frac{\pi}{2}+\alpha-\theta\right)=\sin(\theta-\alpha) \tag{4.36}$$

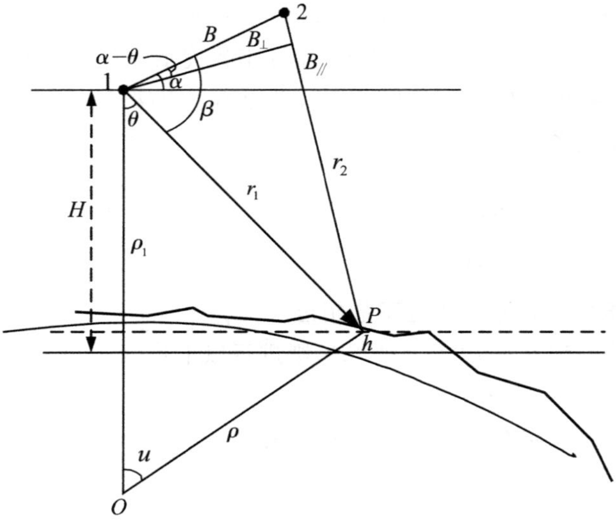

图 4.18　干涉几何关系

由余弦定理知

$$(r_1 - B_{/\!/})^2 = r_1^2 + B^2 - 2r_1 B\cos\beta \tag{4.37}$$

$$\sin(\theta - a) = \frac{(r_1 - B_{/\!/})^2 - r_1^2 - B^2}{-2Br_1} \tag{4.38}$$

$$B_{/\!/} = -\frac{\lambda}{4\pi}\varphi \tag{4.39}$$

从式(4.38)中,就能求取 θ,即

$$\theta - \alpha = \arcsin\frac{(r_1 - B_{/\!/})^2 - r_1^2 - B^2}{-2Br_1} \tag{4.40}$$

θ 的解被表示为

$$\theta = \arcsin\frac{(r_1 - B_{/\!/})^2 - r_1^2 - B^2}{-2Br_1} + \alpha \tag{4.41}$$

或

$$\theta = \pi - \arcsin\frac{(r_1 - B_{/\!/})^2 - r_1^2 - B^2}{-2Br_1} + \alpha \tag{4.42}$$

这样,对△1OP 再次运用余弦定理,得

$$\rho^2 = \rho_1^2 + r_1^2 - 2\rho_1 r_1\cos\theta \tag{4.43}$$

$$r_1^2 = \rho_1^2 + p^2 - 2\rho_1\rho\cos u \tag{4.44}$$

此时,用地球上 P 点对应的半径当作地球的半径来计算卫星的高度,有

$$\rho = \rho_1 - H_{sat} \tag{4.45}$$

用这种方法求取的 H 近似为

$$H = \rho_1 - R\cos u \tag{4.46}$$

4.9.3　模型推导法

要实现相位值到地面高程值的转换，需要找出相位 φ 和高程 h 之间的关系。InSAR 工作的几何模型如图 4.18 所示，可以得出

$$\left.\begin{aligned} B_{/\!/} &\approx r_1 - r_2 \\ B_{/\!/} &= B\sin(\theta - a) \\ B_{\perp} &= B\cos(\theta - a) \end{aligned}\right\} \tag{4.47}$$

解缠相位为

$$\varphi = \varphi_1 - \varphi_2 - \varphi_R = -\frac{4\pi}{\lambda}B_{/\!/} - \varphi_R \tag{4.48}$$

式中，φ_R 表示平地相位。式(4.48)对 θ 求导，得

$$\frac{\partial\varphi}{\partial\theta} = -\frac{4\pi}{\lambda}\cdot\frac{\partial B_{/\!/}}{\partial\theta} = -\frac{4\pi}{\lambda}B_{\perp} \tag{4.49}$$

同时有

$$h = H - r_1\cos\theta \tag{4.50}$$

求导得

$$\frac{\partial h}{\partial\theta} = r_1\sin\theta \tag{4.51}$$

经整理得

$$\frac{\partial h}{\partial\varphi} = \frac{\partial h}{\partial\theta}\cdot\frac{\partial\theta}{\partial\varphi} = -\frac{\lambda}{4\pi}\cdot\frac{r_1\sin\theta}{B_{\mathrm{h}}\cos\theta + B_{\mathrm{v}}\sin\theta} \tag{4.52}$$

最后，经整理得到相位和地面高程的关系为

$$h = -\frac{\lambda}{4\pi}\cdot\frac{r_1\sin\theta}{B_{\mathrm{h}}\cos\theta + B_{\mathrm{v}}\sin\theta}\varphi \tag{4.53}$$

在实际计算过程中，当遇到未解缠的相位点时，要直接跳过该点高程的解算。

§4.10　地理编码

通过对干涉像对的配准、干涉合成、相位解缠和高程反演等一系列处理，就可得到高精度的 DEM，只是此时的高程模型仍是斜距坐标的，要想为最终用户提供实用产品，还要经过地理编码处理，即经过斜地变换和地图投影把所得高程模型投影到国际标准地理参考系中，使编码后的图像能够与同一参考系中的其他地理图件进行配准。地理编码包括图 4.19 所示的几个步骤。

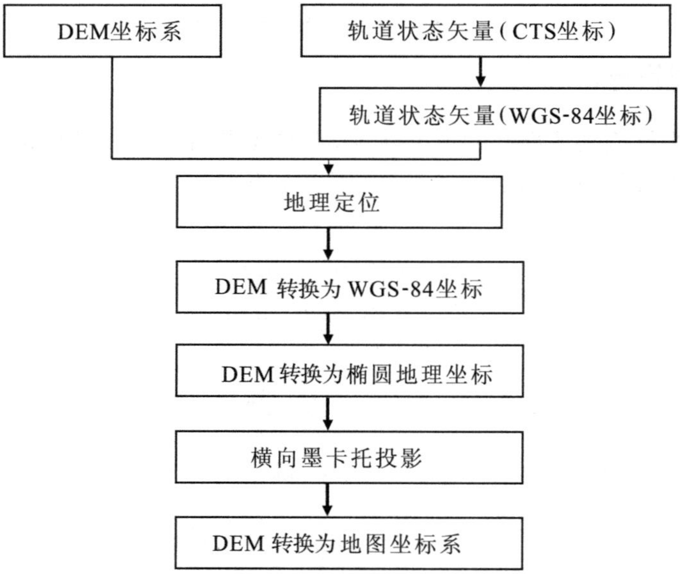

图 4.19 斜距 DEM 转换到地图参考坐标系的流程

图 4.19 中，地理编码的关键步骤是地理定位过程，这个过程被用来确定每个像元点在预先选定的地理中心坐标系中的笛卡儿坐标。为使这个过程连续进行，必须使用与高程估算一样的参照系（因为产生的高程值严格依赖于坐标系）。除了时间参数 t、τ、h 以外，主图轨道的轨道信息也需要作为地理定位的输入数据。这些数据大多是从全球传统陆地参考系统（conventional terrestrial coordinate system，CTS）中获得的，因此也必须转换为 WGS-84 坐标系。

为得到特定投影的地图坐标，就需要进行进一步的坐标转换。首先通过一个赫尔默特（Helmert）反变换将 WGS-84 坐标系转换到选定的椭圆地理坐标，然后进行横向墨卡托投影生成最终的地图坐标系，在这个过程中又以 WGS-84 系统为参考。最终得到的地图坐标一般是非规则取样，因此，必须依据规范的网格化数据进行重采样。为此，对数据点进行三角测量，在每个三角形内进行双线性内插，最后得到网格值。

§4.11 从干涉条纹直接生成精确的 DEM[8]

本节提出了使用地面控制点进行直接相位解缠的方法。直接相位解缠直接完成解缠相位到地图投影的转换，不需要从相位到高程的中间转换过程，能够提供更精确的 DEM。干涉处理中一个关键的步骤是实现相位到高程的转换。而由于卫星轨道和时间精度误差，在处理较宽的区域时（如一景地球资源卫星图像）往往带来较大的高程误差。基于此，本书在对 InSAR 基本原理的研究基础上，提出了直接完成相位到高程的转换方法。具体论述如下：

(1)必须精确计算卫星对应图像每行成像时的位置。雷达轨道数据 D-PAF 文件提供了大约 30 秒内 5 个点的卫星状态矢量信息，卫星前进了大约 225 km。因此，必须通过两临近点的星历来内插图像每行的成像位置，但这样得到的卫星对应每行的位置精度在径向上大约是 15 cm，而且得到的基线精度不足以消除系统误差，必须通过地面控制点来辅助星历数据，内插得到卫星各时刻的轨道位置。

(2)当获得精确的轨道信息和解缠相位图后就可以进行地理编码。但是，在这一过程中也会引入系统误差。这主要是由大气传播延时和基线估算不精确引起的。为了解决这个问题，可以用地面控制点进行误差消除。在此基础上，提出了直接进行解缠相位到地理编码的方法。引入地面控制点获取精密轨道的处理流程如图 4.20 所示。

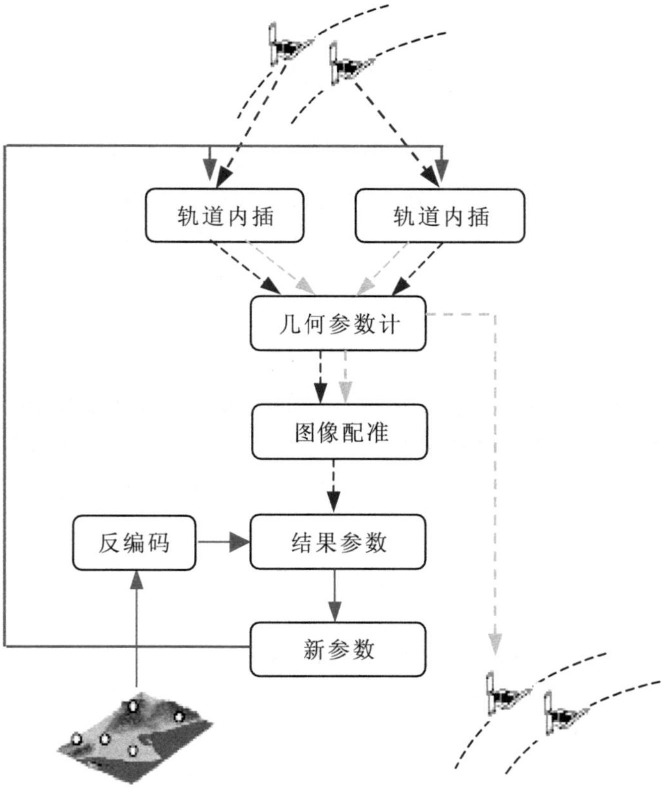

图 4.20　精密轨道估计流程

(3)获取精密轨道信息后，传统方法是利用轨道信息完成解缠相位，再到地理编码高程转换。它包含三个基本步骤:①平地效应的消除(可能在相位解缠前已经完成);②相位到高程的转换;③地理编码的完成。

上面的三个步骤都会引入误差,因此设计提出了一个直接从解缠相位到地理编码的完成算法。新算法和传统算法的主要区别在于仅需要一步就可完成,而且可以得到更加精确的结果。原因是新算法不需要消除平地效应和解缠相位到高程的转换步骤,因此就能避免这两个步骤引入的误差。直接的解缠相位到高程的转换基于下面的方程

$$\left.\begin{aligned} &|\boldsymbol{S}_1-\boldsymbol{P}|^2=(S_{x1}-P_x)^2+(S_{y1}-P_y)^2(S_{x2}-P_z)^2=R^2\\ &|\boldsymbol{S}_2-\boldsymbol{P}|^2=(S_{x2}-P_x)^2+(S_{y2}-P_y)^2+(S_{x2}-P_z)^2=\left(R+\frac{\lambda\varphi}{4\pi}\right)^2\\ &f_D=\frac{2}{\lambda}\frac{(v_S-v_P)\cdot(P-S)}{|P-S|} \end{aligned}\right\} \tag{4.54}$$

式中,$\boldsymbol{S}_1$ 和 $\boldsymbol{S}_2$ 是卫星的位置矢量,φ 是解缠相位,R 为斜距,v_S 和 v_P 分别为卫星和目标点对应速度,$\boldsymbol{P}$ 是目标点对应位置矢量。对式(4.54)应用迭代法可求解。

在进行直接地理编码之前,必须先消除大气传播和基线误差带来的不精确信息。这种校正可以通过应用一些分布在整景图像的地面控制点来消除。这时,各地面控制点的方位向和距离向的坐标都是已知的,各地面控制点的干涉相位(φ_G)可以计算为

$$\varphi_G=\frac{4\pi}{\lambda}(R_2-R_1) \tag{4.55}$$

式中,R_1 和 R_2 分别为地面控制点到两卫星的距离。当获得各地面控制点的理论相位后,就可使大气传播延时和基线误差对生成 DEM 的影响降到最小。然后,应用直接从解缠相位到高程的算法就可以求得该区域的地理编码图。

参考文献

[1] LIN Qian, VESECKY J F, ZEBKER H A. Registration of interferometric SAR images[J]. International Geoscience and Remote Sensing Symposium, 1992,20(2): 1579-1581.

[2] PRATI C, ROCCA F. Use of spectral shift in SAR interferometry[C]// Second ERS-1 Symposium, Hamburg:[S.l.],1993.

[3] 王超,张红,刘智. 星载合成孔径雷达干涉测量[M]. 北京: 科学出版社,2002.

[4] 穆冬. 干涉合成孔径雷达成像技术研究[D]. 南京:南京航空航天大学,2001.

[5] RODRIQUEZ E, MARTIN J M. Theory and design of interferometric synthetic aperture radars[J]. IEEE Processings-F,1992, 139(2): 147-159.

[6] EICHEL P H, GHIGLIA D C, JAKOWATZ C V Jr. Spotlight SAR interferometry for terrain elevation mapping and interferometric change detection[R]. Sandia National Labs Tech. Report, SAND93, December 1993, 20(3): 2539-2546.

[7] LIN Qian, VESECKY J F, ZEBER H A. New approaches in interferometric SAR data processing[J]. International Geoscience and Remote Sensing Symposium, 1992, 30(3): 560-567.

[8] 李平湘. 利用 InSAR 数据提取 DEM 的理论与技术研究[D]. 武汉:武汉大学,2003.

第 5 章　相位解缠

相位解缠算法是利用 InSAR 技术获取高精度目标高程信息的关键，展开后的 InSAR 相位差直接关系到 DEM 信息提取的准确性和精确性。近些年来，遥感学家从不同的角度研究了这一问题，提出了许多二维相位解缠的新算法。例如，直接根据相位解缠的经典算法（支切法，CB）、瞬时频率算法（IFA）、卡尔曼滤波算法，以及自动抑制全局扩散误差的算法等。从理论上分析可知，经过干涉合成得到的干涉条纹图上点的相位差值丢失了 $2n\pi$，其原因是被卷叠了，或者说相位发生了模糊。只有将这些被卷叠的相位差展开，找回丢失的 $2n\pi$，才能顺利地反演出地面目标的高度。由于地面起伏的复杂性和干涉图像对数据本身质量的差异，使得相位解缠的难度变大。正因为如此，已有很多业内研究者对相位解缠进行了大量研究，但没有一个是公认的能适合各种情况的高精度相位解缠有效算法。因此，迄今为止，相位解缠算法的研究仍是 InSAR 生成 DEM 领域的一个研究重点和难点。本章将着重对相位解缠技术进行深入的探讨和研究，并提出新的相位解缠算法[1-5]。本章对应算法参考附录 3。

§5.1　解缠问题的由来

从前面的几何模型可以看出，要获取精确的目标点高程必须获取精确的轨道参数（B、α、H 等）和干涉相位差。前者属于基线精密估计问题，后者属于复影像配准和解缠问题。为了说明解缠的目的，这里首先介绍复影像配准的原理。

简单说，复影像配准就是获取目标点在双天线收集信号中的同名记录（复数数据对），下面假设已经经过配准。

假设目标点 A 的同名复数对分别为

$$\left.\begin{aligned} u_1 &= |u_1| \cdot e^{j\Phi_1} \\ u_2 &= |u_2| \cdot e^{j\Phi_2} \end{aligned}\right\} \tag{5.1}$$

将 u_1 和 u_2 共轭相乘可以得

$$u_{conj} = u_1 \cdot (u_2)^* = |u_1| e^{j\Phi_1} \cdot |u_2| e^{-j\Phi_2} = |u_1| \cdot |u_2| e^{j(\Phi_1 - \Phi_2)} \tag{5.2}$$

因此通过所有同名复数共轭相乘便可得到另外一幅复型数据 u_{conj}。它的相位信息可以根据下面三角函数公式计算，即

$$\Psi = \arctan\left[\frac{\mathrm{Im}(u_{conj})}{\mathrm{Re}(u_{conj})}\right] \tag{5.3}$$

根据三角函数定义有

$$\Psi = W(\Phi_1 - \Phi_2) \tag{5.4}$$

式中，$W(\cdot)$使得 $\Psi \in (-\pi, \pi)$。

显然，通过配准后计算得到的干涉相位差（被缠绕相位差，或称为相位差主值）不是真实的相位差（解缠相位），因此必须通过被缠绕的相位差获取真正意义的真实相位差，这就是解缠问题的由来。

§5.2　理想情况下相位解缠的数学描述

5.2.1　一维数学模型

根据 1982 年 Itoh[6] 提出的模型，一维传统相位缠绕的数学描述可以表示为

$$W_l[\Phi(n)] = \varphi_{pv}(n) \qquad (n = 0, 1, 2, \cdots, N) \tag{5.5}$$

式中，$\varphi_{pv}(n)$ 为反正切函数得到的主值（wrapped phase or principal value）；$W_l[X]$代表相位缠绕算子，即使得 X 最终落在区间$[-\pi, \pi]$内；l 代表不同缠绕情况的标记；$\Phi(n)$代表真实相位（unwrapped phase or true phase）。

进而式(5.5)可以写成

$$W_l[\Phi(n)] = \Phi(n) + 2\pi k_l(n) \qquad (n = 0, 1, 2, \cdots, N) \tag{5.6}$$

式中，$k_l(n)$是待求的整周数，它使

$$-\pi \leqslant W_l[\Phi(n)] \leqslant \pi \tag{5.7}$$

若定义

$$\Delta\Phi(n) = \Phi(n) - \Phi(n-1) \qquad (n = 1, 2, \cdots, N) \tag{5.8}$$

则由式(5.6)可计算相邻相位的主值差，即

$$\Delta W_1[\Phi(n)] = \Delta\Phi(n) + 2\pi\Delta k_1(n) \qquad (n = 0, 1, 2, \cdots, N) \tag{5.9}$$

若对式(5.9)再次进行缠绕，得

$$W_2\{\Delta W_1[\Phi(n)]\} = \Delta\Phi(n) + 2\pi[\Delta k_1(n) + k_2(n)] \qquad (n = 0, 1, 2, \cdots, N) \tag{5.10}$$

这就是缠绕相位的缠绕差，由于缠绕之后的值落在$[-\pi, \pi]$之间，所以若相位数据满足

$$-\pi \leqslant \Delta\Phi(n) \leqslant \pi \tag{5.11}$$

则

$$2\pi(\Delta k_1(n) + k_2(n)) = 0 \tag{5.12}$$

则有

$$W_2\{\Delta W_1[\Phi(n)]\} = \Delta\Phi(n) \qquad (n = 0, 1, 2, \cdots, N) \tag{5.13}$$

从而结合式(5.8)可得

$$\Phi(m)=\Phi(0)+\sum_{n=1}^{m}W_2\{\Delta W_1[\Phi(n)]\} \tag{5.14}$$

式(5.14)表明，通过缠绕主值差的求和运算就可实现相位解缠，其先决条件是相位数据满足式(5.11)。显然在噪声存在的情况下，这个条件可能是不满足的，从而无法正确恢复真实相位，这是解缠技术应该不断发展和改进的原因。

从式(5.11)中可以看出，相位数据必须满足采样定理，使得相位变化不能超过π。图5.1是理想情况下的缠绕与解缠关系，实线部分为被缠绕条纹(数据范围被调整到0～2π之间)，虚线部分为解缠后的相位。

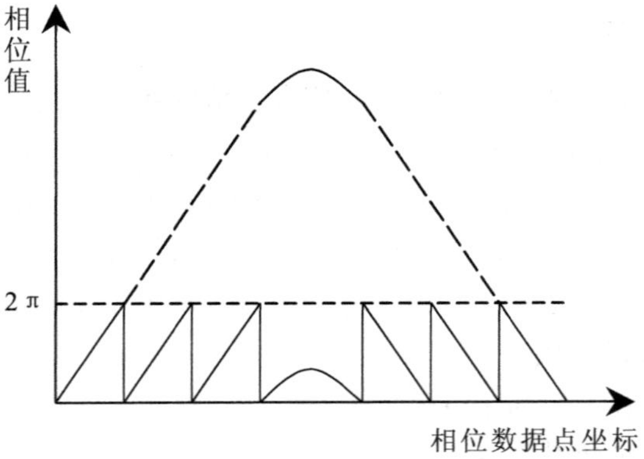

图5.1　一维相位解缠

5.2.2　二维数学模型

根据一维数学模型的推导方法，可以得到二维的数学模型，表示为

$$W_l[\Phi(m,n)]=\Phi(m,n)+2\pi k_l(m,n) \tag{5.15}$$

$$\Delta_m\Phi(m,n)=\Phi(m,n)-\Phi(m-1,n) \tag{5.16}$$

$$\Delta_n\Phi(m,n)=\Phi(m,n)-\Phi(m,n-1) \tag{5.17}$$

式中，$W_l[\,]$代表二维缠绕算子，Δ_m代表行方向的相位差，Δ_n代表列方向的相位差。

参考一维数学模型，可得

$$W_2\{\Delta_n W_1[\Phi(m,n)]\}=\Delta_n\Phi(m,n)+2\pi[\Delta_n k_1(m,n)+k_2(m,n)] \tag{5.18}$$

$$W_3\{\Delta_m W_1[\Phi(m,n)]\}=\Delta_m\Phi(m,n)+2\pi[\Delta_m k_1(m,n)+k_3(m,n)] \tag{5.19}$$

当满足

$$-\pi\leqslant\Delta_n\Phi(m,n)\leqslant\pi \tag{5.20}$$

和

$$-\pi\leqslant\Delta_m\Phi(m,n)\leqslant\pi \tag{5.21}$$

时，则有

$$W_2\{\Delta_n W_1[\Phi(m,n)]\}=\Delta_n\Phi(m,n) \tag{5.22}$$

$$W_3\{\Delta_m W_1[\Phi(m,n)]\}=\Delta_m\Phi(m,n) \tag{5.23}$$

这样便可以得到几种与路径有关的二维解缠方法。例如，对于第一列 $n=0$，可完成第一列所有元素的解缠，即

$$\Phi(m,0)=\Phi(0,0)+\sum_{j=1}^{m}W_3\{\Delta_m W_1[\Phi(j,0)]\} \tag{5.24}$$

接下来根据已经解缠的起始列，逐行进行其他元素的解缠，表示为

$$\Phi(m,n)=\Phi(m,0)+\sum_{l=1}^{n}W_2\{\Delta_n W_1[\Phi(m,l)]\} \tag{5.25}$$

在行方向可同列方向一样进行解缠，因此可以得到解缠模型为

$$\Phi(0,n)=\Phi(0,0)+\sum_{j=1}^{n}W_2\{\Delta_n W_1[\Phi(0,j)]\} \tag{5.26}$$

和

$$\Phi(m,n)=\Phi(0,n)+\sum_{l=1}^{m}W_3\{\Delta_m W_1[\Phi(l,n)]\} \tag{5.27}$$

上述一、二解缠公式表明，二维情况下同样可以通过一维方法进行简单递推获得真实相位。显然，利用上述公式解缠成功的前提是相位数据不存在噪声情况。然而实际中并不符合，获取的是存在随机噪声、采样失真等间断点（或残差点）或不连续区域的相位数据。这给解缠问题带来了许多难题，围绕这些问题近年来发展了很多方法。

§5.3　噪声情况下的病态模型

从§5.2 的分析可以看出，各类噪声的存在使得理想状态下的数学模型不再完全成立，从而使解缠问题变得复杂化，并引起广大研究学者的兴趣与注意。在过去的 20 几年中，相继出现了许多解缠的算法，这些算法大都围绕如何解决噪声的关键主题进行设计。因此，这里有必要对相位数据中的各类噪声进行详细的分析，并介绍目前常用的一些处理方法及由此引出的许多解缠算法思想。

显然，若包含噪声，则被缠绕的相位数据 $g(x,y)$ 可以表示为

$$g(x,y)=\varphi(x,y)+n(x,y)+2\pi k(x,y) \tag{5.28}$$

式中，$n(x,y)$ 是随机噪声模型，$\varphi(x,y)$ 是真实相位。被缠绕相位梯度表示为

$$g_x(x,y)=\frac{\partial\varphi(x,y)}{\partial x}+n_x(x,y)+2\pi k_x(x,y) \tag{5.29}$$

$$g_y(x,y)=\frac{\partial\varphi(x,y)}{\partial y}+n_y(x,y)+2\pi k_y(x,y) \tag{5.30}$$

式中，$n_x(x,y)$和$n_y(x,y)$为独立的噪声。

由于式(5.28)中$n(x,y)$及$k(x,y)$未知，因此以被缠绕相位或相位梯度(g或g_x、g_y)为观测值的真实相位重构问题(解缠)在数学上是一个病态问题。

病态方程的求解，必须通过引入额外限制条件使之规则化(或具有先验知识)。例如，假设观测数据的噪声满足零均值并且真实相位数据梯度小于π，这样便可以采用最小二乘原理获得病态方程的最佳解(或迭代解)；若对一般最小二乘法进行扩展，则可对噪声点引入零权值，从而抑制噪声影响，但此时的加权矩阵不再是正定的，并不能保证一般问题的收敛性及稳定性。

病态方程的解算方法很多，除最小二乘法外，还包括遗传算法、模拟退火算法(SA)、平均域退火算法(MFA)、网络规划等，因此也就存在这方面的解缠算法。

§5.4 噪声和不一致性检测

根据 Goldstein、Zebker 的观点，相位噪声主要有三种。第一种噪声是信号接收装置的热量噪声。这类噪声在雷达设计时已经尽量地减少，相对于较强的回波功率来说，有时可以忽略不计。然而实际目标中常出现低回波现象，因此造成信噪比大大降低，形成这种噪声。第二种噪声是斑点噪声。影像中的任一分辨率单元(像元)都是由许多小的散射体综合的结果，而每一种散射体都有它自己的振幅和相位信息，显然每一像元可以认为是这些随机散射信号的平均，因此即使是在影像的高反射区域也可能出现低信噪比的情况。第三种噪声是天线影响。两根天线并不是完全在同一个位置上，因此每一个分辨率单元散射到天线会存在差异，由此造成的相位噪声取决于天线基线长、雷达波长、成像几何等。

除了以上几类噪声外，还包括一些由地形特点及外部环境引起的噪声，如地形遮掩、雷达阴影、大气影响等，其中前两种情况造成实际的不连续区域(非一般噪声)。

两幅相干影像的噪声情况可以表示成一维相关系数ρ。当$\rho=1$时，两幅影像之间是完全相关的，也就是说不存在噪声；而当$\rho=0$时，它们生成的干涉条纹图将完全是随机噪声，不存在任何地形表面信息。

所有这些噪声都可以通过滤波减少，但降低了空间分辨率。根据 Goldstein、Zebker 的实验分析，增加滤波视数可以减少噪声(提高ρ)，但分辨率会相应降低。1994 年，Quiroga 也对噪声进行了分析，具体内容参考文献[7]。

无论是何种噪声，在干涉相位数据中的表现均称为相位残差(residue)，下面介绍有关残差的检测和相应处理。

5.4.1 相位残差检测及处理

如图 5.2 所示，假设存在两个相位点(m_0,n_0)和(m_1,n_1)，显然由已知相位点

(m_0,n_0)通过任意路径解缠(m_1,n_1)时，其结果都应该是唯一的。假设存在两条路径A和B，其路径所经过的相位序列可以表示为$\Phi_A(i)(i=0,1,\cdots,N_A)$和$\Phi_B(i)(i=0,1,\cdots,N_B)$，其中图中所示路径$N_A=3$、$N_B=5$。根据解缠原理，解缠过程可以通过计算路径序列中的累加来实现，假设相邻像元的整周数为$d_A(i)$ $(i=0,1,\cdots,N_A)$，则

$$d_A(i)=\left[\frac{\Phi_A(i)-\Phi_A(i-1)}{2\pi}\right] \tag{5.31}$$

式中，$[X]$表示取与X最接近的整数，也就是说当$|\Phi_A(i)-\Phi_A(i-1)|\geqslant\pi$时，$d_A(i)=\pm1$。根据相位解缠与路径无关的原则，从不同积分路径获得的累加整周数应该一致，即

$$S=\sum_{j=1}^{N_B}d_B(j)-\sum_{i=1}^{N_A}d_A(i)\equiv0 \tag{5.32}$$

如图5.2所示，若将路径A进行反转，即所有的$d_A(i)$都变号，则A和B形成闭合路径C，也就是说S是依逆时针路径C的相位整周数总和。

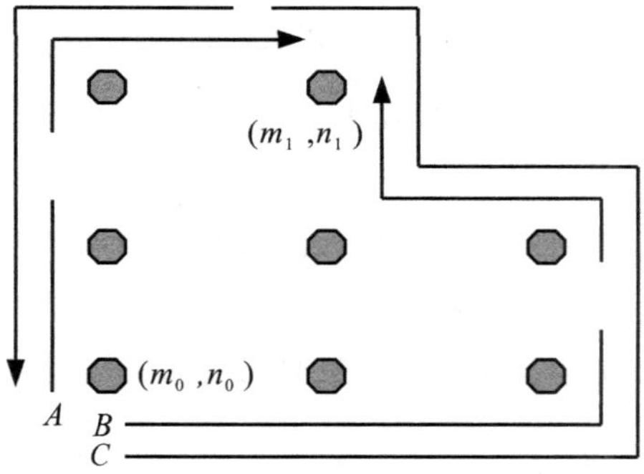

图5.2　积分路径

为了系统分析相位残差，可以将上述任何大小的闭合路径分解成最小的闭合单元，即2×2的四个像素单元，则由相位$\Phi(m,n)$计算小闭合单元路径s可以表示为

$$\begin{aligned}s(m,n)=&\left[\frac{\Phi(m+1,n)-\Phi(m,n)}{2\pi}\right]+\\&\left[\frac{\Phi(m+1,n+1)-\Phi(m+1,n)}{2\pi}\right]+\\&\left[\frac{\Phi(m,n+1)-\Phi(m+1,n+1)}{2\pi}\right]+\\&\left[\frac{\Phi(m,n)-\Phi(m,n+1)}{2\pi}\right]\end{aligned} \tag{5.33}$$

则大闭合路径的S便可以表示成这些小闭合单元路径的总和为

$$S = \sum_{m,n} s(m,n) \tag{5.34}$$

例如，图 5.2 的情况可以表示为

$$S = s(m_0, n_0) + s(m_0 + 1, n_0) + s(m_0, n_0 + 1) \tag{5.35}$$

为了更好地理解，下面首先引出几个定义。

1. 残差点

1988 年，Ghiglia[8] 等曾经在对解缠数学模型进行详细分析的过程中，指出了相位不连续点检测的数学方法，即通过一个 2×2 大小的封闭路径单元的简单计算可以检测出这些残差点，具体描述如下。

如图 5.3 所示，令

$$\left.\begin{aligned} \Delta_1 &= \Phi(i+1,j) - \Phi(i,j) \\ \Delta_2 &= \Phi(i+1,j+1) - \Phi(i+1,j) \\ \Delta_3 &= \Phi(i,j+1) - \Phi(i+1,j+1) \\ \Delta_4 &= \Phi(i,j) - \Phi(i,j+1) \end{aligned}\right\} \tag{5.36}$$

则可以将残差点定义为

$$s = \sum_{k=1}^{4} W[\Delta_k] \tag{5.37}$$

式中，$W[\Delta_k]$ 表示对值 Δ_k 加上或减去 $2k\pi$（其中，$k = -1$、0、1），使得 $-\pi \leqslant W[\Delta_k] \leqslant \pi$，则定义

$$\begin{cases} s = 0, & \text{连续区域（连续封闭路径）} \\ s \neq 0, & \text{不连续区域（不连续封闭路径）} \end{cases}$$

若此时 $s \neq 0$，可认为封闭路径的四个像元均为不连续点。

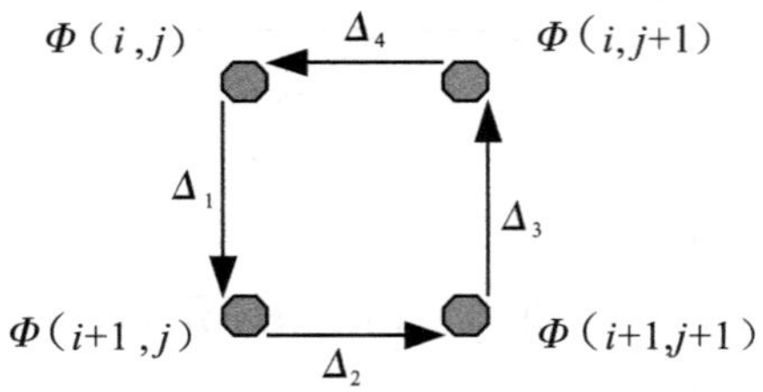

图 5.3 残差检测

显然，这种定义跟上述的闭合路径 $S = \sum_{m,n} s(m,n) = 0$ 是一致的。

2. 正性和负性残差点

利用上述检测方法计算得到的不连续点，可能存在两种情况，即 $s<0$ 或 $s>0$。Goldstein 和 Zebker 将 $s>0$ 的四个像元定义为正性残差点，而将 $s<0$ 的四个像元定义为负性残差点。其中，正性和负性是相对而言的，上述封闭单元若按顺时针

进行是正性的，按逆时针就是负性的。下面以详细的模拟数据来说明正、负性残差点的计算，这里以顺时针为准，并假设被缠绕的数据范围为 [0,1]，即周期为 1。

假设某数据区域如图 5.4 所示，共包含四个封闭小单元路径。

0.0		0.3		0.5		0.3		0.9
	+1		0		0		−1	
0.8		0.5		0.3		0.4		0.7

图 5.4　正、负性残差点检测

对于最左边的一个封闭路径有

$$s_1=\sum_{k=1}^{4}W[\Delta_k]=W[(0.3-0.0)]+W[(0.5-0.3)]+W[(0.8-0.5)]+W[(0.0-0.8)]=0.3+0.2+0.3+(-0.8+1)=+1.0$$

故其为正性残差点。

同理

$$s_2=\sum_{k=1}^{4}W[\Delta_k]=W[(0.5-0.3)]+W[(0.3-0.5)]+W[(0.5-0.3)]+W[(0.3-0.5)]=0.2-0.2+0.2-0.2=0$$

$$s_3=\sum_{k=1}^{4}W[\Delta_k]=0$$

对于右侧封闭路径有

$$s_4=\sum_{k=1}^{4}W[\Delta_k]=W[(0.9-0.3)]+W[(0.7-0.9)]+W[(0.4-0.7)]+W[(0.3-0.4)]=(0.6-1)-0.2-0.3-0.1=-1.0$$

故其为负性残差点。

3. 枝切线和无负荷

通过以上的详细分析，可以知道任何积分路径假如包含不同个数的正、负性残差点时，则 $S\neq 0$，也就是说，沿该路径解缠的结果不能满足相位差连续的要求。而当正性和负性残差点个数一致时，则可以得到连续的正确解缠结果。

依据这个结论，假如能正确检测出所有残差点，并对正、负性的残差点设置枝切线，它类似于一堵围墙，使得积分路径不能穿越这堵墙，从而达到解缠的积分路径保持正、负性残差配对的状态，此时类似于正、负电子相结合的效果，即不存在负荷现象，称为无负荷。

根据前面的定义，枝切线必定是以正(负)性残差点开始，以负(正)性残差点结束(除非遇到相位数据边界)。根据这一原则可以首先建立相位数据矩阵的枝切线，并且要求任一枝切线的正、负性残差点距离最近，即满足枝切线最短准则，这样在不同路径的枝切线建立的结果相同。

经过枝切线处理后，积分路径不会包含负荷的残差区域，从而不再有系统、全局的解缠误差产生，尽管此时在靠近残差点的位置可能出现一些局部的误差。

4. 枝切线建立算法

1998 年 Zebker[10]等对枝切线建立进行了详细描述。首先，对干涉相位数据进行扫描，并对每个像元进行残差点的计算，直到找到一个残差点，记录相应的极性(正性和负性)。然后，在该残差点周围的 3×3 八邻域中搜索另一个残差点。假如找到，则在这两个残差点之间建立枝切线。如果这个残差点的极性与原始残差点的极性相反，则对这条枝切线标记无负荷，从而完成一条枝切线的检测，然后重新进行扫描以检测另外一条枝切线；若该残差点的极性与原先残差点一致，则将八邻域移到这个残差点上，检测新的残差点，直到找到极性相反的残差点，完成一条枝切线的检测。当某残差点八邻域中无法找到一个残差点时，扩大邻域范围，继续检测，直至当前枝切线为无负荷状态。

实际处理中应该注意以下几个问题：

(1)在建立枝切线过程中，不管当前残差点是否已经被加入原枝切线，只要在扫描中遇到就加进当前枝切线，这样使得枝切线形成数枝状。

(2)当当前枝切线遇到相位数据边界时，终止当前枝切线的增长，认为它已经达到无负荷状态。这可以避免枝切线无限生长，造成大片孤立区域，使得相位无法解缠。

(3)该算法是毫无选择性地进行枝切线建立，使得枝切线建立并未满足枝切线全局最短的准则。这种做法可以尽量避免误差传播，只不过产生更多不能解缠的区域，所以这是一种较为保守的算法。

5.4.2 相位失真

相位失真指地形突变等造成的相位数据不满足相位解缠数学模型基本条件的现象。这将会影响相位解缠过程，使得无法正确实现解缠；因此解缠之前必须进行残差点检测，由于残差点检测算子是一个局部算子，而相位失真是区域性的，故对于它的检测结果很难确定是噪声引起的还是相位失真引起的。尽管如此，由于相位失真具有区域性，在检测过程中通常可以按残差点分布对其进行孤立。

§5.5 传统相位解缠算法

5.5.1 支切法

支切法由 Glodstein 和 Zebker[5]等于 1988 年提出。该算法直接进行相位展开，是目前应用广泛且已经较为成熟的算法。

该算法首先识别二维相位图像上的相位不连续点——留数点，然后用枝杈将各留数点连接起来。以相位差图像上信噪比比较高的一点作为起始点，进行相位积分，在积分过程中，积分路径不能穿过枝杈。当某点的积分值与起始点相位值之差大于或等于 2π 时，则自动将 2π 加到该点处的相位值上，这样就得到了丢失的 2π 的整数倍数 n。

支切法是较早提出的一种算法，它直接从被卷叠起来的相位入手，所用的数学物理理论基础非常扎实。这种算法在信噪比大于 0 dB 时，可获得比较令人满意且完全可使用的相位解缠结果；但是，在相位不连续点较多且比较密集时，无法进行正常的相位解缠，导致提取的目标高程图上出现无法反演高程的死区。

5.5.2 路径跟踪法

确定性相位解缠方法是基于检测相位从 $-\pi$ 到 $+\pi$ 或从 $+\pi$ 到 $-\pi$ 的急剧变化进行相位解缠的。如果检测到的是坡度增加过程，就在叠加的相位上加上 2π；反之，则从叠加相位中减去 2π，这种情况下，必须假定获得的干涉相位数据符合采样定律。

为了便于理解二维相位解缠的原理及其在实施时所遭遇的难度。首先，通过对一维信号的解缠分析，说明解缠的几个重要问题。假定获得一维的复数信号

$$s(t)=e^{j5\pi t}\qquad(0\leqslant t\leqslant 1)\tag{5.38}$$

希望从 $s(t)$ 重构连续相位 $\varphi(t)=5\pi t$，仅能获得缠绕的相位 $\psi(t)$，即

$$\psi(t)=\arctan[\mathrm{Im}(s(t)),\mathrm{Re}(s(t))]\tag{5.39}$$

式中，Im 和 Re 分别表示 $s(t)$ 的虚部和实部，反余切函数在四个象限取值，故结果范围为 $-\pi<\psi(t)\leqslant\pi$。这里反余切函数就可以被看作一个缠绕函数 W，即

$$\psi(t)=W[\varphi(t)]\tag{5.40}$$

图 5.5 绘出了式(5.40)随时间变化的真实相位和缠绕相位。

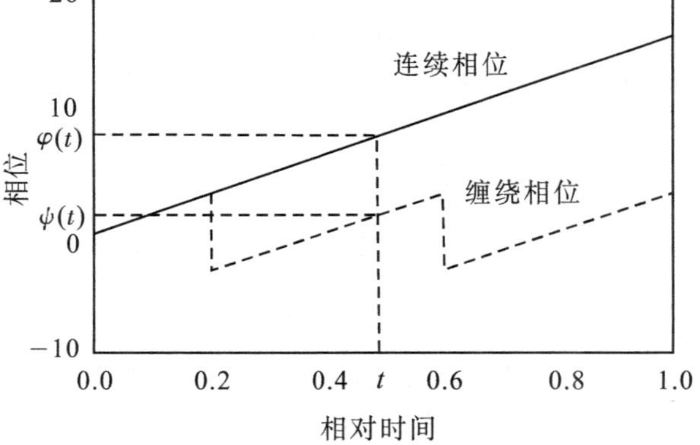

图 5.5　一维相位及缠绕

图 5.5 中，$\varphi(t)$是随时间线性变化的函数，缠绕相位 $\psi(t)$是用虚线表示的锯齿状的图形。对 $\varphi(t)$的估计可以通过对 $\psi(t)$加上 $2k\pi(k=\cdots,-1,0,1,\cdots)$得到。从图 5.5 中可以看到：在 $0<t\leqslant 0.2$ 时，$\varphi(t)=\psi(t)$；同样在 $0.2<t\leqslant 0.6$ 时，$\varphi(t)=\psi(t)+2\pi$；在 $0.6<t\leqslant 1.0$ 时，$\varphi(t)=\psi(t)+2\cdot 2\pi$。显然，只要检测出缠绕相位 $\psi(t)$的 2π 跳跃，然后在该处加上合适的 $2k\pi(k=\cdots,-1,0,1,\cdots)$，就可以得到正确的解缠结果。

1982 年 Itoh[6]详细地分析了一维解缠问题，证明了在一定前提下相位解缠问题可以通过对缠绕相位的差分求积分实现，解缠的结果就是一维信号的真实相位。但前提条件是，相邻像素间相位跳跃的绝对值小于 π。这是因为对数字信号实施解缠，信号的采样频率必须满足奈奎斯特(Nyquist)采样频率的要求，才可以得到正确的相位解缠结果。

Itoh 提出的解缠方法可以很容易地归纳如下：假设 W 是缠绕函数，真实相位经该函数缠绕后的值在$(-\pi,\pi]$之间。因此有

$$W\{\varphi(n)\}=\psi(n)=\varphi(n)+2\pi k(n) \qquad (n=0,1,\cdots,N-1) \tag{5.41}$$

式中，$k(n)$是一组整数，它的选取是为了保证$-\pi<\psi(t)\leqslant\pi$。

同时，定义差分算子 Δ，即

$$\left.\begin{aligned}\Delta\{\varphi(n)\}&=\varphi(n+1)-\varphi(n)\\ \Delta\{k(n)\}&=k(n+1)-k(n)\end{aligned}\quad (n=0,1,\cdots,N-2)\right\} \tag{5.42}$$

使用式(5.42)和式(5.41)对缠绕相位进行差分运算得

$$\Delta\{W\{\varphi(n)\}\}=\Delta\{\varphi(n)\}+2\pi\Delta\{k_1(n)\} \tag{5.43}$$

对式(5.43)获得的结果再次运用缠绕函数得

$$W\{\Delta\{W\{\varphi(n)\}\}\}=W\{\Delta\{\psi(n)\}\}=\Delta\{\varphi(n)\}+2\pi[\Delta\{k_1(n)\}+k_2(n)] \tag{5.44}$$

这里的 k_1 和 k_2 用来区分进行两次缠绕运算的整数序列。式(5.38)是缠绕相位差的重新缠绕。由于相位经缠绕函数 W 运算后，其缠绕相位值在$(-\pi,\pi]$之间，故要求

$$-\pi<\Delta\{\varphi(n)\}\leqslant\pi \tag{5.45}$$

这就要求等式(5.44)右边的第二项 $2\pi[\Delta\{k_1(n)\}+k_2(n)]$必须等于零，即

$$\Delta\{\varphi(n)\}=W\{\Delta\{W\{\varphi(n)\}\}\}=W\{\Delta\{\psi(n)\}\} \tag{5.46}$$

对式(5.46)进行适当变形处理可得

$$\varphi(m)=\varphi(0)+\sum_{n=0}^{m-1}W\{\Delta\{W\{\varphi(n)\}\}\} \tag{5.47}$$

式(5.47)意味着对缠绕相位的差分结果再次进行缠绕运算和求和运算就可以把缠绕相位解开，得到干涉条纹图所包含的真实相位。但是如果相邻相位的差分不满足式(5.45)，就不能够完全正确恢复真实相位。

对于二维序列，可以通过逐行扫描进行相位解缠，如图 5.6 所示。在每行的结

尾处，上一行的相位和下一行的相位差被计算出来。然后，对下一行按相反的方向进行积分累加。因此，二维的相位解缠问题就能够转化为一维相位解缠来处理。

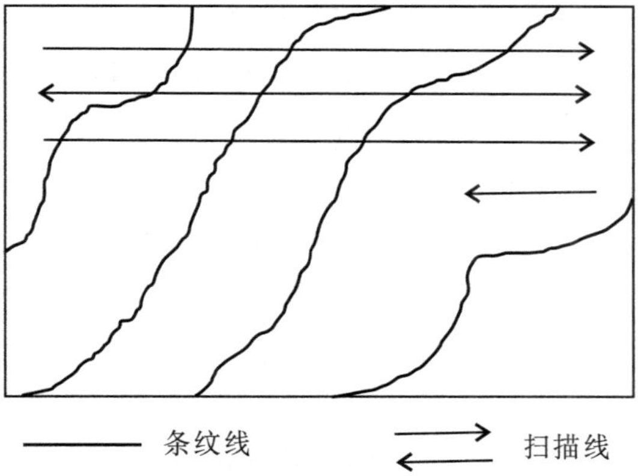

图 5.6 序列线扫描方法

在进行上面描述的相位递推解缠前，首先必须标记相位不连续点。当解缠时，这些点要么被跳过，要么用合适的值替代，而用来取代不连续点的值是为了保证相位解缠的连续性，同时又不会引起误差的全局传播。

对二维数据，实际相位的跳跃可以通过从不同的方向扫描来检测。从理论上讲，相位解缠结果与选择的积分路径是没有关系的。其典型代表是 1987 年 Ghiglia 提出的细胞自控方法，该方法使用四个邻域点决定相位是加或减 2π，它与选择的积分路径没有关系。但是如果在相位中存在错误相位点，该方法仍然会引起解缠相位的错误。

1987 年 Ghiglia[11] 等在对解缠数学模型进行详细分析的过程中，指出了相位不连续点检测的数学方法，通过一个 2×2 大小的封闭路径单元的简单计算可以检测出这些残差点，具体描述如图 5.7 所示。

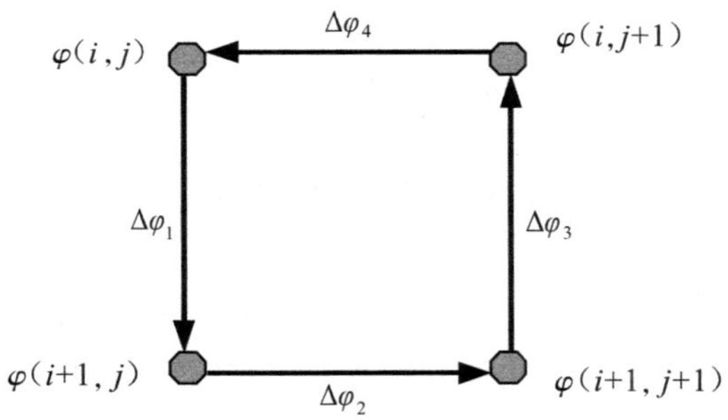

图 5.7 缠绕相位残差检测点标记

如图 5.7 所示，令

$$\left.\begin{aligned}\Delta\varphi_1&=\varphi(i+1,j)-\varphi(i,j)\\ \Delta\varphi_2&=\varphi(i+1,j+1)-\varphi(i+1,j)\\ \Delta\varphi_3&=\varphi(i,j+1)-\varphi(i+1,j+1)\\ \Delta\varphi_4&=\varphi(i,j)-\varphi(i,j+1)\end{aligned}\right\}\tag{5.48}$$

同时，定义 S_i 为

$$S_i=\begin{cases}+1, & 当\ \Delta\varphi_i>+\pi\\ -1, & 当\ \Delta\varphi_i<-\pi\\ 0, & 其他\end{cases}\tag{5.49}$$

式中，$i=1$、2、3、4，且

$$\sum_{i=1}^{4}S_i\begin{cases}=0, & 连续区域\\ \neq 0, & 不连续区域\end{cases}\tag{5.50}$$

基于递推的路径跟踪相位解缠算法主要包括枝切法、掩模割线法、像元排序或像元扩散法、最小生成树法、加权的最小不连续法和区域生长法等。经典的路径跟踪算法是 1986 年 Goldstein 提出的枝切法，该方法通过识别残差点、设置枝切线隔离噪声的全局传播。枝切法速度快、效率高。掩模割线法利用相位质量图和相位残差图，运用相位残差图辅助确定枝切线正确的生长方向。像元扩散法只利用相位差确定积分路径，Bone 等利用相位的二阶偏导数确定解缠相位的扩散路径，Quiroga 等在 1994 年提出利用相位的一阶偏导数对像元进行排序，并于 1995 年又提出对相位的二阶偏导数进行自适应滤波设定阈值。Xu Wei[12] 等在 1999 年提出区域种子生长法，该方法通过从多个区域同时解缠，利用多个方向梯度预测值进行相位解缠，降低单个预测方向的误差影响，并对可信容忍度进行逐步松弛，从而完成相位的解缠。从多个不同的路径，实现了多个区域的整合。该方法图像的整体解缠效果较好，但当区域残差点过多时，会形成“孤岛”情况。

路径跟踪的相位解缠算法一般实现步骤如下：

(1)输入待解缠的相位图和相干系数图。

(2)进行相位连续性检测，识别残余点，生成枝切线。

(3)计算相位质量图。

(4)进行相位积分，在枝切线周围或在质量图的指导下处理。

图 5.8 至 5.10 是应用上面几种方法对南极实验区的相位解缠结果图。

图 5.8 Goldstein 法解缠结果

图 5.9 质量图指导解缠路径法解缠结果

图 5.10 增长法解缠结果

5.5.3 基于最小二乘原理的相位解缠方法[13]

最小二乘相位解缠算法通过最小化展开前数据的相位导数与解缠后的相位导数的差得到其解缠相位的值。该算法首先用主值有限差分法(PVFD)、复信号相位微分法(CSPD)或最大似然法(ML),估计被卷叠的二维瞬时频率 $f^{(w)}(x,y)$,然后用迭代的方法求出解缠的频率 $f(x,y)$,在 $f^{(w)}(x,y)$和 $f(x,y)$最小均方误差条件下展开二维相位值。

给出定义在一个矩形格网($0 \leqslant i \leqslant M, 0 \leqslant j \leqslant N$)上计算的相位图 $\varphi_{i,j}^{m}$,相位的偏导数利用行和列的微分得到,即

$$f_{i,j}^{x}=\varphi_{i,j}^{m}-\varphi_{i,j+1}^{m}$$

$$f_{i,j}^{y}=\varphi_{i,j}^{m}-\varphi_{i+1,j}^{m}$$

通过使一个误差代数函数达到最小值求得解缠后的相位,这个函数是解缠后的相位偏导与未解缠相位偏导的平方差的和,可表示为

$$J=\sum_{i,j} W_{i,j}^{f}\left[(\varphi_{i,j}-\varphi_{i,j+1}-f_{i,j}^{x})^{2}+(\varphi_{i,j}-\varphi_{i+1,j}-f_{i,j}^{y})^{2}\right]+\sum_{i,j} W_{i,j}^{s}\left[(\varphi_{i,j}-\varphi_{i,j+1})^{2}+(\varphi_{i,j}-\varphi_{i+1,j})^{2}\right] \tag{5.51}$$

式中,后一项是一个附加项,可以使解缠后的条纹更平滑;$W_{i,j}^{f}$ 和 $W_{i,j}^{s}$ 是对 $\varphi_{i,j}$ 所加的权值,$W_{i,j}^{f}$ 和 $W_{i,j}^{s}$ 的相对大小决定了解的平滑程度,$W_{i,j}^{f}$ 的给定依据为相干系数的大小,相干系数越大,权值也越大。对 $\varphi_{i,j}$ 进行微分并令其等于零,得

$$\rho_{i,j}=(2W_{i,j}^{f}+W_{i,j-1}^{f}+W_{i-1,j}^{f}+2W_{i,j}^{s}+W_{i,j-1}^{s}+W_{i-1,j}^{s})\varphi_{i,j}-(W_{i,j}^{f}+W_{i,j}^{s})\varphi_{i,j+1}-(W_{i,j}^{f}+W_{i,j}^{s})\varphi_{i+1,j}-(W_{i,j-1}^{f}+W_{i,j-1}^{s})\varphi_{i,j-1}-(W_{i-1,j}^{f}+W_{i-1,j}^{s})\varphi_{i-1,j} \quad (5.52)$$

$$\rho_{i,j}=W_{i,j}^{f}(f_{i,j}^{x}+f_{i,j}^{y})-W_{i,j-1}^{f}f_{i,j-1}^{x}-W_{i-1,j}^{f}f_{i-1,j}^{x} \quad (5.53)$$

这个方程组可用高斯—赛德尔松弛法的牛顿(Newton)迭代来求解，为加快收敛速度，可使用多级格网方法。FFT/DCT 法是用快速傅里叶变换或离散余弦变换来解决加权最小二乘相位的解缠问题，该方法缺点是解缠的路径是通过而不是围绕残差点。因此这种方法在局部是精确的，而在整体上却不适，所以一般不会在具体的应用中采用，而只能作为相位解缠过程中的一个“快视”步骤。

预调共轭梯度(preconditioned conjugate gradient，PCG)方法克服了不加权最小二乘法的缺点，通过权值来掩掉坏的相位值，需要一个后处理步骤，对于二值加权可以得到很好的结果。

多级格网法用多级格网技术解决加权最小二乘相位解缠与预调共轭梯度方法一样，对于二值加权效果较好，也需要一个后处理过程，但速度较快，特别是对于有不连续或剪切的情况。这种方法需要一个特别的过程，约束粗格网上的权值，对于一些情况，粗格网权值会隔开部分相位数据而使解缠结果不正确，从这点上讲，预调共轭梯度法更可靠一些。

最小 Lp-norm 法是在预调共轭梯度法的基础上进行循环直到找到一个解，使其梯度在最小 Lp-norm 的意义上与解缠相位一致，使解缠后相位的梯度在尽可能少的地方与解缠相位的梯度不同。由于该法依靠数据本身决定权值，所以质量图可有可无。其两次循环结构决定了运算快慢，需较多的系统资源。

最小二乘法对于相位噪声、数据不一致等失真情况可自动处理。但是，该算法在相位解缠时没有绕过相位的不间断点，这样，局部的不间断点会造成全局误差。这个问题可以通过引入加权值来克服。当已知某些相位由于噪声偏移或其他损失而产生误差时，这些相位值应加以零的权值。实际中，对给定的每一个相位数据会加上一个权值，即权值阵列在 0～1 之间。因此，最小二乘问题变成了加权的最小二乘问题，这样可进一步改进算法性能。但是总体上说，该算法复杂，计算量较大。

最小二乘法相位解缠的一般实现步骤如下：

(1)设置最初的近似相位为零，即$(\varphi_{i,j})^{k}=0$。

(2)运用下式计算 $\rho_{i,j}$ 有

$$\rho_{i,j}^{k}=(\varphi_{i+1,j}^{k}-2\varphi_{i,j}^{k}+\varphi_{i-1,j}^{k})+(\varphi_{i,j+1}^{k}-2\varphi_{i,j}^{k}+\varphi_{i,j-1}^{k})$$

(3)借助离散余弦变换从 $\rho_{i,j}^{k}$ 来解泊松(Poisson)方程，得到新的$(\varphi_{i,j})^{k}$。

(4)引入准则来判断是否结束迭代，即

$$\frac{|\varphi_{i,j}^{k}-\varphi_{i,j}^{k-1}|}{|\varphi_{i,j}^{k}|}\leqslant\xi$$

式中，ξ 是一个极小量。

图 5.11 至图 5.13 是应用上面几种方法对南极实验区的相位解缠结果图。

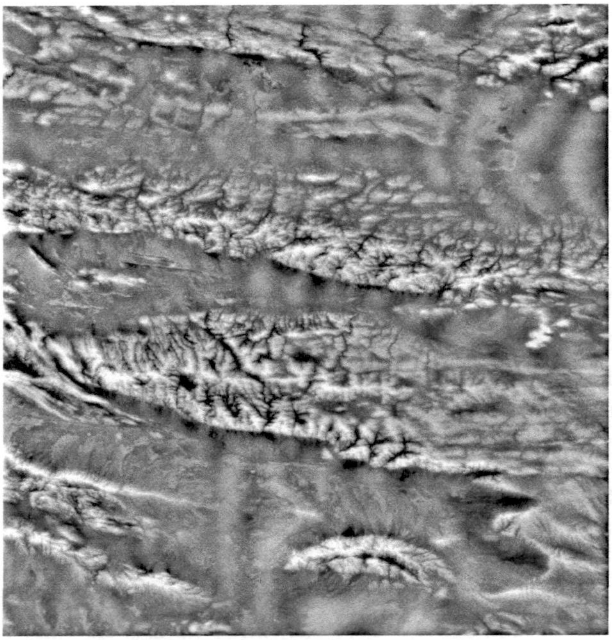

图 5.11　高斯—赛德尔迭代法解缠结果

图 5.12　无加权的最小二乘法解缠结果

图 5.13　预调共轭梯度法相位解缠结果

5.5.4　利用离散余弦变换的相位解缠算法

对缠绕公式进行一个特殊的余弦扩展整理，可得到离散余弦变换方程。这一特殊的二维离散余弦变换对如下：

(1)向前二维离散余弦变换

$$C_{m,n}=\begin{cases}\sum_{i=0}^{M-1}\sum_{j=0}^{N-1}4x_{i,j}\cos\left[\frac{\pi}{2M}m(2i+1)\right]\cos\left[\frac{\pi}{2N}n(2j+1)\right], \\ \qquad 0\leqslant m\leqslant M-1 \text{ 且 } 0\leqslant n\leqslant N-1 \\ 0, \qquad \text{其他}\end{cases} \tag{5.54}$$

(2)逆二维离散余弦变换

$$\left.\begin{aligned}&x_{i,j}=\frac{1}{MN}\sum_{m=0}^{M-1}\sum_{n=0}^{N-1}w_1(m)w_2(n)\cos\left[\frac{\pi}{2M}m(2i+1)\right]\cos\left[\frac{\pi}{2N}n(2j+1)\right]\\&w_1(m)=1/2,\qquad m=0\\&w_1(m)=1,\qquad 1\leqslant m\leqslant M-1\\&w_2(n)=1/2,\qquad n=0\\&w_2(n)=1,\qquad 1\leqslant n\leqslant N-1\\&x_{i,j}=0(\text{其他情况})\end{aligned}\right\} \tag{5.55}$$

利用纽曼自动边界条件对上述余弦扩展可得出精确的求解方程为

$$\varphi_{i,j}=\frac{1}{MN}\sum_{m=0}^{M-1}\sum_{n=0}^{N-1}w_1(m)w_2(n)\varphi_{m,n}\cos\left[\frac{\pi}{2M}m(2i+1)\right]\cos\left[\frac{\pi}{2N}n(2j+1)\right] \tag{5.56}$$

式中，M、N 为图像行、列数。将式(5.54)代入式(5.56)，可得到一个类似的扩展方程。对式(5.56)右边进行重新整理得到离散余弦变换领域的精确解方程为

$$\hat{\varphi}_{i,j}=\frac{\hat{\rho}_{i,j}}{2\left(\cos\left(\frac{\pi i}{M}\right)+\cos\left(\frac{\pi j}{N}\right)-2\right)} \tag{5.57}$$

将上述方程转化即可获得解缠相位 $\varphi_{i,j}$，当像元的 $i=0$、$j=0$ 时，分母为 0，这时不能得出计算值。实际中，通常在这种情况下设 $\hat{\varphi}_{i,j}=\hat{\rho}_{i,j}$。

这样，借助余弦变换，相位解缠的求解就不需要迭代运算，可以考虑进行直接求解。该变换矩阵为非稀疏矩阵。有许多软件都声称可以进行该变换，这一变换在应用数学领域是很著名的，也是容易实现的。

类似方法有 1988 年 Takajo[14] 等使用的离散余弦变换方法、1994 年 Pritt[15] 等使用的常规快速傅里叶变换方法。Pritt 方法使用了镜像相位矩阵技术，但是，该方法使矩阵增加了 4 个因子。

无论是离散傅里叶还是余弦变换都可以利用一个快速算法、通过精心编写的程序加快运算速度。在使用傅里叶变换时，这一算子就是众所周知的快速傅里叶变换。由于大量的运算被从 $O(N^2)$ 简化到 $O(N\log N)$，使得计算时间明显缩短。不管怎样，矩阵的维数大小一定是 2 的方根，另外，必须应用 0 填充技术。实际上，在许多公共领域有许多现成的并且可靠的快速傅里叶变换和离散余弦变换软件可以引用。

5.5.5 卡尔曼滤波法

该算法利用了一个扩展的卡尔曼滤波器，可以在对合成孔径雷达图像进行滤波的同时进行相位解缠。其他算法一般是先从复干涉条纹图生成干涉相位图像，然后再对相位图像进行解缠；卡尔曼滤波法则不然，其滤波器直接作用于复干涉条纹图像的实部和虚部，通过它们估计和解缠相位。

卡尔曼滤波法将复干涉条纹图的实部和虚部看作对合成孔径雷达干涉信号幅度和相位的有噪观测，即

$$\begin{bmatrix}y_1(k)\\y_2(k)\end{bmatrix}=\begin{bmatrix}\mathrm{Re}\{z(k)\}\\\mathrm{Im}\{z(k)\}\end{bmatrix}=a_0(k)\cdot\begin{bmatrix}\cos(\delta_\varphi(k))\\\sin(\delta_\varphi(k))\end{bmatrix}+\begin{bmatrix}v_1(k)\\v_2(k)\end{bmatrix} \tag{5.58}$$

式中，$a_0(k)$、$\delta_\varphi(k)$分别为干涉幅度和相位的真实值，$v_1(k)$、$v_2(k)$分别为干涉条纹图实部和虚部的噪声。

引入一个干涉相位观测分量，即

$$y_3(k)=\arctan\frac{y_2(k)}{y_1(k)}=\delta_\varphi(k)+v_3(k) \tag{5.59}$$

分量提供了一个几乎独立于幅度的纯相位的辅助观测，据此构造观测矢量和噪声测量矢量为

$$\boldsymbol{y}(k)=[y_1(k)\ \ y_2(k)\ \ y_3(k)]^{\mathrm{T}} \tag{5.60}$$

$$\boldsymbol{v}(k)=[v_1(k)\ \ v_2(k)\ \ v_3(k)]^{\mathrm{T}} \tag{5.61}$$

进而可建立非线性观测模型为

$$\boldsymbol{y}(k)=\boldsymbol{h}(\delta_\varphi(k),a_0(k))+\boldsymbol{v}(k) \tag{5.62}$$

用式(5.62)去构造卡尔曼滤波器，就可得到解缠的相位值。

卡尔曼滤波相位解缠算法的优点在于去噪和相位解缠同时进行，缺点是滤波器参数确定困难，需较长的试验时间和较大的计算量。

5.5.6　瞬时频率相位解缠算法

瞬时频率相位解缠算法不是直接从相位入手，而是先对相位的微分频率进行估计，然后再对估计的频率进行二维积分，展开被卷叠的相位。

该算法的依据在于：对一个变量的无穷上限积分就得到它的展开值，频率是相位的导数，因此，对频率积分就得到解缠相位的值。

相位为

$$\theta=\arctan\frac{I}{R}$$

频率为

$$f=\dot{\theta}=\frac{R\dot{I}-I\dot{R}}{R^2+I^2}$$

为了降低算法对噪声的敏感性，可对估计公式进行修正，相位向为

$$\dot{R}_{jk}=A_1R_{j-3,k}+A_1R_{j-2,k}+A_1R_{j-1,k}-A_1R_{j+1,k}-A_1R_{j+2,k}-A_1R_{j+3,k} \tag{5.63}$$

距离向为

$$\dot{R}_{jk}=A_1R_{j,k-3}+A_1R_{j,k-2}+A_1R_{j,k-1}-A_1R_{j,k+1}-A_1R_{j,k+2}-A_1R_{j,k+3} \tag{5.64}$$

$$f=\frac{R\dot{I}-I\dot{R}}{(R^2+I^2)^{\frac{1}{2}}} \tag{5.65}$$

式中，A_1 是一常数。

然后通过二维离散余弦变换、二维离散正弦变换或二维离散余弦变换对估计的频率进行二维积分，以解缠相位。

瞬时频率相位解缠算法不像传统的相位解缠算法那样对信号的信噪比有较强

的敏感性，并且对于两组数据配准的一两个像素的误差不敏感。但是，在信噪比大于 0 dB 时，与传统算法相比，瞬时频率算法解缠的相位值发生了一定的平滑，失去了部分较快速变化的相位信息，这是由修正式中为了降低噪声的影响增加了滤波功能造成的。

5.5.7　基于格林公式的相位解缠算法[16]

基于格林公式的相位解缠算法是基于格林第一定律的。参照图 5.14，曲线 C 包围着一块面积 S，依据定律有

$$\iint_S \mathrm{d}S\,[\varphi\,\nabla^2 g + \nabla\varphi \cdot \nabla g] = \oint_C \mathrm{d}c\varphi\,\frac{\partial g}{\partial \boldsymbol{n}} \tag{5.66}$$

式中，φ 表示相位，g 是一个简易的测试函数，$\boldsymbol{n}$ 是曲线 C 的单位外向矢量。令

$$\nabla^2 g(r'-r) = \delta(r'-r) \tag{5.67}$$

式中，r、r' 是 S 上的矢量坐标，可得

$$g(r'-r) = -\frac{1}{2\pi}\ln|r'-r| \tag{5.68}$$

将式(5.68)代入式(5.67)得

$$\varphi(r') = -\iint_S \mathrm{d}S\,\nabla g(r'-r)\cdot\nabla\varphi(r) + \oint_C \mathrm{d}c\left[\varphi(r)\,\frac{\partial g(r'-r)}{\partial n}\right] \quad (r' \in S) \tag{5.69}$$

式中，梯度 $\nabla\varphi$ 是未知的，可用由 $\nabla\varphi_m$ 得到的估计值 $\overline{\nabla}\varphi$ 代替，注意要消除 $\nabla\varphi_m$ 中的相位跳跃点。边界线上的相位值选定为一个初始值 φ_c，这样可展开为

$$\varphi(r') = -\iint_S \mathrm{d}S\,\nabla g(r'-r)\cdot\overline{\nabla}\varphi(r) + \oint_C \mathrm{d}c\left[\varphi(r)\,\frac{\partial g(r'-r)}{\partial n}\right] \tag{5.70}$$

该算法是一种很有效的相位解缠方法，它从全局出发进行相位解缠，而不是局限于某些像素点，这就有可能将误差传播限制在局部，可进行定量分析。

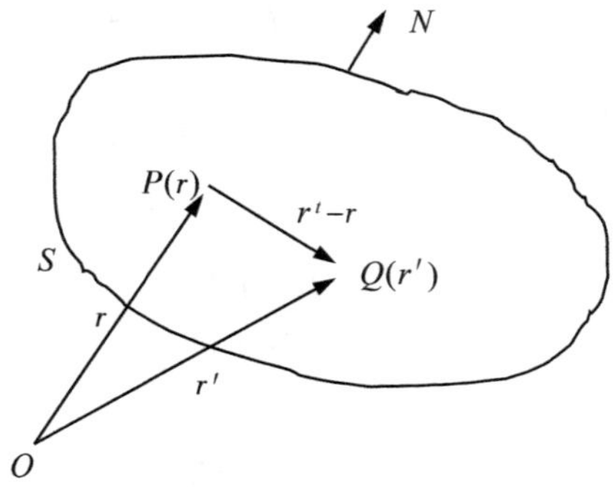

图 5.14　第一定律示意

如图 5.15 所示，在 x 轴上从 $-L$ 到 $+L$ 为一段相位间断区，即

$$\bar{\nabla}\varphi=\nabla\varphi-2\pi N\delta(y)\mathrm{rect}\left[\frac{x}{2L}\right]\hat{y} \tag{5.71}$$

式中，rect[·]表示矩形截断函数。可计算出由此产生的误差分布为

$$\begin{aligned}\mathrm{err}(x',y')&=-\iint_S \mathrm{d}x\,\mathrm{d}y\nabla g(x'-x,y'-y)\times 2\pi N\delta(y)\mathrm{rect}\left[\frac{x}{2L}\right]\\&=-N\left[\arctan\left(\frac{L-x'}{y'}\right)+\arctan\left(\frac{L+x'}{y'}\right)\right]\\&=-N[a_- - a_+]\end{aligned} \tag{5.72}$$

由式(5.72)可看出误差没有在图像上传播，在垂直于间断线的方向上，它至少是以到间断区的距离成反比衰减。

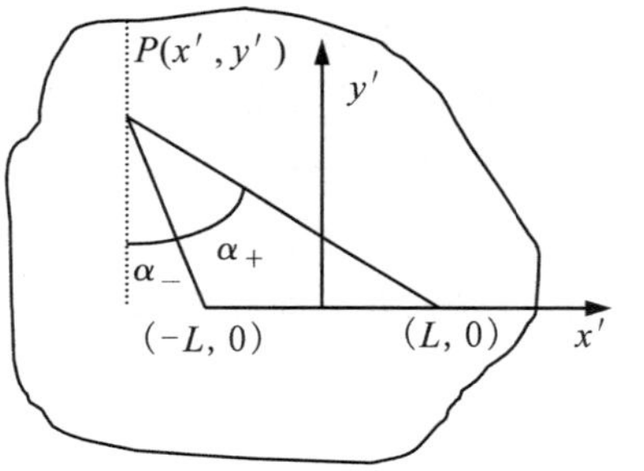

图 5.15　传播分析

5.5.8　改进的最小二乘法

对最小二乘法得到的结果进行反缠绕，发现在原缠绕条纹密集的地方，经最小二乘法解缠后反缠绕时条纹明显变稀。这是最小二乘法的平滑作用，使其在解缠时对真实相位的逼近过程中出现峰削尖、谷添底、陡坡变缓的趋势。上述误差就是 Bamler 和 Adam 等指出的，即所有线性解缠方法都不可避免非零展开误差。为补偿平滑作用，采用加权对最小二乘法进行改进。权重的依据为相位的二阶差分 $\Delta_{i,j}^x$、$\Delta_{i,j}^y$，权重为

$$\left.\begin{aligned}\Delta_{i,j}^x&=W\{\Psi_{i+1,j}-\Psi_{i,j}\}\\\Delta_{i,j}^y&=W\{\Psi_{i,j+1}-\Psi_{i,j}\}\\w_{x,y}&=\mathrm{unit}(\mathrm{filt}[\Delta_{i,j}^{x\ 2}+\Delta_{i,j}^{y\ 2}])\end{aligned}\right\} \tag{5.73}$$

式中，unit(·)为归一化处理，filt[·]为低通滤波，求出权重 $w_{x,y}$ 后，用 $w_{x,y}$ 对 $\rho_{i,j}$ 加权，即

$$\rho'_{i,j}=[1+KW_{x,y}]\rho_{i,j} \tag{5.74}$$

式中，K 为控制加权强度，其值由实验确定。上述加权最小二乘法的权重取自二

阶差分的模,它对原相位中坡度不变的区域加权为0,仅对坡度有变化的区域有实际的加权,且坡度变化越快,加权越重,因此能较好地抵消最小二乘法的平滑作用。计算量上它较最小二乘法增加得不多。

5.5.9 基于网络规划的算法[17]

基于网络规划的算法是近年来才发展起来的优化算法,最早是1996年由Costantini提出的。由于基于路径跟踪法和最小二乘法等往往不能兼顾算法精度、速度及可靠性等问题,实际应用中很难确定最佳算法。为此很多研究者考虑了将以上两种算法相结合(见5.5.4),取得了一定的效果。但是当基于网络规划算法提出后,由于它能很好地解决以上问题,从而引起了广大研究者的兴趣。

算法的主要思想是将解缠问题转化成寻找基于网络的最小代价流问题。借助现有成熟的网络流算法,可以大大提高算法的运行效率,同时保证算法精度。算法的关键是如何将解缠中的最小化问题转化成求解最小代价流问题。

根据算法所采用的网络不同,可以将算法分成基于规则网络的最小代价流算法和基于“分而治之”不规则网络的最小代价算法,后者是一种并行网络流算法,结合不规则三角网的构建方法,可以大大提高算法效率。

5.5.10 其他方法

1. 条纹检测法

二维相位解缠的另一种方法是Lin[18]等于1992年提出的条纹检测法。这种方法先利用边缘检测技术寻找干涉条纹在相位差图像中的位置,其中边缘检测通常又包括滤波增强及对图像进行门限处理两个步骤。依据条纹的疏密选取适当的窗口尺寸,对相位差图像进行中值滤波。为了检测干涉条纹线,应用了五种不同方向性的边缘掩模。每次相位累加路径经过一条干涉条纹线时,相位就加2π的整数倍,这样就实现了相位解缠。倍数是由像元和参考像元间干涉条纹线的多少决定的。当干涉条纹离得比较开而在整个解缠的相位图像上信噪比较高时,结果很好[19]。

2. 网格自动化法

Ghiglia[8]等在1988年描述的网格自动化方法,是基于简单的离散数学系统——网格自动化形成的,它具有复杂的机制。这种方法计算效率不高,而且当实际的相位不连续性存在时需要先验知识[19]。

3. 知识介入法

这种方法使用一个粗略的DEM减少条纹的密度,具体可参考Adragna于1995年的描述。这种技术也被用于平地条纹消除和差分干涉。在差分干涉中,DEM的介入可消除地形条纹,突出地表形变造成的条纹。

注意,上述方法都需要在消除了平地效应条纹后,才能实施[9]。

5.5.11　运算中需要考虑的问题

前面已经提出了许多解决相位解缠问题的算法,而且这些算法都与数字趋近同样有效。

根据对确定的每一个像元进行逼近处理,找出相位突变点,除了低一致性区域外,这一算法是很有效的。如果检测出不连续区域,可以由综合路径排除。为了使合成能继续,这些区域必须被内插或者必须无条件被赋值。该算法为了识别这样一个区域或一组误差区域,通常会变得很复杂。如果自动识别不是彻底的,那么在相位解缠中必须进行干涉,于是,这个确定相位解缠方程就是病态的。

数字相位解缠是基于可靠的数学框架,由预确定得出的叠掩和阴影等不连续区域及其他区域可以在计算中被加权。该算法的设计将更大程度依赖于局部差分求解。在应用数学中,这些求解方法被严密推导。新的优化算法,如多级格网法,可能是相位解缠模型中有效的合成方法。该优化模型能够在最少的人工干预下完成对低一致性区域的干涉处理。这项工作的主要目的不是为实际运算构建一个相位解缠模型,而是利用相位解缠模型测试数据,以了解它们的正确性和稳定性。这将有利于设计在有限时间内算法的运行。迭代算法的相位解缠使用中,每一次迭代都根据离散余弦变换生成和解求泊松方程。不连续区域最后根据纹理线的分割而识别,将全部不连续区域赋权值为 0,其他的正常区域赋权值为 1。由于需处理不同类型的单、双精度数据,因此可用 C++语言实现模型的运算。这一相位解缠模型被称作 DCT_Unwrap/IPI。

Zebker[10]等在 1998 年用模拟地形对这些算法进行了测试,表 5.1 即为测试总结。

表 5.1　算法比较综述

算子	覆盖	精度	效率
残余一切除法	有限	极好	快
不加权最小二乘法	完全	如果有多的残余存在则会有多的失真	中等
加权最小二乘法	完全	好于不加权	慢
综合法	完全	好/极好	慢

相位解缠算法及运算如表 5.2 所示。

表 5.2　相位解缠算法和它们的运算综述[20-28]

技术	方法	优缺点	执行
连续线性扫描法 (HARTL 94)	检测到相位跳跃,则将累加相位值增加或减少 2π,并将新相位值赋给该像元	实现简单;由于噪声引起的像元值不连续	如果噪声稀少,计算成本低

续表

技术	方法	优缺点	执行
细胞自动法（GHIGLIA 87）	整个图像 3×3 卷积，用“模糊器”跳过不连续区域	路径独立，无整体误差传播；计算效率低	有噪声，128×128 矩阵需迭代 710 次
残余—切除法（GOLSTEIN 88 HARTR 94）	残余的识别，残余之间的幽线切除	快速；低一致性和噪声图像问题	Stardent 800 数据为 1 024×512 大小，70 s
快速椭圆局部差异法（GHIGLIA 89）	假定初始解缠相位矩阵值为 0，计算新相位矩阵，重复迭代直至满足要求	迭代方法，噪声图像变化慢，容易实现	$O(N^2)\log_2 N$
快速傅里叶变换法（GHIGLIA 89）（PRITT 94 96）	镜像数据作为实周期函数，向前进行快速傅里叶变换，在频率矩域内计算相位矩阵，向后进行快速傅里叶变换得到解缠相位	数据矩阵扩大 4 倍，使用现有的快速傅里叶变换码	IBM RS/6000，2 048×2 048，40 s
离散余弦变换法（GHIGLIA 94）	离散余弦变换法向前变换，在频率域内求相位矩阵，在空间域内向后变换	比快速傅里叶变换法有效和稳健，误差权是可存在的，快速算法已实现	$O(\log_2 N)$，对 SUNsparc10，512×512，10 s
多级格网法（PRITT 96）	多分辨率技术求解偏微分方程	迭代且稳健，有效利用内存，当前数学界研究热点	对 IBM RS/6000，2 048×2 048，46 s

§5.6 改进支切法

经典的二维相位解缠算法（支切法）是逐点将相邻相位之间的差值积分，将累积的 2π 整数倍值加在相应相位上，就可以得到展开的相位值。

如果一个一维相位序列为

$$1.0\pi,1.2\pi,1.4\pi,1.6\pi,1.8\pi,0.0\pi,0.2\pi,0.4\pi,\cdots \tag{5.75}$$

式中，丢失了一个 2π 的整数值。很显然，这是一个渐增的序列，相邻两个相位之间的差值为 0.2π，在序列的后三个相位上应分别加上一个 2π 的整数倍，即 $n=1$。被展开的相位序列应为

$$1.0\pi,1.2\pi,1.4\pi,1.6\pi,1.8\pi,2.0\pi,2.2\pi,2.4\pi,\cdots \tag{5.76}$$

由 InSAR 成像几何关系示意图（图 5.16）可见，自天线 A_1（远离被测点）至地

面上被测点的斜距 R_1，与自天线 A_2(靠近被测点)至地面上同一被测点的斜距 R_2 之差为 $\delta=R_1-R_2$，在距离方向(y 方向)上应是一个递增的序列(不考虑叠掩和误差等因素的影响)。那么，据第 4 章推导可知，与斜距差 δ 成正比关系的相位差序列 $\Delta\varphi(x,y)+n\times2\pi$，在不考虑叠掩和误差等因素的影响时，在距离向上也应是一个递增的序列。因此，式(5.76)所表示的被展开的(即找回了丢失的 2π 的整数倍值 $n=1$)序列是正确的。

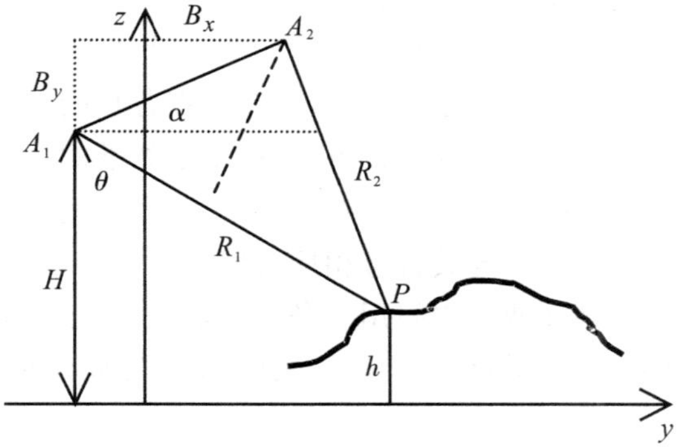

图 5.16　InSAR 成像几何关系示意

但是，事实并没有这么简单，由叠掩(如陡坡、峭壁或旗杆等造成)和噪声产生的相位突变——局部误差，会在相位序列中形成相位不连续点。如果不先处理这些相位不连续点，而是直接对相位序列进行积分以展开相位的话，会将局部误差传遍整个后继相位序列，形成全局误差，使展开的相位值缺乏准确性，从而无法得出高精度的目标高程信息。

因此，在进行相位积分以展开被卷叠起来的相位之前，必须先清理出所有的相位不连续点(留数点)，并在选择积分路径时避开它们，以得到正确的相位解缠值。

经典二维相位解缠算法在连接留数点时，采用的方法是将大量正、负留数点连接成一条或多条枝杈，每条枝杈的留数值之和等于零，但每条枝杈的留数点个数不定。因此，一些自身没有相位不连续的点因处在枝杈上也变成不能进行积分、不能解缠的相位值了。由于将许多相互邻近的留数点连接在一起，故部分地区被枝杈完全包围，成为无法进行相位解缠的黑色死区。

其具体算法如下：

(1)在 InSAR 相位图像上扫描，直至找到一个留数点。然后，包围该留数点，在大小为 3×3 的窗口内搜索另一个留数点。

(2)如果搜索到了另一个留数点，则在两者之间用一条枝杈将它们连接起来。

(3)如果搜索到的留数点是反号的留数点，则该枝杈就被标为“不带电的”枝杈，然后重复第一步。如果搜索到的留数点是同号留数点，则搜索窗口将移到新的留数点处，继续搜索，直至要么一个反号的留数点被搜索到，并使最终整个枝杈都被判明是“不带电的”，要么在搜索窗口内没有新的留数点被搜索到。若为后者，则将搜索窗口的大小增加2，以当前留数点作为起始点，重新在窗口内进行搜索，重复上述第(2)和第(3)两步。

经过对留数点分布图上留数点分布规律的研究，发现一般情况下，正、负留数点都是成对出现的，尤其是由叠掩阴影效应产生的留数点，而且根据复变函数原理，任何包含了等数量正、负留数点的积分路径的相位积分值都等于零，不会有不一致的相位解缠结果出现。那么，可将等数量的正、负留数点的数量值选择为1，即只是将各个相互邻近且成对的正、负留数点连接在各自的一条枝杈上。因此，对经典的二维相位解缠算法中枝杈的连接方法，提出了如下的改进方案：

(1)在留数点分布图像上扫描，直至找到一个留数点，随后以该留数点为圆心，在半径为1的范围内搜索一个与其符号相反的留数点。

(2)如果搜索到了，则在两者之间用一条枝杈将它们连接起来，并将这一对留数点标记成“不带电的”。随后重复(1)和(2)两步，直至所有的留数点都被标记为“不带电的”。

(3)如果没有搜索到，则搜索半径递增1，重复(1)和(2)两步，直至搜索半径增加到某一阈值(可根据实际留数点分布情况设定)。若至此仍未搜索到一个与其符号相反的留数点，那么就将该留数点标记成“伪噪声点”。利用二维线性插值的方法，将此相位不连续点去掉。

经典二维相位解缠算法，由于将大量正、负留数点都连接在一条或多条枝杈上，使许多自身位于枝杈上的连续相位点无法进行积分(因积分路径不能穿越枝杈)，只能放弃对这些点的相位解缠，这样也就无法得到这些点处的高程信息。此外，部分地区由于被枝杈完全包围，成为无法进行相位解缠的黑色死区，使该区域的高程信息无法得到。

改进的二维相位解缠算法只是连接许多独立的小枝杈，减少了无法进行相位解缠点的个数。同时，这种方法也不存在因被枝杈包围而产生的相位解缠死区，从而改善了相位解缠的结果，使被测地区内尽可能多的点处高程值能够被反演。

对于那些相位不连续点处的相位值，如果没有另外的附加已知条件，是无法得到解缠值的。

在某些特殊情况下，用上面描述的改进枝杈连接方法得出的高程反演结果不太尽人意，可以根据实际情况用其他方法连接枝杈，但必须遵循成对正、负留数点两两相连接的原则——这是改进算法的实质和原则。

在InSAR相位图上标记所有相位不连续点——留数点，并连接好所有枝杈后，就可以对被卷叠的相位进行解缠——积分了。

但是，在积分过程中，积分路径可以包围枝杈但不能穿越枝杈。也就是说，积分路径不能路过相位不连续的点。

具体做法如下：

(1)选择 InSAR 图像上一个信噪比比较高的点作为起始积分点，记为(x_0, y_0)，其 InSAR 相对相位值为 $phase(x_0, y_0)$，解缠后的 InSAR 绝对相位值为

$$de\_phase(x_0, y_0) = phase(x_0, y_0) \tag{5.77}$$

(2)对该点周围各点进行相位积分，并将下一个积分点(x_1, y_1)处的 InSAR 相对相位值记为 $phase(x_1, y_1)$，则两者的相位差值为

$$\Delta phase = phase(x_1, y_1) - phase(x_0, y_0) \tag{5.78}$$

注意，若 $\Delta phase > \pi$，则 $\Delta phase = \Delta phase - 2\pi$；若 $\Delta phase < -\pi$，则 $\Delta phase = \Delta phase + 2\pi$。那么，解缠的 InSAR 绝对相位值为

$$de\_phase(x_1, y_1) = de\_phase(x_0, y_0) + \Delta phase \tag{5.79}$$

(3)再以(x_1, y_1)为积分起始点，记为(x_0, y_0)，向周围各点进行积分。重复步骤(2)，直至积分遍 InSAR 相对相位图上所有可积分的点。

(4)找出所有 $de_phase(x, y)$中最小值 $de\_phase(x_{min}, y_{min})$，判断其是否小于零。

若 $de\_phase(x_{min}, y_{min}) < 0$，则定义调整量为

$$increase = phase(x_{min}, y_{min}) - de\_phase(x_{min}, y_{min}) \tag{5.80}$$

这样，就可以计算 InSAR 的所有绝对相位值为

$$unwrap\_phase(x, y) = de\_phase(x, y) + increase \tag{5.81}$$

若 $de\_phase(x_{min}, y_{min}) \geq 0$，则 InSAR 的所有绝对相位值为

$$unwrap\_phase(x, y) = de\_phase(x, y) \tag{5.82}$$

采用这种方法进行积分，可自动将丢失的 2π 的整数倍值 n 加到相应的 InSAR 相对相位值上，得出解缠后的 InSAR 绝对相位差图。二维相位解缠算法的流程如图 5.17 所示。

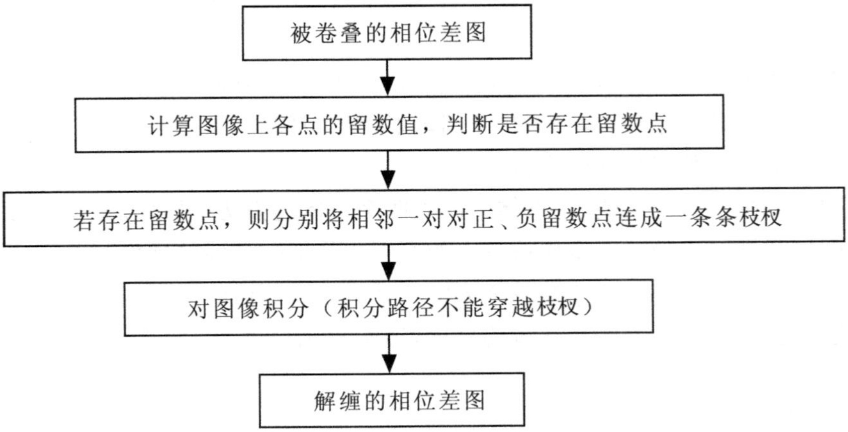

图 5.17　相位解缠算法流程

如果整个 InSAR 相位差图像上丢失了一个公共的 2π 整数倍值 n_0，则还需要知道被测地区内一个（或几个）实际高度参考点找回丢失的 n_0。这样，利用 InSAR 绝对相位差图像就可以得出被测地区内所有目标的绝对高度。

§5.7 遗传算法

遗传算法是 20 世纪 70 年代开始兴起的一种抽象于生物进化过程的、基于自然选择和生物遗传机制的优化技术。美国 Michigan 大学的 Holland 等于 1975 年在进行能学习的机器的研究中，受达尔文进化论“适者生存”的启发首先提出了遗传算法。同时，还提出了用简单的位串形式编码表示各种复杂结构，并用简单的变换改进这种结构，从而证明了遗传算法可以在搜索空间中得到全局最优解，开创了对遗传算法这一新领域的研究。20 世纪 80 年代是遗传算法的发展阶段，1988 年 Goldberg 撰写了《Genetic Algorithms in Searching, Optimization and Machine Learning》一书，对遗传算法的原理及应用进行了比较详细、全面的描述，该书至今仍是遗传算法研究中的经典著作。进入 90 年代以后，遗传算法已成为一种实用、高效、稳定性好的优化技术，发展极为迅速，在不同领域中，如机器学习、模式识别、神经网络、控制系统优化及社会科学等方面得到了广泛应用[29-32]。

5.7.1 遗传算法的基本概念

遗传算法是以自然选择和遗传理论为基础，将生物遗传学中的概念引入遗传算法之中。下面就以一个优化问题 $\max\{f(x) \mid x \in X\}$（$f$ 是 X 上的一个正值函数）为例，说明遗传算法中常用的一些基本概念。

个体（染色体）：满足上述优化问题的一个可能解 X_i。

群体：满足上述优化问题的多个可能解的集合 $\{X_i \mid i=1,2,\cdots,n\}$，即解空间 X。

编码：将问题的一个解表示成位串形式，即将解空间映射到遗传空间。

解码：编码的逆过程，即将遗传空间映射到解空间。

基因：编码成位串形式的个体中的每一位。

选择：根据一定的策略，将群体中的某两个个体选为父（母）体的过程。

交叉：将选择出的两个个体按一定的原则交换部分基因的操作。

变异：按一定的规律改变某一个体中的某一个基因值的操作。

适应度：各个体自身适应环境的程度，通常用函数值表示，如上例中适应度值可用 $f(x)$ 表示。

表现型：解码后的解。

基因型：编码表示的解。

5.7.2　遗传算法的基本过程和结构

不同的编码方案、选择策略和遗传算子相结合构成了不同的遗传算法，但不同遗传算法在计算中的迭代过程大体相同，都包含了编码、选择、交叉、变异和解码五个阶段，其基本过程和结构可分别用图 5.18 和图 5.19 描述。

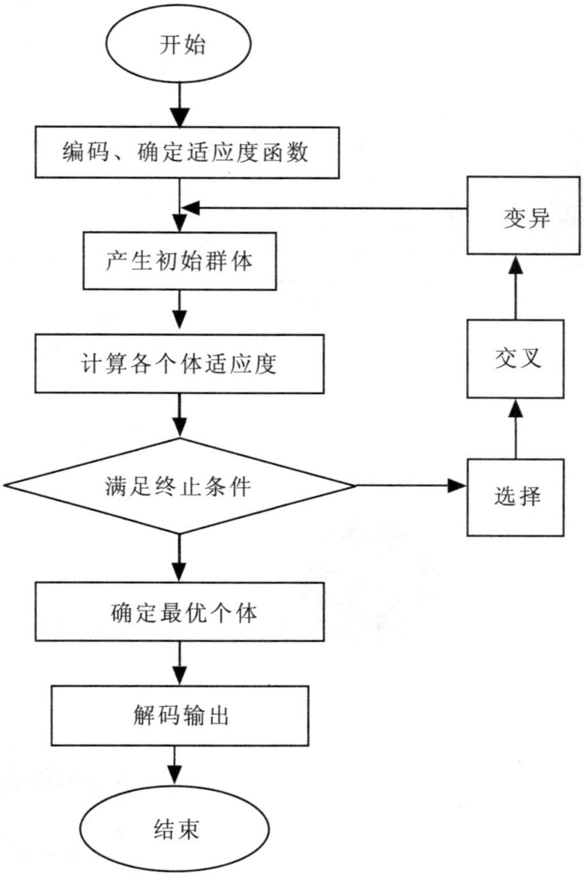

图 5.18　遗传算法的基本过程

5.7.3　遗传算法的基本特征

1. 智能性

遗传算法的智能性包括自组织、自适应和自学习性等。应用遗传算法求解问题时，在确定了编码方案、适应值函数及遗传算子以后，算法将利用遗传算法中获得的信息自行组织搜索。由于基于自然的选择策略为适者生存、不适应者淘汰，因而适应值大的个体具有较高生存概率。通常适应值大的个体具有更适应环境的基因结构，再通过杂交和基因突变等遗传操作就可能产生与环境更适应的后代。遗传算法的这种自组织、自适应特征同时也赋予了它具有能根据环境的变化自动发现环境的特性和规律的能力。

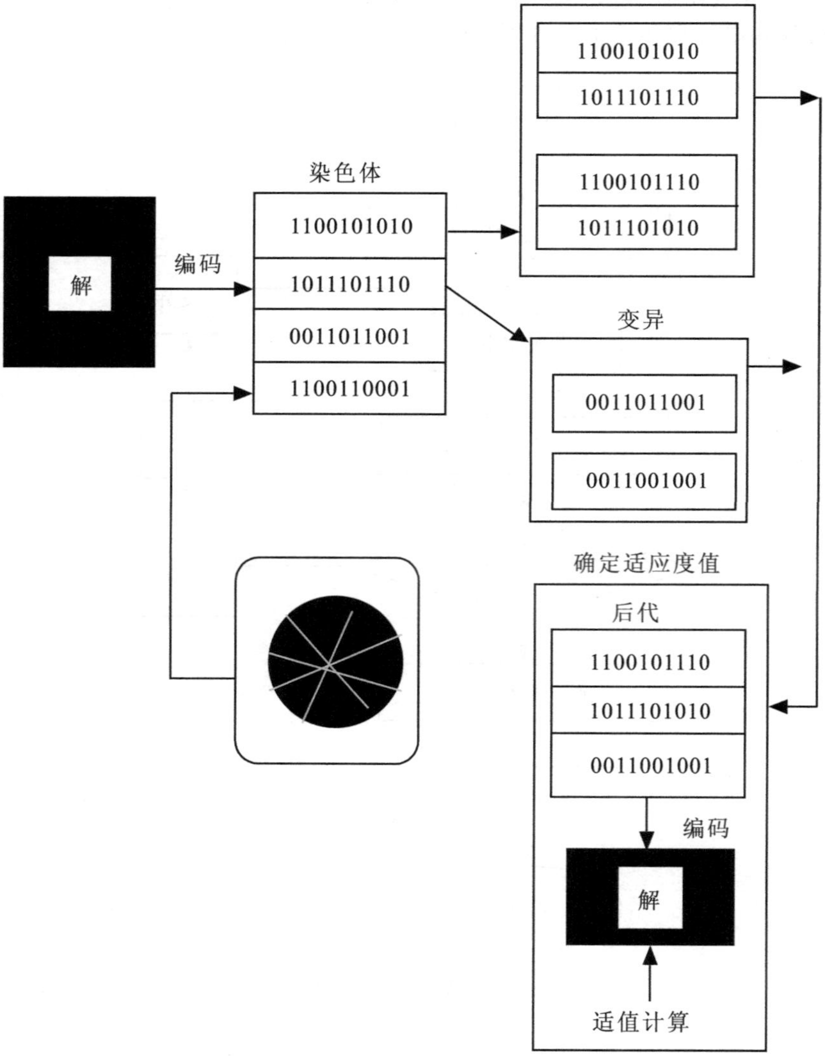

图 5.19 遗传算法的一般结构[32]

自然选择消除了算法设计过程中的一个最大障碍，即需要事先描述问题的全部特点，并说明针对问题的不同特点算法应采取的措施。于是，利用遗传算法的方法，可以解决那些结构尚不清楚的复杂问题。

2. 并行性

遗传算法的并行性表现在两个方面。一方面是内在并行，即遗传算法本身非常适合大规模并行。最简单的并行方式是让几百甚至数千台计算机各自进行独立种群的演化计算，运行过程中甚至不进行任何通信(独立的种群之间若有少量的通信一般会带来更好的结果)，等到运算结束时才进行通信比较，选取最佳个体，这种并行处理方式对并行系统结构没有什么限制和要求。另一方面是内含并行性。由于遗传算法采用种群的方式组织搜索，因而它可以同时搜索解空间内的多个区域，并相互交流信息，这种搜索方式使得它虽然每次只执行与种群规模 N 成比例的计算，而实质上已进行了大约 $O(N^3)$ 次有效搜索，这使得遗传算法能以较少的计算获得较大的收益。

3. 过程性

遗传算法通过自然选择和遗传操作等自组织行为增强群体的适应性。算法的模拟是一个过程，算法的实施也是一个过程。在这个过程中，算法本身无法判定个体所处解空间的位置，因此需要人为干预(即事先确定终止准则)才能终止。

4. 多解性

遗传算法是采用群体的方式组织搜索。它从多个解出发，通过这些点内部结构的调整和重组形成新的解，因而，每次都将提供多个近似解，这对多目标搜索或有需要多个近似解作为参照的情况下是非常有用的。

5. 不确定性

遗传算法的不确定性是伴随其随机性而来的。遗传算法的主要步骤都含有随机因素，从而在算法的进化过程中，事件是否发生带有很大的不确定性。

6. 非定向性

自然选择和繁殖过程这种非定向机制是遗传算法的关键。它没有确定的迭代方程，也不依靠梯度下降法似的爬山策略，而是用调整个体内部结构的方法增强其对环境的适应，以使问题得到解决。

7. 统计性

遗传算法的种群方式决定它是一个统计过程。在每一世代，都要进行统计，以确定个体的优劣并推动进化的进行。

8. 稳健性

算法的稳健性指在不同条件和环境下算法的适用性和有效性。由于遗传算法利用个体的适应值推动群体的演化，而不管求解问题本身的结构特征，因而用遗传法算法求解不同问题时，只需要设计相应的适应性评价函数，而无须修改算法的其他部分。同时，因为遗传算法具有自然系统的自适应特征，算法在效率和效益之间权衡使得它能适用于不同的环境并取得较好的效果。

9. 整体优化

传统的优化方法，一般采用的是梯度下降的爬山策略，当遇到多峰函数的情形时往往容易陷入局部最优。而遗传算法能同时在解空间的多个区域内进行搜索，并且能以较大的概率跳出局部最优，以找出整体最优解。

5.7.4 InSAR 相位解缠

InSAR 测量技术是利用从雷达复图像数据中衍生出的相位信息提取地表三维信息。它的基本原理是通过两部天线同时观测，或者两次平行的观测，获取地面上同一地物的两幅复雷达图像，利用这两幅复图像相关运算得到的相位差反演地物的相对高程。但是实际上这样得到的干涉相位差是真实相位差的卷叠，即 InSAR 干涉条纹图中与地面位置直接相关的相位是以 2π 为模的，所以为了计算每一点的高程必须给每一个相位测量值加上整数倍的相位周期，这种求解 2π 模糊性问题的技术称为相位解缠。解缠得到的相位(差)值是否准确，直接关系到提取出的目标高程信息精度的有效性。二维相位解缠要兼顾两个方面，即一致性和精确性。一致性是指在解缠后的相位数据矩阵中，任意两个点之间的相位差与这两个点之间的路径是无关的；精确性是指解缠后的相位数据要能忠实地恢复原始相位信息。

虽然已有很多的相位解缠算法，但由于相位解缠过程是 InSAR 图像数据处理的一个关键问题，因而在现有的算法及未来相位解缠算法的研究领域中仍存在着如下的问题：

(1)如何判断相位解缠结果的一致性和精确性。在很多情况下，参考的 DEM 数据是不存在的，因此必须开发直接利用解缠相位信息进行判断的方法。

(2)如何获得基于最小化 L^0 范数的相位解缠算法的全局最优解。相位解缠的实际目标是使解缠和缠绕的相位数据梯度存在差别的位置的总数最小，即满足 L^0 范数的最小化。

5.7.5 相位解缠问题在遗传空间中的描述

由于在从干涉数据获取的相位数据中，相位值被限定在$(-\pi,+\pi)$之间，要得到真实的相位信息必须在这个值的基础上加上或减去 2π 的整数倍，这个从缠绕的相位图像中恢复真实相位信息的过程就是相位解缠。相位解缠的最终目标是解缠和缠绕相位数据的梯度存在差别的位置的总数最小。现在将相位解缠问题转变为一个优化问题，可以利用遗传算法来解决相位解缠问题。

遗传算法中的个体及适应度函数的定义如下：

(1)定义个体(基因型)G_i 为干涉条纹图上每一点解缠结果的相位值，采用实数编码。

(2)定义解缠和缠绕相位数据的梯度存在差别的位置总数为解缠的适应度函数,即

$$f = \mathrm{NUM}(\mathrm{GradientStart}! = \mathrm{GradientEnd}) \tag{5.83}$$

式中,f 为适应度函数,GradientStart 为干涉条纹图中各个点解缠前相位的梯度,GradientEnd 为干涉条纹图中各个点解缠后相位的梯度。就可以得到基于最小化 L^0 范数的相位解缠算法的全局最优解。

遗传算法是一种有导向的随机操作,导向的依据是适应度函数值。传统遗传算法在遗传过程中未考虑环境参量的变化及其产生的影响,而产生误导或导向不明确。例如,在遗传算法操作的初期,异常个体的适应度值远大于平均适应度值,而产生过强的选择压力导致未成熟收敛;在遗传算法操作的后期由于基因型差异的缩小,使得选择压力过小而产生随机漫游。对此,采用分阶段适应度定标,将环境参量的变化与进化策略相结合,过程如下:

——起始阶段。为降低异常个体导致的遗传支配,降低异常个体的竞争能力,采用线性定标,即

$$f_e = f_S \times a + b$$

式中,f_S 与 f_e 分别为定标前后的适应度值,a 和 b 为常量。

——中间阶段。为使个体保证一定的竞争水平,中间阶段采用传统遗传算法的进化策略。

——最后阶段。在遗传算法的收敛后期,个体的表现型差异缩小,竞争压力减小,收敛过程趋于随机漫游,为增强个体间相对竞争能力,采用幂指定标,即

$$f_e = f_S^k \quad (k > 2)$$

(3)遗传操作。遗传算法由以下三种遗传操作组成[32-34]:

——选择。选择是从群体中选择生命力强的个体,产生新群体的过程。选择的依据是个体适应函数值的大小。适应函数值大的,被选中的概率就越大,那么其子孙在下一代中产生的个数就越多,否则就越少。本书用转盘式选择,其优点在于:在这种选择策略下,群体中每一个成员都有被选择的机会。

——交叉。在新产生的群体中随机选取两个个体,每个个体由许多位(又称基因)组成,然后在这些位置上随机选取一个位置作为交叉点,那么两个父辈编码从该位到末尾的部分进行交换,产生两个子孙。这就是交叉操作,它在遗传算法中起核心作用,能保证在遗传繁衍的过程中,达到优胜劣汰的目的。相似度高的模式间的交叉操作不利于种群的多样化。将个体间的距离作为个体差异的度量,以此自适应地调节交叉概率。

距离的描述如式(5.84)所示,它与交叉概率的对应关系如式(5.85)及图5.20所示,即

$$D_{ij}=\sum_{i}^{N}\sum_{j}^{N}((\boldsymbol{X}_i-\boldsymbol{X}_j)^{\mathrm{T}}(\boldsymbol{X}_i-\boldsymbol{X}_j))^{\frac{1}{2}} \tag{5.84}$$

式中，$\boldsymbol{X}$ 为个体的实数编码构成的矢量，D 表示距离。

$$P_S=\frac{1}{1+\mathrm{e}^{-(D_{i,j}-a_s)/\beta_s}} \tag{5.85}$$

式中，P_S 表示概率。

——变异。变异操作是为了增加遗传算法找到接近最优解的能力，它以很小的概率随机地改变字符串中某个位置的值。对于实数编码，就是将某一个体的某基因变成一个一定范围的随机数。变异的概率一般很低，这个操作与前面两个操作结合在一起，可防止解的过早收敛。变异可以十分有效地抑制随机漫游，是维持种群多样性的重要手段。但是个体差异度强时的大变异概率及个体差异弱时的小变异概率都不利于算法的收敛，采用群体离散度判据评价个体差异度，以调节变异概率。

定义群体离散度为

$$\Phi=\sum_{i}^{N}(\boldsymbol{X}_i-\boldsymbol{M})^{\mathrm{T}}\times(\boldsymbol{X}_i-\boldsymbol{M}) \tag{5.86}$$

式中，$\boldsymbol{M}$ 为群体中各个个体的平均，N 为个体数目。$t-1$ 表示离散度 $\Phi(t-1)$ 与 t 代的基因变异概率 P_m 关系如图 5.21 所示，公式为

$$P_m=\frac{\mathrm{e}^{-(\Phi-a_m)/\beta_m}}{1-\mathrm{e}^{-(\Phi-a_m)/\beta_m}} \tag{5.87}$$

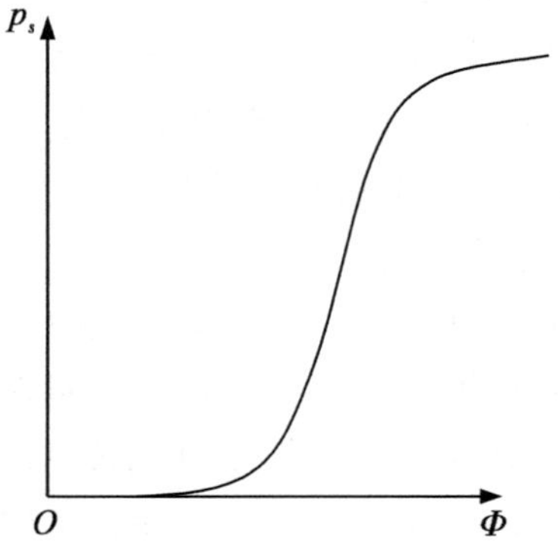

图 5.20 距离和交叉概率曲线

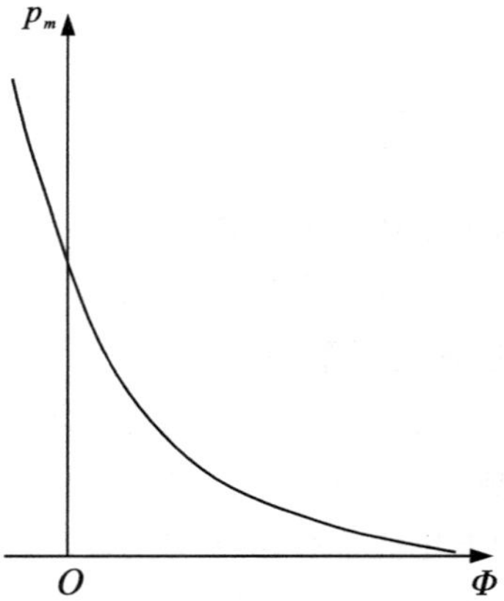

图 5.21 离散度和变异概率曲线

基于遗传算法的相位解缠算法实验及结果分析将在第 6 章介绍。实验结果表明：该方法能够有效抑制相位误差的传播，因而不需要进行相位不一致性区域的识

别,使得相位解缠能够自动完成。

参考文献

[1] 张继超. InSAR影像提取DEM的实用化方法研究[D]. 辽宁:辽宁工程技术大学,2002.

[2] CHARETTE P G, HUNTER I W. Robust phase-unwrapping method for phase images with high noise content[J]. Applied Optics, 1996, 35(19): 3506-3513.

[3] COLLARO A, FRANCESCHETTI G, PALMIERI F, et al. Phase unwrapping by means of geneic algorithms[J]. Journal of the Optical Society of America A, 1998, 15(2): 407-418.

[4] EINEDER M, HUBIG M, MILCKE B. Unwrapping large interferograms using the minimum cost flow algorithm [J]. IEEE International Geoscience and Remote Sensing Symposium (IGARSS'98), 1998(1):83-87.

[5] GOLDSTEIN R M, ZEBKER H A, WENER C L. Statellite radar interferometry: two-dimensional phase unwrapping[J]. Radio Science, 1988, 23(4): 713-720.

[6] ITOH K. Analysis of the phase unwrapping problem[J]. Applied Optics, 1982, 21(14): 2470-2478.

[7] QUIROGA J A, BERNABEU E. Phase-unwrapping algorithm for noisy phase-map processing[J]. Applied Optics, 1994, 33(29): 6725-6731.

[8] GHIGLIA D C, PRITT M D. Two-dimensional phase unwrapping: theory, algorithms, and software[M]. John Wiley and Sons. Inc, 1998.

[9] HUNTLEY J M. Noise-immune phase unwrapping algorithm[J]. Applied, 1989, 14(20): 1107-1109.

[10] ZEBKER H A, LU Y. Phase unwrapping algorithms for radar interferometry: residue-cut, Least-Squares and synthesis algorithm[J]. Journal of the Optical Society of America A, 1998, 15(3): 586-598.

[11] GHIGLIA D C, MASTIN G A, ROMERO L A. Cellular-automata method for pahse unwrapping[J]. Journal of the Optical Society of America A, 1987, 4(1): 267-280.

[12] XU Wei, IAN C. A region-growing algorithm for InSAR phase unwrapping[J]. IEEE Transactions on Geoscience and Remote Sensing, 1999, 37(1): 124-134.

[13] 王超,张红,刘智. 星载合成孔径雷达干涉测量[M]. 北京: 科学出版社,2002.

[14] TAKAJO H, TAKAHASHI T. Noiterative method for obtaining the exact solution for the normal equation in Least-Squares phase estimation for the phase difference[J]. Journal of the Optical Society of America A, 1988, 5(11): 1818-1827.

[15] PRITT M D, SHIPMAN J S. Least-Squares two-dimensional phase unwrapping using FFT's[J]. IEEE Transactions on Geoscience and Remote Sensing, 1994, 32(3): 706-708.

[16] FORNARO G, FRANCESCHETTI G, LANARI R. Interferometric SAR phase unwrapping using Green's formulation[J]. IEEE Transactions on Geoscience and Remote Sensing, 1996, 34(3): 720-727.

[17] COSTANITI M. A phase unwrapping method based on network programming[C]. Proceedings of Fringe'96 Workshop—ERS SAR Interferometry. Zurich: [s.n.], 1996.

[18] LIN Q, VESECKY J F. Registration of interferometric SAR images[C]. Proceedings of International Geoscience and Remote Sensing Symposium (IGARSS'1992), 1992.

[19] HARTL P H. SAR interferometry: experiences with various phase unwrapping methods [C]. Proceedings of the Second ERS-1 Symposium, Hamburg: [s.n.], 1993.

[20] COSTANTINI M, FARINA A, ZIRILLI F. A fast phase unwrapping algorithm for SAR interferometry[J]. IEEE Transactions on Geoscience and Remote Sensing, 1999, 37(1): 452-460.

[21] FLYNN T J. Consistent 2-D phase unwrapping guided by a quality map[C]. Proceedings of the 1996 International Geoscience and Remote Sensing Symposium, Lincoln: [s.n.], 1996.

[22] 杨杰. 星载 SAR 影像定位和从星载 InSAR 影像自动提取高程信息的研究[D]. 武汉:武汉大学,2004.

[23] FLYNN T J. Two-dimensional phase unwrapping with minimum weighted discontinuity [J]. Journal of the Optical Society of America A, 1997, 14(10): 2692-2701.

[24] HUNTLEY J M. Noise-immune phase unwrapping algorithm[J]. Applied Optics, 1989, 28(15): 3268-3270.

[25] PRATI C. SAR interferometry: A 2-D phase unwrapping technique based on phase and absolute values information[C]. Proceedings of the 1990 International Geoscience and Remote Sensing Symposium. [S.l.]:[s.n.], 1990.

[26] PRATI C. Report on ERS-1 SAR interferometric techniques and applications[M]. Dipartimento di Eletronica, Politecnico di Milano, 1994.

[27] PRITT M D. Phase unwrapping by means of multigrid techniques for inteferometric SAR [J]. IEEE Transactions on Geoscience and Remote Sensing, 1996, 34(2): 728-738.

[28] ROTH M W. Phase unwrapping for interferometric SAR by the least-error path[C]. Johns Hopkins University Applied Physics Lab Technical Report. [S.l.]:[s.n.], 1995.

[29] 甄文祥, 王文田. 遗传算法及其应用[J]. 计算机应用研究,1994(5): 9-10.

[30] 孙艳丰, 王众托. 遗传算法在优化问题中的应用研究进展[J]. 控制与决策,1996,11(4): 425-431.

[31] 张晓缋, 方浩, 戴冠中. 遗传算法的编码机制研究[J]. 信息与控制,1997,26(2):134-139.

[32] 郑宏. 遗传算法在影像处理与分析应用的研究[D]. 武汉:武汉大学,2000.

[33] 李平湘. 利用 InSAR 数据提取 DEM 的理论与技术研究[D]. 武汉:武汉大学,2003.

第 6 章　合成孔径雷达数据处理及应用

在过去的 20 年间，InSAR 从数据获取、技术处理到应用都逐步走向成熟，其中最重要的是对 InSAR 系统的全面了解，以及对各种不确定因素的深入讨论，使得 InSAR 在系统设计、模拟和验证等方面都有了很大的改进。数据的处理从早期过多的人工参与到现在基本自动化，极大地提高了干涉雷达数据处理的精度和效率，同时伴随着干涉雷达数据处理商业软件的出现，干涉处理正逐步走向工程化和市场化。星载合成孔径雷达系统被广泛地应用于全球的高精度地形测绘。可以预见，将来星载合成孔径雷达系统能够提供优于 SRTM 的更高分辨率和高精度的地形数据[1]。

§6.1　InSAR 处理软件简介[2]

干涉测量处理有很多商业软件，也有很多科研软件，但是随着自由软件联盟及开放源代码运动的发展，在雷达干涉测量领域出现了越来越多也越来越成熟的开放软件。由于干涉处理的复杂性、数据处理流程的专业性，以及开放源代码本身的版权限制，现在还没有一个集成的系统来处理干涉测量的全部流。目前，很多大学及研究机构在其擅长的领域公开发布了一些高效的源代码软件，有效地组合利用这些源代码软件可以获得很好的差分干涉结果，也有益于深入研究干涉测量方法。

1. 荷兰 Doris 软件模块

下载地址为：http：// www. geo. tudelft. nl/fmr/research/insar/sw/doris/software/download.html。

Doris 的全称是 Delft Object-oriented Rada Interferometric Software。从 1999 年 9 月第一个版本的 Doris 开始发行以来，目前 Doris 已经升级到 3.12 版本。它是德尔夫特大学的 Kampes 等用面向对象的 C＋＋语言编写的，Kampes 本人也一直致力于 Doris 的开发和升级。该软件主要运行环境为 Unix 系统，但是在 Linux 及 Cygwin 环境下的运行效率也很高。

2. 美国 ASFSoftwareTools 软件模块

下载地址为：http：// www.asf.alaska.edu/apd/software/download.html。

最早的 ASF Tools 公布于 1995 年 9 月 20 日，它是由 The Fairbanks Campus of the University of Alaska 的一个合成孔径雷达研究小组最先开始研发的，其工作环境主要为 Unix。有一些配套的软件可以运行在 Linux 及 Windows 环境下。

目前，这些应用程序代码都是可以在网上下载的，只是对于其中干涉的核心源代码，如果申请者是居住在美国本土之外的，要求申请者提供相关的材料，需要该研究组提供权限才能使用。

3. 公开渠道软件 ROI_PAC

下载地址为：http：//www.openchannelfoundation.org/projects/ROI_PAC/。

ROI_PAC（Repeat Orbit Interferometry Package）软件最早发布于 2000 年 3 月，它是由美国芝加哥大学的两位教师在业余时间编写和发布的，目前有 30 多个科研机构在使用。其软件开发语言为 C 和 Fotran90，在 Perl 环境下进行编程。目前，该软件只支持未进行合成孔径雷达成像处理的原始数据 RAW 文件，提供一个自带的合成孔径雷达成像软件，对 RAW 格式的数据进行成像处理。

4. 其他商用软件

(1)Earth View InSAR 干涉雷达处理软件。由加拿大 Earth View 公司开发，能够直接处理目前的星载合成孔径雷达干涉数据（如 ERS、Radsat、JERS 卫星），并能应用德尔夫特大学提供的精密轨道信息。

(2)Erdars 处理软件中的雷达模块。由美国 Erdars 公司开发，能够处理目前的星载合成孔径雷达干涉数据（如 ERS、Radarsat、JERS 卫星），但首先要把卫星数据转换为其内部格式数据。

(3)瑞士 GAMMA 公司的雷达处理软件。其 ISP、DIFF&GEO 模块，能够处理星载和机载干涉雷达数据。

(4)国内有“863”课题组支持开发的“通用遥感平台”软件。其中，武汉大学的 GeoImager5.0 和中国测绘科学研究院的 ImageInfo1.0 也包含了 InSAR 处理模块。

§6.2　InSAR 提取地面 DEM 流程[2]

InSAR 处理软件主要分为下面七个步骤：

(1) 单视复数图像的配准，该步骤主要通过计算两幅图像的最大干涉频谱找到匹配点。

(2)干涉条纹图的生成，运用公式 $S=S_1S_2^*=I_1I_2e^{j(\varphi_1-\varphi_2)}$ 计算干涉条纹图。

(3)平地效应的精确消除。

(4)干涉条纹图的滤波。

(5)干涉条纹图的相位解缠。

(6)解缠相位图到地面高程的转换。

(7)对高程图的地理编码。

软件流程如图 6.1 所示。

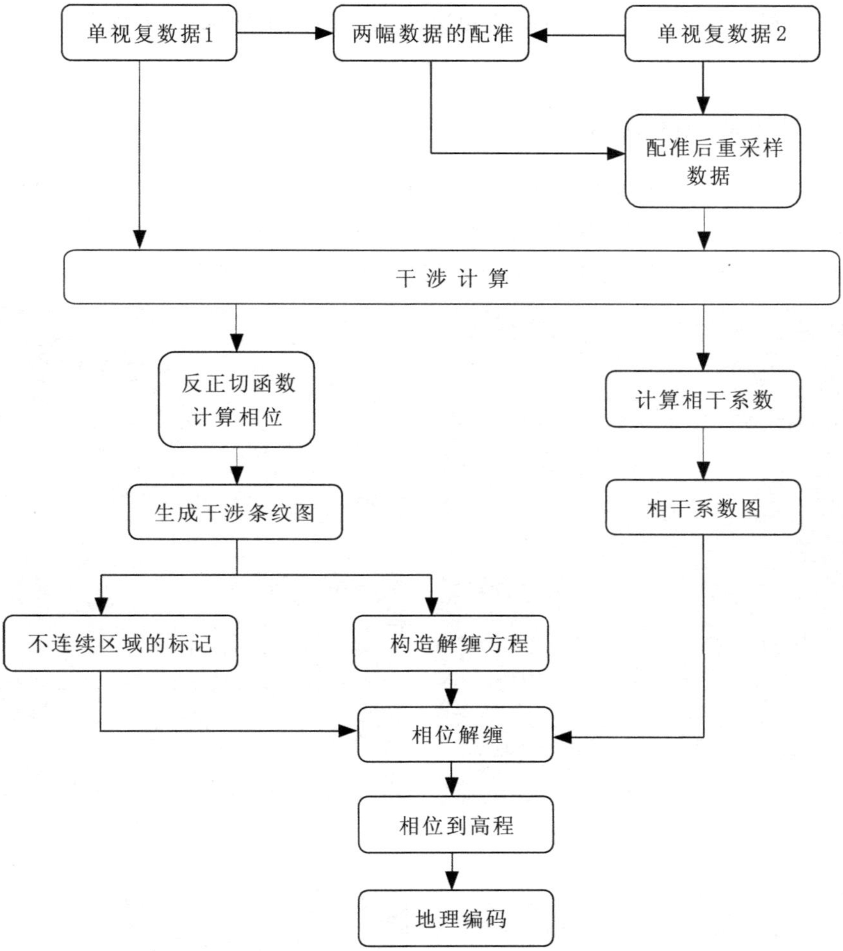

图 6.1　InSAR 生成 DEM 软件流程

§6.3　InSAR 处理的应用

随着 InSAR 研究的进一步深入，InSAR 应用领域在不断地扩展。由于 20 世纪 90 年代的星载合成孔径雷达系统都不是专门为干涉任务而设计的，因此进行干涉应用都存在着这样或那样的局限性，如轨道控制存在一定问题、入射角较小、数据记录能力的限制、地面接收设备的分布不足等。总之，现有的合成孔径雷达系统虽然能用，但并不是理想的 InSAR 系统。因此，有必要建立旨在长期监测活动地震带、火山和其他地表变化现象及获取全球 DEM 的专项航天任务。地表变化监测可观测到1 cm以上的精度，DEM 的水平分辨率至少达到 30 m，垂直精度至少为 3 m。为了优化干涉变化监测任务，应当采用更长的雷达波长（如 L 波段，波长

24 cm)、更宽的观测带宽(100 km 或更宽)、更长的使用期限(3 年或更长),以及双天线(使用同一轨道可获取高分辨率、高精度的地形数据)。

6.3.1　国外某地区数据

实验数据选用国外某地区 ERS-1 的重复轨道单视复数图像数据,原始数据为 CEOS 格式文件。实验所用像对的成像时间为 1992 年 3 月,获取时间间隔约为 3 天,实验数据图像大小为 14 244 行×2 500 列,如图 6.2 至图 6.7 所示。

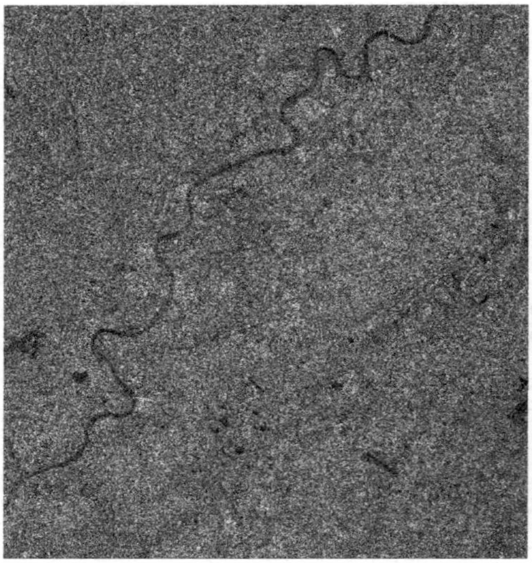

图 6.2　原始主图像幅度

图 6.3　原始辅图像幅度

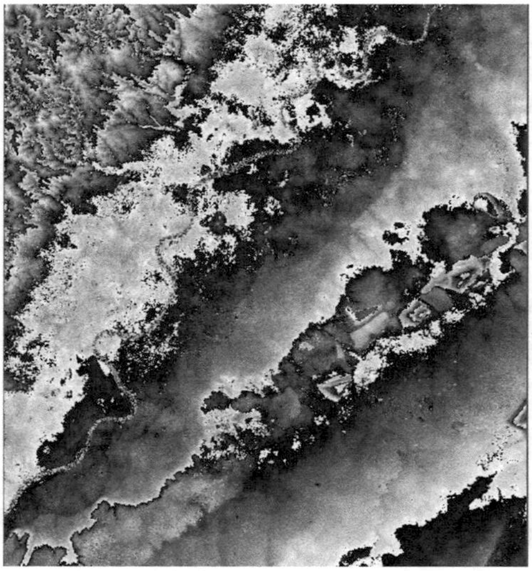

图 6.4　干涉条纹图

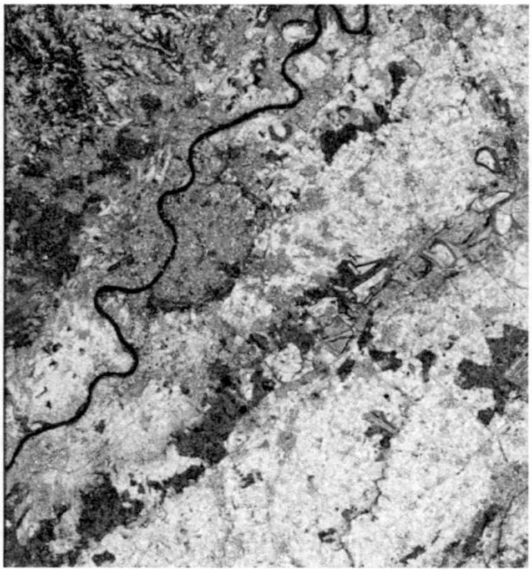

图 6.5　相干系数图

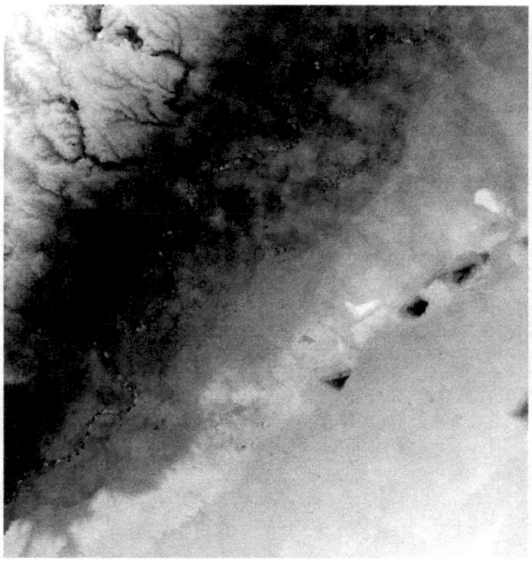

图 6.6　解缠结果

图 6.7　地理编码结果

实验结果中，图 6.4 是直接采用基于精密轨道参数的方法消除平地效应后获得的干涉条纹图，图 6.6 是采用质量图指导相位解缠方法获得的解缠结果，图 6.7 是采用第 4.9.3 节的模型推导方法获得的地面高程，其结果与 2000 年该地区的 1∶2.5 万的地形图进行比对，中误差在 10 m 以内。

6.3.2　南极地区数据

实验数据选用南极某地区的 ERS-1/2 的重复轨道 TanDEM 单视复数图像数据，原始数据为 CEOS 格式文件。实验所用像对的成像时间为 1996 年 4 月，获取时间间隔约为 1 天，实验数据图像大小为 25 520 行×4 900 列，如图 6.8 至图 6.13 所示。

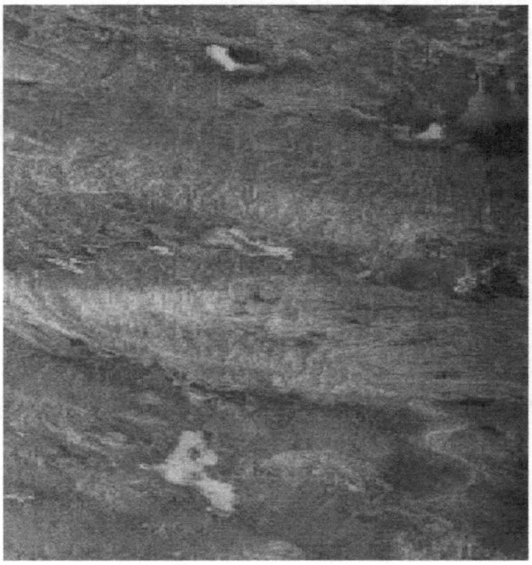

图 6.8　原始主图像幅度

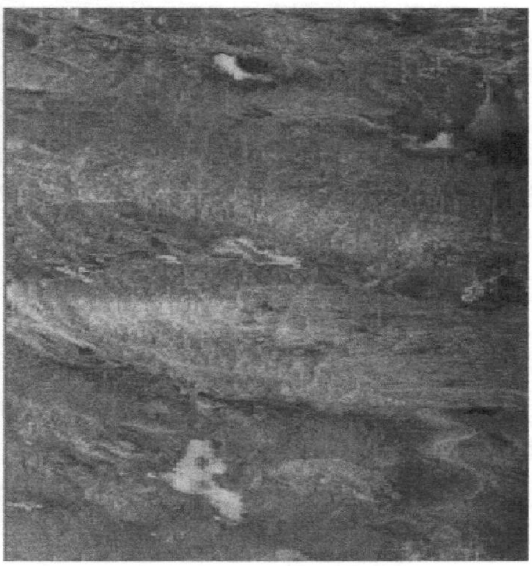

图 6.9　原始辅图像幅度

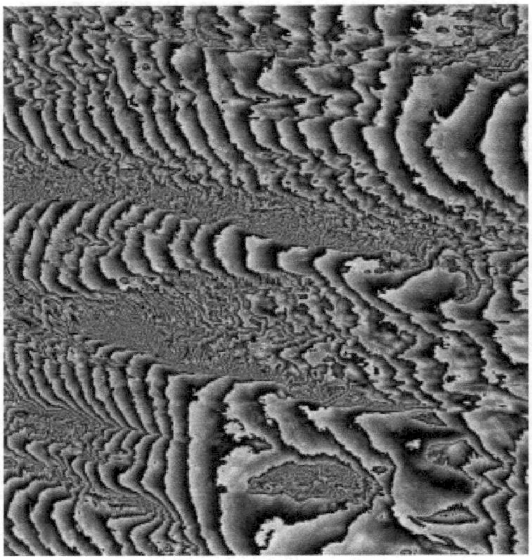

图 6.10　干涉条纹图

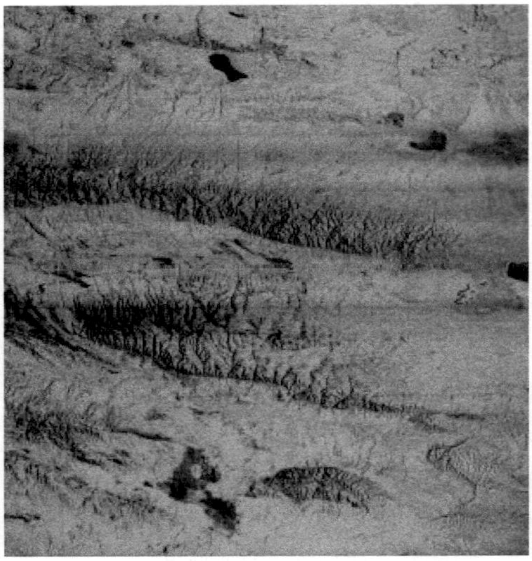

图 6.11　相干系数图

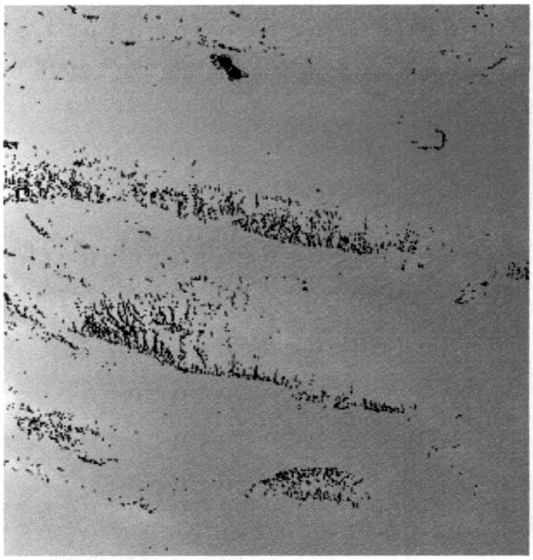

图 6.12　解缠结果

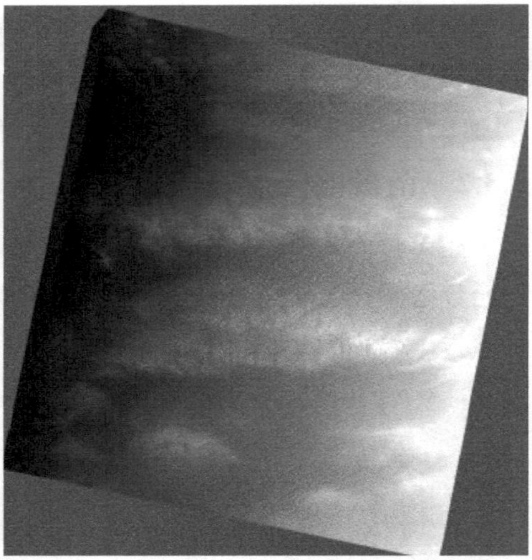

图 6.13　地理编码结果

实验结果中,图 6.10 是直接采用基于精密轨道参数的方法消除平地效应后获得的干涉条纹图,图 6.12 是采用区域生长相位解缠方法获得的解缠结果,图 6.13 是采用第 4.9.3 节的模型推导方法获得的地面高程,其结果与 ESView 软件处理结果比较,中误差在 5 m 以内。

6.3.3　三峡地区数据

实验数据选用三峡某地区的 ERS-1/2 的重复轨道 TanDEM 单视复数图像数

据，原始数据为 CEOS 格式文件。实验所用像对的成像时间为 1996 年 1 月，获取时间间隔约为 1 天，实验数据图像大小为 26 653 行×4 900 列，如图 6.14 至图 6.19 所示。

图 6.14　原始主图像幅度

图 6.15　原始辅图像幅度

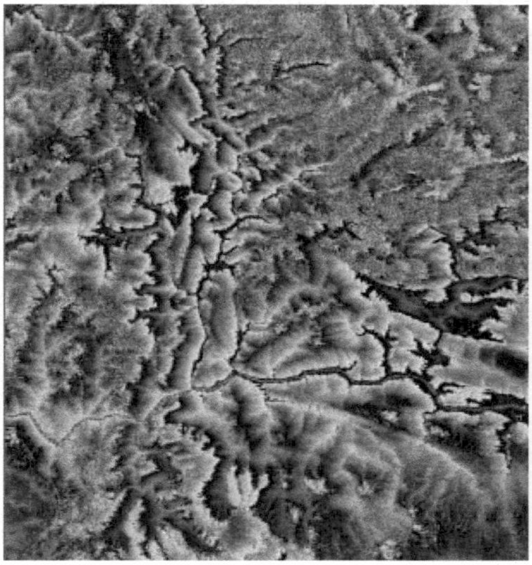

图 6.16　干涉条纹图

图 6.17　相干系数图

实验结果中，图 6.16 是直接采用基于精密轨道参数的方法消除平地效应后获得的干涉条纹图，图 6.18 是采用区域生长相位解缠方法获得的解缠结果，图 6.19 是采用第 4.9.3 节的模型推导方法获得的地面高程，其结果与 1∶5 万地形图对比，中误差在 20 m 以内。

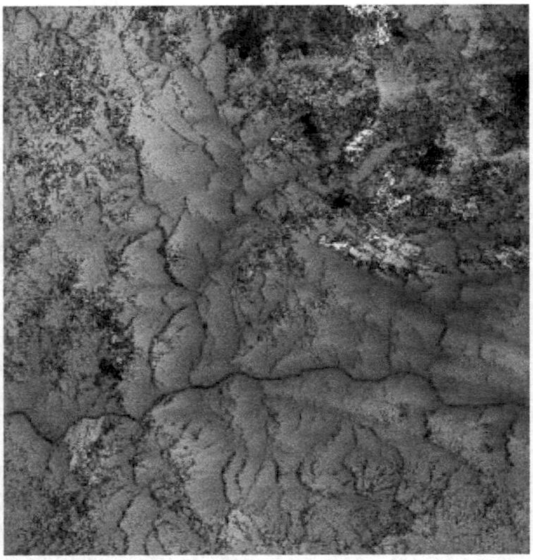

图 6.18 解缠结果

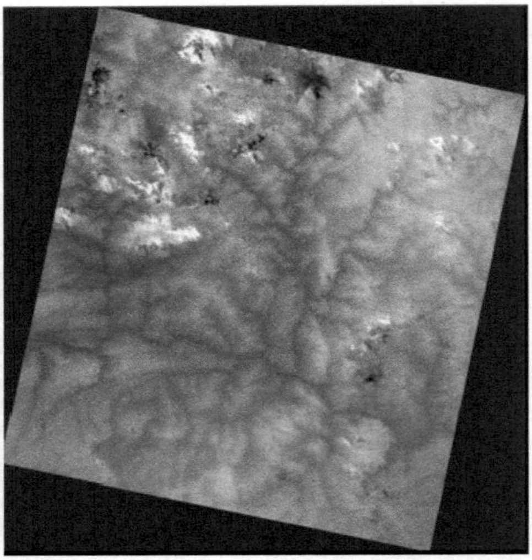

图 6.19 地理编码结果

参考文献

[1] 李平湘. 利用 InSAR 数据提取 DEM 的理论与技术研究 [D]. 武汉:武汉大学,2003.

[2] 杨杰. 星载 SAR 影像定位和从星载 InSAR 影像自动提取高程信息的研究[D]. 武汉:武汉大学,2004.

第7章　D-InSAR 技术

如果空间基线足够小，利用多次重复的观测可以进行地表的微小形变检测，这就是 D-InSAR 技术。要通过干涉雷达获取地表的形变信息，则必须消除区域的地形信息。有三种方法可以消除地形因素的影响：一是选取基线距离为 0 的干涉条纹图像对，该情况下不需要考虑地形因素的影响，但目前基线距离为 0 的干涉像对很少；二是以 Massonnet 为代表的 DEME 法，又称二轨法，是利用实验区地表变化前后两幅图像生成干涉条纹图，再利用事先获取的 DEM 数据模拟条纹图，从干涉条纹图中消除地形信息就得到地表变化信息，这种方法的优点是无须进行相位解缠、减少处理工作量，缺点是对无 DEM 的地区无法采用，另外在引入 DEM 数据的同时有可能带入新的误差；三是以 Zebker 为代表的三轨法，是利用三景图像生成两幅干涉条纹图，一幅反映地形信息，另一幅反映地表形变信息，进行平地效应消除后，分别进行相位解缠，最后利用 D-InSAR 得到地表形变信息，该方法的优点是无须地面信息、数据间的配准较容易实现，缺点是相位解缠的好坏将影响最终结果；此外，还有四轨法，理论上该方法可以检测到毫米级的地表形变信息[1]。

§7.1　差分干涉的基本原理

图 7.1 是三轨法干涉测量的成像几何示意图，A_1 和 A_2 是卫星两次对同一地区成像的位置，在地表未发生形变前获取第一幅合成孔径雷达图像，则由 P 点返回的信号为[1]

$$s_1(P)=|s_1(P)|\exp\left(-\frac{4\pi}{\lambda}r_1\right) \tag{7.1}$$

在地表发生形变后获取第二幅合成孔径雷达图像，此时 P 点返回的信号为

$$s_2(P)=|s_2(P)|\exp\left(-\frac{4\pi}{\lambda}r_2\right) \tag{7.2}$$

图 7.1 中 ΔR_d 为视线向形变量。这两幅合成孔径雷达图像形成的干涉条纹图的相位既包含了区域的地形信息，又包含了观测期间的地表形变信息。由第 5 章的干涉公式可得

$$\varphi_1\approx-\frac{4\pi}{\lambda}B_{/\!/}-\frac{4\pi}{\lambda}\Delta R_d=-\frac{4\pi}{\lambda}B\sin(\theta_1-\alpha_1)-\frac{4\pi}{\lambda}\Delta R_d \tag{7.3}$$

假设在发生形变前获取了第三幅合成孔径雷达图像，则接收的 P 点信号为

$$s_3(P)=|s_3(P)|\exp\left(-\frac{4\pi}{\lambda}r_3\right) \tag{7.4}$$

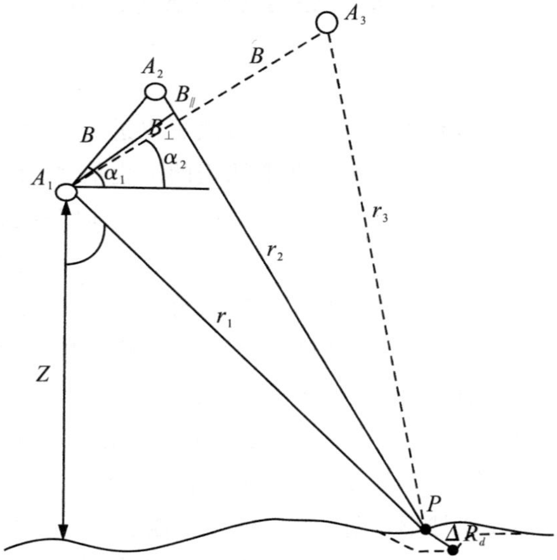

图 7.1 D-InSAR 的成像几何

第三幅图像与第一幅图像形成的干涉条纹图，其干涉相位包含地形信息，即

$$\varphi_2 \approx -\frac{4\pi}{\lambda}B'_{/\!/}=-\frac{4\pi}{\lambda}B\sin(\theta_2-\alpha_2) \tag{7.5}$$

由视线向形变量 ΔR_d 引起的相位为

$$\varphi_d \approx \varphi_1-\frac{B_{/\!/}}{B'_{/\!/}}\varphi_2=-\frac{4\pi}{\lambda}\Delta R_d \tag{7.6}$$

式中，左边的各量可由干涉条纹图的相位和轨道参数计算得到，进而可确定图像每点的视线向形变量 ΔR_d。

由式(7.4)和式(7.5)可得基线距的比值为

$$\frac{B_{/\!/}}{B'_{/\!/}}=\frac{B\sin(\theta_1-\alpha_1)}{B'\sin(\theta_2-\alpha_2)} \tag{7.7}$$

直接由式(7.6)和式(7.7)计算形变，在实际操作上是有困难的。但请注意式(7.7)是视角 θ 的函数，它取决于成像参数和图像上每一点的地形。为了用式(7.7)解式(7.6)，必须由干涉条纹图或者其他渠道获得地形资料。利用第二幅干涉条纹图得出变化前的地形数据，就如前面章节介绍的步骤。即使所研究的区域有高质量的 DEM，将不同的 DEM 数据和 InSAR 数据精确配准也是很有挑战性的工作。

Zebker 等在 1994 年提出了一种间接的方法提取地形形变的信息，可以避免

对于地形信息的依赖[2]。校正了地球的曲面图像之后的相位可以表示为

$$\varphi_{\text{flat}}=-\frac{4\pi}{\lambda}B(\sin(\theta-\alpha)-\sin(\theta_0-\alpha)) \tag{7.8}$$

式中，θ_0 相当于图像中每一个像素的视角，这个视角是假设了一个局部的水平面。式(7.8)表示干涉相位，反映了相对于地球曲面的地形起伏和观测区域的地表形变。考虑 θ 与 θ_0 实际相差很小，可以将式(7.8)右边第一项展开，即

$$\varphi_{\text{flat}}=-\frac{4\pi}{\lambda}B\cos(\theta_0-\alpha)\delta\theta \tag{7.9}$$

式中，$\delta\theta=\theta-\theta_0$，为两种定义下的视角差值；$B\cos(\theta_0-\alpha)$ 则是没有地形起伏的假设条件下，空间基线垂直于视线方向的分量，如图 7.1 中的 $B_\perp$。这样干涉相位就可以看作基线的垂直分量与地形起伏引起的视角变化值的乘积。此时，两幅干涉条纹图的相位比值 $\varphi_{\text{flat}}/\varphi'_{\text{flat}}$ 是关于 θ_0 的函数而不是关于 θ 的函数，也就是说，只与基线和传感器的成像几何参数有关，与地形无关。与式(7.6)类似有

$$\varphi'_{\text{flat}}-\varphi_{\text{flat}}\frac{B'\cos(\theta_0-\alpha')}{B\cos(\theta_0-\alpha)}=\frac{4\pi}{\lambda}\Delta R \tag{7.10}$$

经过上述推导，得到式(7.10)，即意味着可以直接求出形变量 ΔR，而无须在中间的步骤中知道视角的准确值。

§7.2　D-InSAR 数据应用中的几点问题

7.2.1　干涉相位量测的灵敏度与形变检测的可行性

前面已经指出干涉相位的变化取决于地形的起伏和地表形变(或运动)两个方面。利用该原理可以提取地面高程信息，进一步利用 D-InSAR 技术可以检测地表的微小形变信息。但 InSAR 提取高程的精度和 D-InSAR 进行地形形变检测的精度相差很大。这里将深入探讨相位相对于高程变化和形变变形的灵敏度及几个关键技术间的几何解析关系。

对式(7.10)进行变形，可以得到相位对于地形变化的灵敏度，即

$$\frac{\partial\varphi'}{\partial(\Delta R)}=\frac{4\pi}{\lambda} \tag{7.11}$$

由 4.10 节知道，干涉相位与地面高程有以下关系近似成立，即

$$\frac{\partial h}{\partial\varphi}=\frac{\partial h}{\partial\theta}\cdot\frac{\partial\theta}{\partial\varphi}=-\frac{\lambda}{4\pi}\cdot\frac{r_1\sin\theta}{B_{\text{h}}\cos\theta+B_{\text{v}}\sin\theta} \tag{7.12}$$

比较式(7.11)和式(7.12)，对于一个合成孔径雷达系统来说，式(7.11)右边是一个常数，而式(7.12)右边则是一个常数乘以一个分式。由于斜距 r 远大于基线的值，式(7.11)右边的值远小于式(7.12)右边的值，因此，通常利用 InSAR 技术生

成 DEM 时,精度一般只能达到数米的水平。但是,用于地形形变检测时,却能够达到厘米级甚至毫米级的精度。从相位对于地形和形变的不同灵敏度的比较,可以清楚地说明 InSAR 或者 D-InSAR 具有检测地表微小形变的能力。

7.2.2 D-InSAR 在实际应用中的局限性

在前面的讨论中,都没有提及 D-InSAR 处理中的不利因素,而实际处理过程中,其数据处理的结果包含了许多不确定的因素。

一方面是干涉数据的时间去相干问题。前文提到过时间基线对于干涉成像有重要影响,有时数据相隔几天就会有明显的影响。而微小的形变往往都是一个渐变的过程,需要一段时间才能观测到,实施差分干涉需要多次对同一地区进行观测。通常安排两次成像的时间间隔较短,但至少有一次观测与其他观测时间相距较长,而此期间地表的状况会有很大的变化,导致干涉成像的相干性大大降低。这样生成的干涉条纹图往往质量一般,给后续的处理工作带来了很大的困难。此外,在地震形变的观测中,地震前后地面覆盖的状况可能已经发生明显的变化,相干性也会受到明显的影响。变化检测的数据获取要求和差分干涉成像的原理有相互矛盾之处。

另一方面是相位解缠。在提取变化信息之前,需要对其中一幅干涉条纹图进行解缠,然后消除地形的影响,从而提取变化。如果利用已有的 DEM 数据,可以避免对于干涉条纹图的解缠。但是,得到的形变干涉条纹图仍然是缠绕的。需要从某一个已知的参考点计算缠绕周期数。

此外,还有一个明显影响差分干涉结果的问题是电磁波在大气中传播的延时。这个延时在干涉条纹图中对应附加一个相位。不同时间实施的合成孔径雷达对地观测所对应的大气水分含量和电离层状态可能是不同的,那么这个附加的相位给最终的量测结果增加了不确定性。解决的方案包括选择长基线的干涉对、波长较长的合成孔径雷达系统获取的数据,或者利用多次重复观测的干涉图像对结果取平均等[3]。

由于上述一些因素的影响,所以利用 InSAR 技术直接进行地表形变检测的实际效果与理论推导的结果有些差距。有些因素是由 InSAR 的成像机理本身带来的,只能结合其他相关技术手段克服。例如,在一些工程应用中,通过布设一定数量的角反射器克服时间基线引起的去相关问题;在一些精密测量中,可以采用与 GPS 技术相结合的方案,去除某些不确定因素,如大气影响等[4-5]。下面将详细介绍。

此外,还有一些学者提出“永久散射体”的概念,即一些相对稳定的地物,如人工地物、岩石等,其散射特性在很长的时间段中基本不变。因而在干涉条纹图中可以得到相干性较好的大量像素,通过这些离散分布的相干性较好的点实施差分干涉,可以高精度地检测大时间跨度的地表变形。该方法已有一些成功的实例,由于可以避免人工安放角反射器的不便等,经过深入的研究和完善后,将会有广阔的应用前景[6]。

§7.3 InSAR、GPS 和地面气象观测资料集成用于形变测量

1997 年,Bock 和 Williams 首先提出 InSAR 与 GPS 融合的思想,在随后的研究中,考虑用连续 GPS(continuons GPS,CGPS)网络测量值减少 InSAR 测量中的大气噪声[7,8]。同年,Ge Linlin 等进一步提出了步骤比较完整的集成方法——DIDP(double interpolation and double prediction)法[4,5]。2000 年,Guemundsson 结合 GPS 与 InSAR 数据,应用马尔可夫随机模型和模拟退火法进行干涉条纹图相位解缠,并初步实现了 InSAR 与 GPS 数据的融合,得出了高空间分辨率的三维地壳变形场[9]。2000 年,Hoeven 等分别采用了内插 GPS 网中获取的数据和 GPS 时间序列两种方法建立对流层延迟改正模型改善 InSAR 数据,并对这两种方法进行了比较与分析[10]。在气象资料的使用上 1998 年,Delacourt 等给出了一个案例研究,是利用参考点上气象观测资料和对流层延迟模型连同气象参数的垂直梯度模型研究区域 DEM 改正大气误差[11]。2001 年,Bonforte 等论证了在参考点上由 GPS 获得的大气天顶延迟和根据对流层模型与气象数据估计的大气天顶延迟的一致性,该结果暗示了一种可能性,即这两种数据源的集成可以提高对大气影响的模拟[12]。2002 年,Li 等集成使用了香港许多 CGPS 和地面气象观测站的数据,经过内插后建立了大气天顶延迟改正模型,通过与 GPS 测量结果的比较,论证了该方法对减弱大气对 InSAR 测量影响的有效性[13]。

纵观目前的研究,GPS 用于 InSAR 主要是为了改正 InSAR 数据中的某一误差,而气象观测资料主要是为了改正 InSAR 测量中的大气误差。1997 年以来,研究人员一直在进行这方面的研究,然而,进展缓慢。这是因为为了集成 GPS、地面气象观测资料和 InSAR 数据,需要这三种或其中的两种方法对同一地区的观测数据,同时,还要求研究区域要经历地面形变。世界上许多地方的连续 GPS 站网和气象观测站的建立很大程度上减轻了这方面的困难。

GPS 和 InSAR 虽然分别起源于大地测量和遥感两个不同的学科,但在获取空间三维信息和地表形变检测的能力方面有许多共同点,同时在技术上它们又相互补充。

InSAR 以微波成像方式获取数据,然后通过遥感图像处理达到检测地表形变的目的。相对于 GPS 数据,它具有自己的优势:①数据获取面积覆盖广,价格相对低廉;②获取的数据连续,空间分辨率高。目前的 ERS 卫星的分辨率已经达到 20 m,今后还会进一步提高。但它也有其固有的限制,特别是受到大气延迟(对流

层延迟、电离层延迟等)、卫星轨道误差、地表状况和时变去相关性等影响,很容易使 InSAR 图像解释错误,而 InSAR 数据本身无法解决上述问题。GPS 可以精密定位,可以较为精确地确定电离层、对流层参数,是当前应用最广泛的一种空间大地测量手段。

比较 InSAR 与 GPS 两种技术,可知两者具有很好的互补性:

(1)GPS 是一种理想的点定位系统,尤其是采用相对定位工作方式时,定位精度达 $10^{-8}\sim10^{-9}$,但是 GPS 的空间分辨率较低,用于监测地表形变的 GPS 网基线长度至少有几十至几百千米,不足以满足高空间分辨率形变监测的需求。而 InSAR 提供的是整个区域面上的连续信息,其空间分辨率甚至可以达到 20 m×20 m。

(2)GPS 获得的是高精度的绝对坐标,而 InSAR 仅提供相对坐标。

(3)由于入射角的关系,InSAR 对高程信息特别敏感,尤其是利用 D-InSAR 进行形变监测,精度可达亚厘米级,而这恰恰是 GPS 最薄弱的一环。

(4)最重要的是,GPS 允许长时间连续观测,而 InSAR 可被看作瞬时观测,而且容易受时变去相关的影响,两幅图像获取时间间隔不能太长;GPS 可提供时间分辨率很高的观测数据(采样率为 10～20 Hz),而合成孔径雷达卫星 35 天左右的重复周期(ERS-1 和 ERS-2 共同服役期间,重复周期为 1 天)很难提供足够的时间分辨率。GPS 与 InSAR 数据融合既可以改正 InSAR 数据本身难以消除的误差,又可以实现 GPS 技术高时间分辨率和高平面位置精度与 InSAR 技术高空间分辨率和高高程变形精度的有效统一[14]。

目前,对于 GPS 与 InSAR 集成的研究,以 Ge Linlin 陈述的双内插双估计方法(DIDP)最为完整和详细。下面就以双内插双估计方法的步骤为线,详细讨论 GPS 与 InSAR 的集成[4-5]。GPS 与 InSAR 集成归纳为四个步骤:①通过使用 GPS 气象学中的技术,从 GPS 数据中得出大气影响以改正 InSAR 图像;②将 GPS 结果作为约束条件,消除或减弱合成孔径雷达的轨道误差,经过这些大气和轨道改正后,得到 GPS 改正过的 InSAR 结果;③基于 GPS 改正过的 InSAR 结果,通过在空间域上内插,以格网的方式,对被一个或几个 InSAR 重复周期分割了的连续 GPS 观测值进行加密,然后用天、小时甚至 30 s 的 GPS 时间序列的采样率,在时间域内对加密后的格网观测值进行内插;④基于第③步的双内插结果,通过前向滤波预测所有格网点上的地壳形变,这实际上是时间和空间上的一个双估计过程。

7.3.1　InSAR 图像改正

1. 利用 GPS 观测数据计算对流层延迟

对流层可以作为中性大气部分,其范围是从地球表面到空中大约 50 km 的高度。对流层路径延迟对无线电信号的主要影响产生在低空部分,依赖于温度、大气压力和水蒸气含量,信号传播路径下的地形类型对其也有一定的影响。对流层影响可以分为两个部分，即干分量和湿分量。干分量占据了大气影响的 90%，而且可以利用地表温度、气压测量值通过模型精确计算。然而，水蒸气含量随高度变化，用数学模型来模拟湿分量是非常困难的。关于如何从 GPS 观测数据计算对流层延迟，详见附录 2。

2. 对流层延迟改正的双差算法

只有两个合成孔径雷达成像点和两次合成孔径雷达图像获取之间的相对对流层延迟（对流层异质）才会对 InSAR 推导的变形信息产生扭曲。这是因为所用的量是相位差，而且在图像上形变总是参考于一个稳定的点（站）。因此，GPS 观测量的站间和历元间的双差算法可以用来推导 InSAR 结果的改正量。

单差：假设 A 是合成孔径雷达图像上一个稳定的站点，可以作为一个参考点，B 是同一幅合成孔径雷达图像上的另一个站点。如果在合成孔径雷达成像历元 j 时刻，把从 GPS 估计的站点 A 和 B 上的对流层延迟分别表示为 D_A^j 和 D_B^j，则两站之间的延迟差为

$$D_{AB}^j = D_B^j - D_A^j \tag{7.13}$$

用站点 A 作为参考站，在另外的 GPS 站点上的站间单差延迟就可以通过式(7.13)计算得到。然后，通过内插的方法产生相似于雷达单视复数图像数据的对流层延迟图像产品。

双差：假设两站点 A 和 B、两个历元 j（主单视复数图像成像时刻）和 k（从单视复数图像成像时刻），根据等式(7.13)形成两个单差，即

$$\left.\begin{aligned} D_{AB}^j &= D_B^j - D_A^j \\ D_{AB}^k &= D_B^k - D_A^k \end{aligned}\right\} \tag{7.14}$$

通过单差间的差得到双差为

$$\begin{aligned} D_{AB}^{jk} &= D_{AB}^k - D_{AB}^j = (D_B^k - D_A^k) - (D_B^j - D_A^j) \\ &= (D_B^k - D_B^j) - (D_A^k - D_A^j) \end{aligned} \tag{7.15}$$

式(7.15)表明双差两种可能的方法，即可以是先站间(BS)求差，然后再历元间求差(BE)(BSBE 方法)，或者是先历元间求差，再站间求差(BEBS 方法)。BSBE 方法是首选的方法，因为站间差可以通过内插产生一幅单差改正值图像。这种产品可以与单视复数图像结合到一块，这样只要从单视复数图像中形成 InSAR 像对，就可以进行自由的组合以便进一步进行历元间求差。另外，应该注意，实际中，初始参考站应该选择靠近合成孔径雷达图像的中心，这样是为了使基线的长度最小。然而，在这种情况下进行分析，长基线上获得的结果也会受益。

3. 对流层延迟改正的内插

国家级的连续 GPS 网络密度大约是每隔 25 km 一个站点，如日本的 GEONET；地区级的密度一般是每隔几千米一个站点，如美国的 SCIGN。然而，为了逐像素地改正 InSAR 结果，必须对 GPS 得到的对流层改正进行内插。

2004年，Janssen使用了三种内插方法，即距离倒数加权法、样条函数内插法和克里格(Kriging)内插法，并通过使用南加利福尼亚州集成的GPS网络观测的数据研究上述方法的可行性，以便通过GPS观测值推导对流层延迟改正。考虑了23个站，其中14个作为参考站，9个作为被估计站，其上的对流层延迟改正被估计出后，再与通过GPS得到的延迟进行比较。分别在2001年8月2日和2001年9月6日进行2小时的观测，其时间间隔正好模仿了ERS合成孔径雷达卫星飞行的一个重复周期——35天。以30 s的采样率采集数据，采集时间是雷达卫星飞过前1小时到飞过后1小时。

实验结果表明，在已知GPS测站本身没有位移时，对于单差和双差两种情况，三种内插方法精度差不多，几乎达到亚厘米级。若一个GPS站发生了位移，根据得到的对流层单差和双差改正的方差图可以发现，样条函数内插法对于参考站上的“粗差”不能进行有效处理，而其他两种方法的结果和前面没有“粗差”时的结果很接近。这表明了方法的稳健性。

4. 需要被估计的对流层参数(指单差或双差对流层延迟)

GPS处理软件Bernese允许用户指定需要被确定的对流层延迟参数的数目。对于一个24小时的观测任务，1996年，Rothacher和Mervart推荐被估计参数的个数是6～12个[15]。对于大地控制测量，当需要从一个长的观测任务中获得一套坐标时，且要求考虑所有可能的大气影响，那么每2～4小时估计一个参数的时间足够了。然而，当处理GPS得到的对流层改正以便为InSAR所用时，会出现一个特殊的情况。合成孔径雷达卫星在一个特定的历元通过关注的区域，而人们特别感兴趣的是，在整个观测跨度内对流层延迟要尽可能精确地在该历元上进行估计。因此，为了获得任何一个点上对流层在时间上的精确表达，有必要确定究竟需要估计多少个延迟参数。

Janssen从原GPS网络中，取出3个站点构成一个小网络，用来分析确定需要估计的参数数目。根据可估计的对流层参数数目的不同，2小时的观测任务被处理了几次。在处理时间间隔为20分钟、10分钟、5分钟、3分钟四种情况下，估计了对流层延迟改正，相应的每个站上的参数个数分别为6、12、24和40。图7.2显示了站点UCLP和VTIS的对流层延迟参数(单差)，都是相对于参考站CIT1的[16]。

图7.2表明，3分钟和5分钟的情况下非常详细地记录了对流层的变化，甚至在两站间有相对小的高差(100～150 m)情况下，也可以看到短时间间隔上的波动，范围大约从+1 cm到−2 cm；10分钟和20分钟的情况下对流层延迟的记录相对光滑，显然，这不可能表达合成孔径雷达成像时刻的正确大气条件。对于3分钟和5分钟情况下的对流层参数估计，所得的坐标结果实际上是大致相同的，之间的差值在亚毫米级。如果比较10分钟和20分钟情况下所获得的结果，坐标差是几毫米。对应到对流层参数上，在3分钟、5分钟的情况之间和10分钟、20分钟的情

况之间，是几毫米的差值。

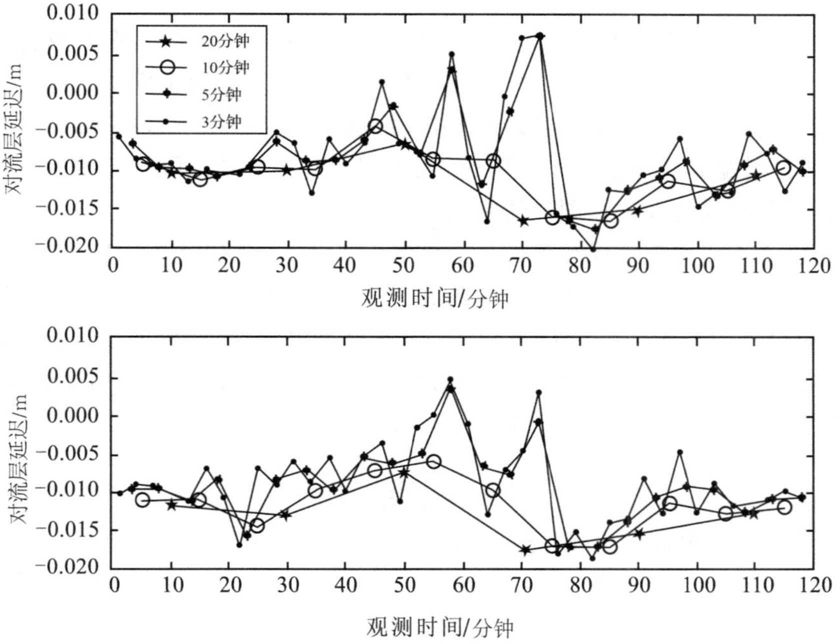

图 7.2 观测的对流层延迟参数

然而，应该注意，短时间的波动也可能部分地代表了噪声。为了区别噪声和信号，还需要独立的数据。目前这正处在研究阶段。

结果建议，在2小时观测任务期间，每5分钟估计一次对流层延迟参数，其短时间的变化可以被可靠地模拟。同时，其他被估计的参数数据仍然能保持合理。

5. CGPS站点数与改正精度的关系

能获得特定改正精度的GPS站点数依赖于研究领域的对流层条件，这包括地理位置、研究范围的大小和GPS网站间的高度差。这些因素决定了GPS站间的最大距离，这个距离仍然能使对流层被充分地模拟。很明显，参考站应该均匀地分布在整个研究区域，以便最大化地提高内插结果的质量。另外，CGPS站点越稠密，对大气条件的描述就越精确，所以理论上，稠密的CGPS网可以得到比较高的改正精度。但建立稠密的CGPS网需要昂贵的费用，1999年，Rizos等提出了一种硬加密的方法，即用更多廉价的单频GPS接收机对CGPS网络进行空间上的加密[17]。笔者根据日本GEONET网中选定站点收集的数据进行了初步试验，结果表明，通过改进的数据处理算法，包含有单频和双频接收机的CGPS网络给出了高于厘米级的精度，而且比目前基于仅使用双频接收机的网络相对便宜。这为利用似稠密CGPS网络改正InSAR结果提供了一条途径。

7.3.2 利用 GPS 结果作为约束条件消除或减弱合成孔径雷达轨道误差

双内插双估计方法的第二步是用 GPS 结果作为约束条件消除或减弱合成孔径雷达卫星轨道误差。为了实现这个目的，在地面 GPS 站点上安置一些金属角反射器，或者把金属角反射器精确地与 GPS 站点绑定。涵盖了这些 GPS 站点的合成孔径雷达数据就相当于拥有了精确的定位点，因此可以提供航天器运行轨道的三维改正值，提高地面位移测量的精度。

航高 H 可以根据合成孔径雷达卫星星历估算，但是对于推导 DEM 和形变信息不够精确(因为它是需要被减弱的轨道误差之一)。但对于 SRTM 来说，它是可以精确知道的，因为航天飞机上装有 GPS 接收机。一般来说，h 是需要通过 InSAR 解算的一个未知量，但如果在控制点上使用 GPS 接收机和角反射器，那么 h 是精确可知的。卫星和地面点之间的距离为

$$r=\frac{B^2-\delta^2}{2\delta+2B\cos\beta} \tag{7.16}$$

式中，β 为卫星与地面点连线与地面的夹角，δ 是卫星 S_1 和 S_2 到地面点之间的距离差，可以根据相位差计算，即

$$\delta=\frac{\varphi}{2\pi}\lambda \tag{7.17}$$

因此合成孔径雷达的飞行高度可以根据地面控制点信息估计，即 $H=h+r\cos\theta$。有几个地面控制点，就可以获得几个 H 的估计值。在最小二乘处理过程中，通过赋予这些估计值和来自合成孔径雷达卫星星历的 H 值不同的权值，可以有效地减少轨道误差。

1. 通过双内插加密观测值(形变量)

通过前两步的大气和轨道误差处理，得到了经 GPS 改正的 InSAR 形变观测结果。在双内插双估计方法的第三步，基于 GPS 改正的 InSAR 结果，通过在空间域上内插，以格网的方式，对被一个或几个 InSAR 重复周期分割了的连续 GPS 观测值进行加密(把地球物理学信息结合在一个分布模型中进行内插)。然后，基于以天、小时或者甚至 30 s 为采样间隔的连续 GPS 时间序列，在时间域上对加密的格网观测值进行内插(用基于最小均方的自适应滤波法提取这种内插情况下的动态模型)。

2. 基于 InSAR 结果的内插分布模型

为了进行内插，应基于 GPS 网络站点的位置形成一个不规则的格网。从一个数据文件中读取 GPS 测站的纬度和经度，再根据经纬度值的大小进行排序。排序后的经纬度被相互结合形成格网，格网点包含了已有的 GPS 站点(用“G”表示)和待插点(用“I”表示)。这种二维排序的主要特点是在 GPS 站点所在格网点上不需要进行内插，保留了原 GPS 站点的属性。因此，算法中进行了“索引排序”。可以

看出，在被转换的格网上的每行和每列上，有且仅有一个 GPS 站点。然而，在实际应用中，当 CGPS 阵列非常稠密且站间距离很近时，也许有两个或更多的 GPS 站点；相反，当 CGPS 阵列非常稀疏时，也许在行和列上一个 GPS 站点也没有，而这时需要相对稠密的加密。

为了客观地进行内插，有时要把地球物理学的信息也结合在其中。例如，在断层监测中，断层两边 GPS 站点的移动大不相同，因此应该根据 GPS 站点和意图进行内插的点相对于断层的位置，把它们进行分类显得很重要。

把 GPS 站点和意图进行内插的点分成不同的两组以后，基于经 GPS 改正的 InSAR 结果为一组，提出了一个用于内插的分布模型，如表 7.1 所示。在一些关注站点上（如站点 1 到 4），既有 GPS 形变结果，也有 InSAR 形变结果（CGPS 的结果也许会跨越一个或多个 InSAR 重复周期，这要依赖合成孔径雷达图像是否适合形成干涉像对）。但是，在其他的站点上（如站点 5，6…），只有 InSAR 得到的结果。所有这些结果都用于最小二乘平差，平差结果在空间域上形成了用于内插的分布模型，也可以作为约束条件稍后用于被插点在时间序列上的内插，其中的时间序列是基于动态模型产生的。

表 7.1　分布模型处理结果

关注站点	GPS 结果	InSAR 结果	最小二乘平差结果
1	G1	S1	A1
2	G2	S2	A2
3	G3	S3	A3
4	G4	S4	A4
5		S5	A5
6		S6	A6

注：G 代表 GPS 形变结果，S 代表 InSAR 形变结果，A 代表最小二乘平差结果。

3. 基于 CGPS 时间序列的内插动态模型

把 GPS 站点和意图进行内插的点分成不同的两组以后，以天、小时甚至 30 s 的采样率对来自同一个亚区域内的 GPS 测站采样后，获得的 GPS 结果可以繁衍一个动态模型，该模型可以在同区域内的格网点上进行时间域的内插。

单张合成孔径雷达图像通常覆盖的区域是 50 km×50 km，空间内插的可靠性得到了保证。另外，连续运行的 CGPS 网能获得很高的精度，所以对于显著提高地面形变监测的空间、时间和幅度分辨率，双内插双估计方法是一种有前途的策略。

7.3.3　GPS、地面气象观测资料与 InSAR 的集成

在地形测绘和地表形变测量方面，重复轨道 InSAR 被证明是有用的。然而，卫星雷达信号的干涉相位经常被大气效应严重污染。由于大气变化频率很高，特别是大气水汽含量变化频繁，故通常很难精确模拟和改正大气影响。这导致

InSAR 测量的结果中存在很大的误差，特别在一些热带地区。过去的研究表明，大气湿度在空间和时间上 20%的变化在形变测量中可以导致 10～14 cm 的误差，而当用 SIR-C/X-SAR 像对建立地面模型时，在基线为 100～400 m 情况下，导致的误差为 80～290 m[3]。因此，大气影响对于重复轨道 InSAR 的应用是一个限制因素。

有几种方法可以减弱大气对 InSAR 测量的影响：①选择有利气候条件下获取的合成孔径雷达图像对；②对若干幅合成孔径雷达干涉条纹图进行平均；③利用合成孔径雷达以外的数据进行校准[3,7,11,18,19]。对于前两种方法，一些图像明显是不能用的。另外，平均干涉条纹图的方法会降低测量结果的时间分辨率，这对于那些连续发生形变的区域是不利的。而且，当一些大气事件发生时，如雷声、暴风雨，它们对测量有非常明显的影响，而这种影响通过平均的方法是不容易消除的，所以平均方法不是万能的。对于第三种方法，主要的问题是外部数据的空间分辨率通常是有限的，随着更多地面气象站和 CGPS 网络的建立，这个问题慢慢得到了适当的解决，人们开始研究怎样充分地利用这些气象观测资料和 CGPS 数据更好地为 InSAR 服务，提高 InSAR 结果的精度。

(1)根据 GPS 和地面气象观测资料估计对流层总的天顶延迟。

(2)根据 GPS 观测数据估计对流层天顶延迟。CGPS 站点上的对流层天顶延迟可以连同其他大地参数估计[20]。GPS 天顶延迟测量的精度一般高于 10 mm。因为对流层是一种非弥散介质，在把 CGPS 网络估计的对流层天顶延迟转换到雷达视线方向上后，可以用其改正 InSAR 数据。首先，确定研究范围内的 CGPS 站点，选取所需时段的连续观测数据；然后，用现有的 GPS 软件 GAMIT、Bernese 等进行处理，解算出站点上每隔一段时间的对流层天顶延迟。时间段的选取要根据具体的应用要求和精度要求而定。

(3)根据地面气象观测资料估计对流层天顶延迟。一般来说，在每一个地面气象观测站上，一些大气观测量(如气压、温度、相对湿度、风力等)通常被自动记录下来。对流层天顶延迟可以根据这些地面气象数据中估计，有许多经验模型可以实现。另外，一些地区还会有无线电探空仪站点，可以测量上部的风力、气压、温度和相对湿度。记录的大气气压、温度和相对湿度轮廓图允许人们精确地估计大气的垂直折射率轮廓，因此，无线电探空仪站点上估计出的对流层天顶延迟是精确的，可以评价哪一个经验对流层模型更适合研究区域。

§7.4 D-InSAR 与其他数据集成的问题和展望

7.4.1 GPS、地面气象观测资料与 InSAR 集成中的问题

(1)目前的研究都只偏重 InSAR 数据中某一误差利用 GPS 数据进行改正，而

没有一套完整的GPS与InSAR数据融合的理论、方法。

(2)相位解缠算法对InSAR产品的精度影响很大,但目前研究都没有提供完善的解缠算法。

(3)目前建立大气层延迟误差模型研究都只应用了GPS和地面气象站数据,而没有结合InSAR数据本身。

(4)虽然GPS数据能建立高精度的大气层延迟模型,然而它却只能提供点信息,模型中空间插值技术的引入无疑又会导致数据精度降低。

(5)利用GPS数据拟合地表形变场时,插值算法中需要同时顾及地壳运动,并且还需要考虑GPS、地面气象观测资料与InSAR数据融合的精度评定问题。

7.4.2 GPS、地面气象观测资料与InSAR集成展望

GPS与InSAR数据融合可以进行以下几方面的研究工作:

(1)用GPS数据改善InSAR相位解缠算法,研究GPS技术测得的角反射器的精确三维坐标转换成绝对相位值的算法,改进枝状缺口算法,利用GPS得到的绝对相位值选取最优积分路径、确定枝状缺口解缠中孤岛之间的解缠相位关系。

(2)利用GPS与InSAR数据融合建立水汽模型和大气层延迟误差改正模型。

——采用GPS获得高精度和高时间分辨率的离散大气参数(PWV和TEC)。利用分布在一定范围内的GPS地面站采集双频观测数据;采用参数估计方法,估算相干雷达图像获取期间的地面站天顶方向的大气可降水汽(PWV)的绝对值及其时变量,这些量在空间分布上是离散的;利用双频GPS观测值计算各电离层穿刺点处天顶方向上的电离层延迟,从而获得这些地点天顶方向总电子含量(vertical total electron content,VTEC);采用内插算法,建立出覆盖区域的初步电子总含量(total electron content,TEC)模型。

——采用InSAR数据获得以上大气参数的高精度空间分布特征。利用相干雷达图像,假定地面地形在获取相干雷达图像期间保持不变,从相干图像中提取大气可降水汽和电子总含量在此期间变化的高精度空间分布信息。采用此方法获得的结果虽然能获得良好的可降水汽和电子总含量变化的空间分布情况,却无法获得这些量的绝对值及其详细的时变信息。

——数据融合处理分析,建立高精度、高时空分辨率的大气水汽和电子总含量模型。将通过GPS和InSAR两种方法获得的大气可降水汽和电子总含量两种数据进行融合处理分析,采用估计两方面信息的内插算法,建立高精度、高时空分辨率的可降水汽和电子总含量模型。

(3)探讨GPS、地面气象观测资料与InSAR数据在时间域与空间域的融合模型和算法。

顾及地壳运动模型,联合地震、活断层滑动率资料和地球物理资料参数,根据

CGPS网络测得的精确离散形变信息，采用适当的插值方法(如双三次样条函数)，建立三维地表形变场模型。结合经过GPS数据改正相位误差后的InSAR结果和由GPS联合地球物理资料建立的形变场模型，按照最小二乘准则，确定高空间分辨率的形变场。根据GPS观测的形变时间序列数据，应用自适应滤波方法，对每一测站的东向、北向和高程方向分别建立形变量的动态模型。依据GPS时间序列建立的动态模型和GPS与InSAR数据联合处理得到的瞬时形变场，采用插值算法，计算InSAR图像上其他点的时间序列。然后，应用卡尔曼滤波方法往前滤波预测所有点位在某一时刻的形变量。

(4)推导GPS、地面气象观测资料与InSAR数据融合模型的精度评定公式，研究数据融合的实际效果。

分析GPS和InSAR数据中存在的各种误差及其传播规律，特别是大气层延迟误差和相位解缠误差的特性及其传播规律，通过建立GPS与InSAR数据融合模型，从理论上推导精度评定公式，并结合实际数据及计算结果研究数据融合的实际效果。

参考文献

[1] 王超，张红，刘智. 星载合成孔径雷达干涉测量[M]. 北京：科学出版社，2002.

[2] ZEBKER H A, ROSEN P A, GOLDSTEIN R M, et al. On the derivation of coseismic displacement fields using differential radar interferometry [J]. Journal of Geophysical Research: Solid Earth, 1994, 99(B10): 19617-19634.

[3] ZEBKER H A, ROSEN P A, HENSLEY S. Atmospheric effects in interferometric synthetic aperture radar surface deformation and topographic maps [J]. Journal of Geophysical Research, 1997, 102(B4): 7547-7563.

[4] GE Linlin, HAN Shaowei, RIZOS C. The double interpolation and double prediction(DIDP) approach for InSAR and GPS integration[J]. IAPRS, 2000, XXXIII.

[5] GE Linlin, HAN Shaowei, RIZOS C. Interpolation of GPS results incorporating geophysical and InSAR information[J]. Earth Planets and Space, 2000, 52(11): 999-1002.

[6] FERRETTI A, PRATI C, ROCCA F. Permanent scatters in SAR interferometry[J]. IEEE Transaction on Geoscience and Remote Sensing, 2001, 39(1): 8-20.

[7] BOCK Y, WILLIAMS S. Integrated satellite interferometry in Southern California, EOS Trans[J]. AGU, 1997, 78(29): 293.

[8] WEBLEY P W, BINGLEY R M, DODSON A H, et al. Atmospheric water vapor correction to InSAR surface motion measurements on mountains: results from a dense GPS network on Mount Etna[J]. Physics and Chemistry of the Earth, 2002, 27: 363-370.

[9] GUEMUNDSSON S. Crustal deformation mapped by combined GPS and InSAR [D]. Iceland: Technical University, 2000.

[10] HOEVEN A V D, HANSSEN R, AMBROSIUS B. Cross-validation of tropospheric delay variability observed by GPS and SAR interferometry[J]. GPS Nieuwsbrief, 2000, 15(2): 2-7.

[11] DELACOURT C, BRIOLE P, ACHACHE J. Tropospheric corrections of SAR interferograms with strong topography application to Etna[J]. Geophysical Research Letter, 1998, 25(15): 2849-2852.

[12] BONFORTE A, FETTETTI A, PRATI C, et al. Calibration of atmospheric effects on SAR interferograms by GPS and local atmosphere models: Brst results[J]. Journal of Atmosphere and Solar-Terrestrial Physics, 2001, 63 (12): 1343-1357.

[13] LI Z W, DING X L, LIU G X. Modeling atmospheric effects on InSAR with meteorological and continuous GPS observations: algorithms and some test results[J]. Journal of Atmospheric and Solar-Terrestrial Physics, 2004, 66(11): 907-917.

[14] 许才军,王华,黄劲松. GPS与InSAR数据融合研究展望[J]. 武汉大学学报(信息科学版), 2003(S1): 63-66.

[15] ROTHACHER M, MERVART L. Bernese GPS software version 4.0[M]. Berne: Astronomical Institute, University of Berne, 1996.

[16] JANSSEN V, GE Linlin, RIZOS C. Tropospheric corrections to SAR interferometry from GPS observations[J]. GPS Solutions, 2004, 8(3): 140-151.

[17] RIZOS C, HAN Shaowei, GE Linlin, et al. Low-cost densification of permanent GPS networks for natural hazard mitigation: first tests on GSI's GEONET network[C]// International Symposium on GPS-Application to Earth Sciences and Interaction with Other Space Geodetic Techniques, Tsukuba, 1999.

[18] FERRETTI A, PRATI C, ROCCA F. Multibaseline InSAR DEM reconstruction: the wavelet approach[J]. IEEE Transactions on Geoscience and Remote Sensing, 1999, 37(2): 705-715.

[19] HANSSEN R F. Atmospheric heterogeneities in ERS tandem SAR interferometry[M]. Delft: Delft University Press, 1998.

[20] BEVIS M, BUSINGER S, HERRING T A, et al. GPS meteorology: remote sensing of atmospheric water vapor using the global positioning system[J]. Journal of Geophysical Research Atmospheres, 1992, 97(D14): 15787-15801.

第 8 章　极化干涉技术植被下 DEM 提取

目前,雷达技术已经由简单的对地定性观测发展为定量分析,虽然合成孔径雷达与 InSAR 技术已经逐渐成熟,但在全球地形测绘任务中仍然面临许多挑战,如植被覆盖区的高程信息提取、传感器重访周期过长等。作为典型的斜视测距系统,合成孔径雷达图像每个像素记录了方位向与距离向采样点的复散射信息。当雷达对森林、冰雪等可穿透目标进行观测时,与传感器斜距相同的目标均成像在同一采样单元内,因此 InSAR 系统在森林地区提取的"DEM"通常位于树顶与真实地表之间。为了在全球地形观测任务中解决该问题,新技术、新方法的采用势在必行。极化干涉合成孔径雷达(polarimetric and interferometric SAR,PolInSAR)是极化合成孔径雷达(polarimetric SAR,PolSAR)技术与干涉技术的结合,在干涉技术中引入极化观测量可以很好地解决森林地区地形过高估计的问题。虽然现有的极化技术对雷达信号的带宽要求较高,但在 InSAR 平台上进行全极化观测已经逐渐成为合成孔径雷达陆地遥感应用的主流,极化干涉合成孔径雷达技术将在全球地形测绘任务中发挥更大的作用。

§8.1　极化合成孔径雷达技术基本原理

8.1.1　电磁波与极化表征

作为电磁波特性之一,极化普遍存在于可见光与微波传播中。电磁波的电场强度会随时间与空间改变,这种在空间与时间上的场强变化称为电磁波的极化(光学中称为光的偏振)。为了阐述极化合成孔径雷达技术基本原理,本章节从麦克斯韦(Maxwell)方程出发对极化合成孔径雷达图像的极化特性进行简单介绍。麦克斯韦方程组描述了介质中电场与磁场的相互关系,方程组表明空间中的电磁波有无穷多种存在形式。其中,最简单的一种解为单色平面电磁波,即波的振幅、频率不随时间变化,形式为

$$\boldsymbol{E}(r,t)=\mathrm{Re}(\boldsymbol{E}_0\exp(\mathrm{i}(\omega t-\boldsymbol{kr}+\varphi_0)))\tag{8.1}$$

式中,Re 表示取实部,i 为虚数符号;$\boldsymbol{k}$ 为波矢量,$\boldsymbol{kr}$ 为电磁波传播一定距离后引起的相位变化量;ω 为电磁波传播角频率,表征电磁波相位随观测时间的变化量;φ_0 为电磁波开始传播时初始相位;$\boldsymbol{E}_0$ 为电场常数矢量。当单色平面电磁波在介质中传播时,$\boldsymbol{k}$ 反映了介质特性。假设介质在矢量 $\boldsymbol{k}$ 各个分量上均有相同的传播

特性，则称为各向同性介质，则 $\boldsymbol{k}$ 可表示为复常数与单位矢量 $\boldsymbol{k}_0$ 相乘，即

$$\boldsymbol{k}=k\boldsymbol{k}_0=(k'+\mathrm{i}k'')\boldsymbol{k}_0=\left(\frac{2\pi}{\lambda}n-\mathrm{i}\,\frac{\sigma}{2}\right)\boldsymbol{k}_0 \tag{8.2}$$

式中，n 表示介质的折射率，对电磁波的相速度产生影响；虚部 k''表示介质对电磁波的衰减特性；σ 为消光系数。若介质在矢量 $\boldsymbol{k}$ 各个分量上具有不同的复常数 k，则称为各向异性介质。

电磁波电场矢量 $\boldsymbol{E}(\boldsymbol{r},t)$是一个与时间、空间有关的三维矢量，容易发现其由两个部分组成：时间—空间相关变量 $\exp(\mathrm{i}(\omega t-\boldsymbol{kr}+\varphi_0))$，时间—空间无关变量 $\boldsymbol{E}_0$。如图 8.1 至图 8.6 所示，本章在空间右手坐标系 O-XYZ 中绘制了沿 Z 轴正向传播电磁波。电场矢量在空间中表现出某种特定轨迹，并在不同时刻表现出不同形状。

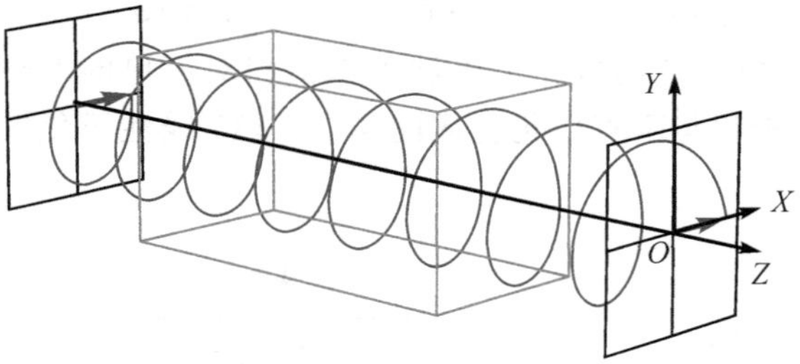

图 8.1　电场轨迹——侧视图一

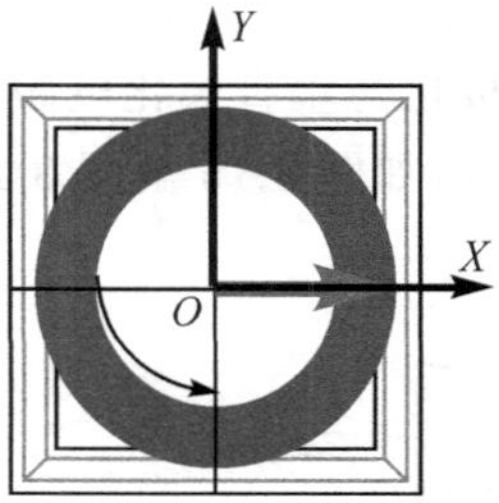

图 8.2　电场轨迹——正视图一

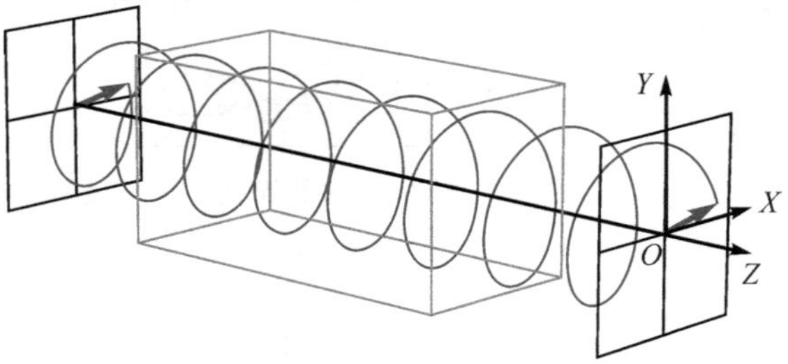

图 8.3　电场轨迹——侧视图二

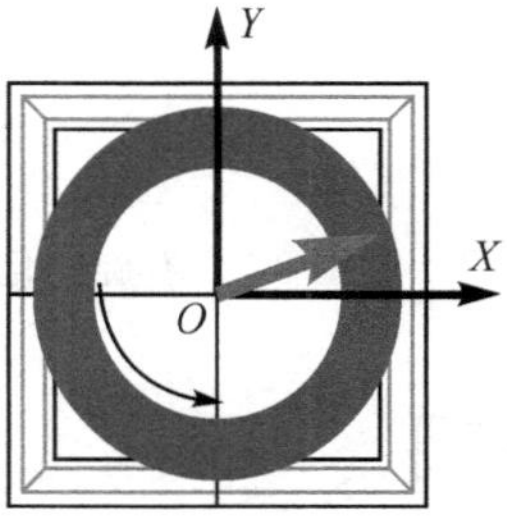

图 8.4　电场轨迹——正视图二

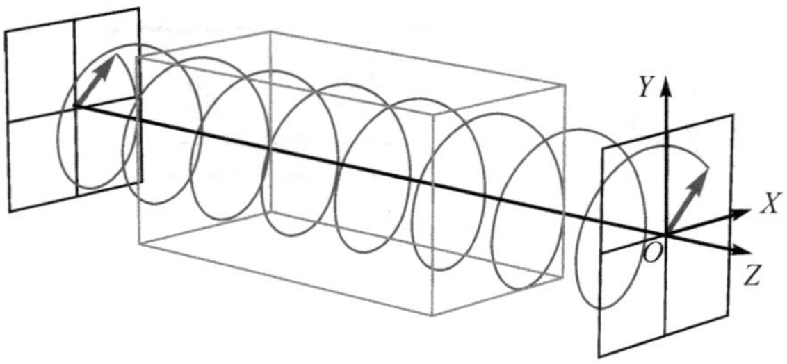

图 8.5　电场轨迹——侧视图三

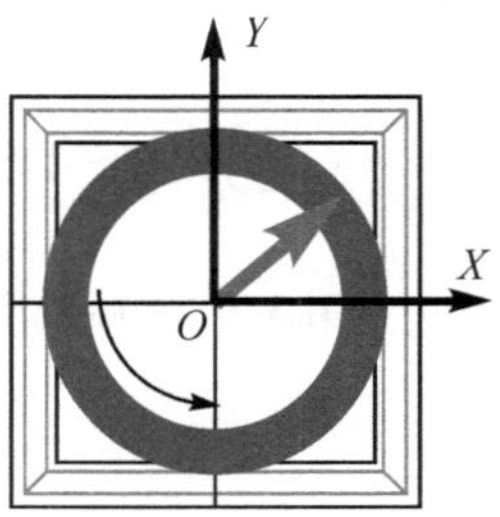

图 8.6　电场轨迹——正视图三

为了简化问题，极化理论通常在 Z 轴的原点观察电场矢量在 XY 平面上随时间的变化规律，如图 8.2、图 8.4 与图 8.6 所示。若沿电磁波传播方向观测电场矢量的震荡过程，即 $\boldsymbol{r}=\boldsymbol{z}$，电场矢量 $\boldsymbol{E}(\boldsymbol{r},t)$ 可以简化表示为

$$\boldsymbol{E}(\boldsymbol{r},t)=\begin{bmatrix}E_x(z,t)\\E_y(z,t)\\0\end{bmatrix}=\begin{bmatrix}|E_{0x}|\exp(\mathrm{i}\delta_x)\\|E_{0y}|\exp(\mathrm{i}\delta_y)\\0\end{bmatrix}\exp(\mathrm{i}(\omega t-k_z z+\varphi_0)) \tag{8.3}$$

式中，k_z 为 $\boldsymbol{k}$ 在 Z 轴上分量，E_x、E_y 为 $\boldsymbol{E}(\boldsymbol{r},t)$ 在 X、Y 轴的电场分量，$|E_{0x}|$、$|E_{0y}|$、δ_x、δ_y 为电场常矢量 $\boldsymbol{E}_0$ 对应电场强度与相位。

严格来讲，如果电场 X 分量与 Y 分量的幅度恒稳并且相位差亦恒稳，则称为完全极化波。例如，式(8.3)中 X 与 Y 分量的相位差不随时间变化，恒为 $\delta=\delta_y-\delta_x$。此类电磁波在空间传播时，电场矢量末端将在 $z=z_0$ 处表现为规则图形。图 8.7至图 8.10 展现了右旋与左旋极化电磁波电场震荡形状，图 8.11 至图 8.14 为水平极化与垂直极化电磁波。此外，更复杂的极化电磁波可以由相对简单的电磁波合成，如图 8.15 至图 8.18 为水平极化与垂直极化合成的 45°与 135°线性极化电磁波。

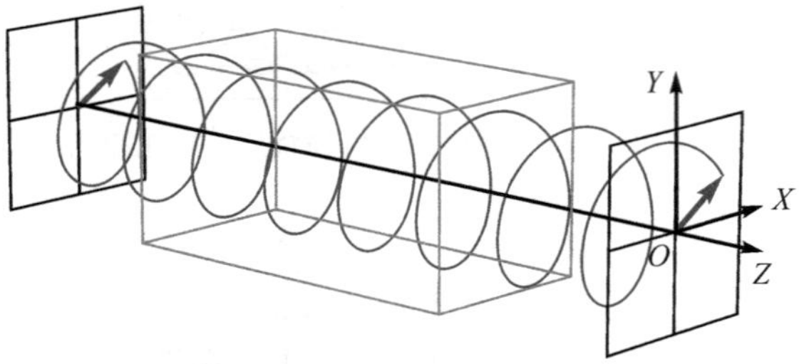

图 8.7 右旋极化——侧视图

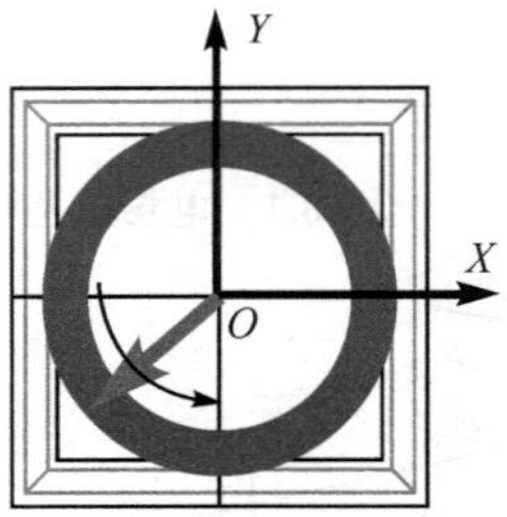

图 8.8 右旋极化——正视图

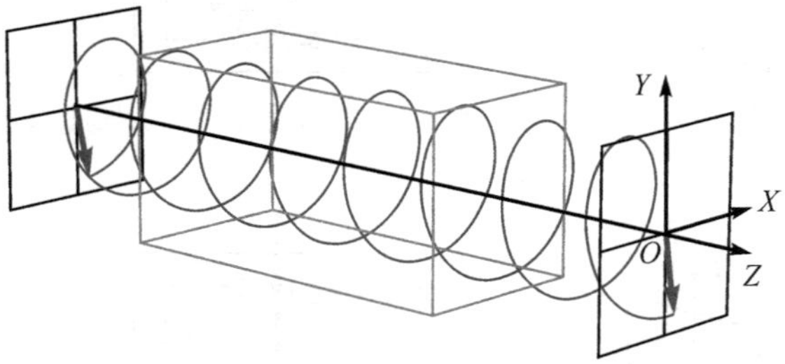

图 8.9 左旋极化——侧视图

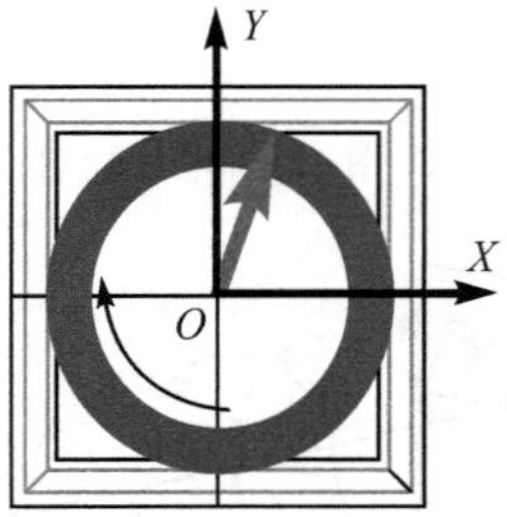

图 8.10 左旋极化——正视图

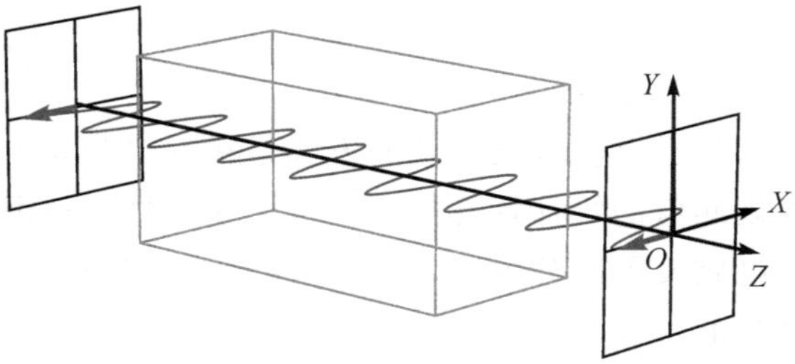

图 8.11　水平极化——侧视图

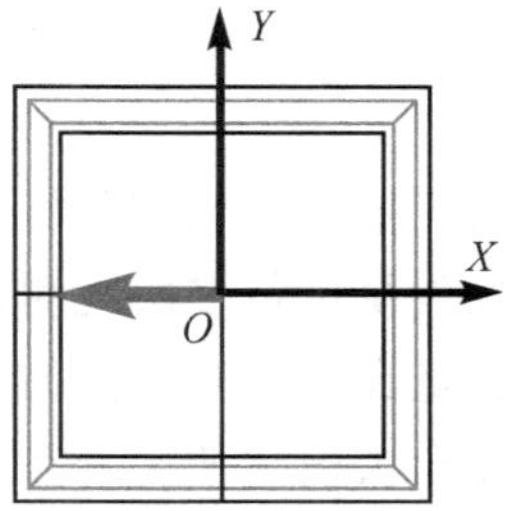

图 8.12　水平极化——正视图

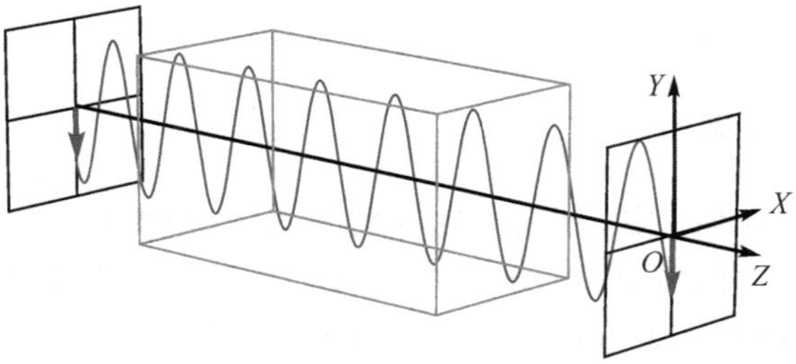

图 8.13　垂直极化——侧视图

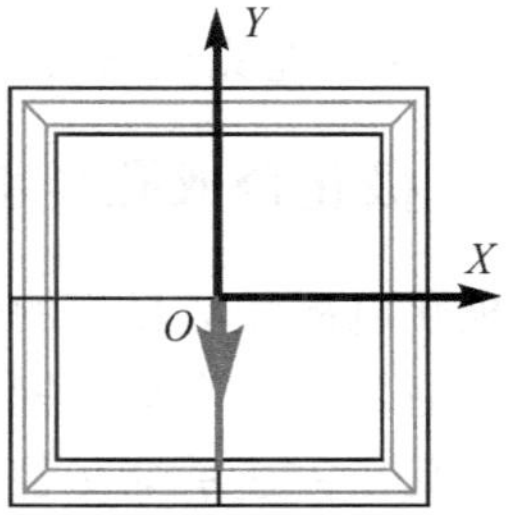

图 8.14　垂直极化——正视图

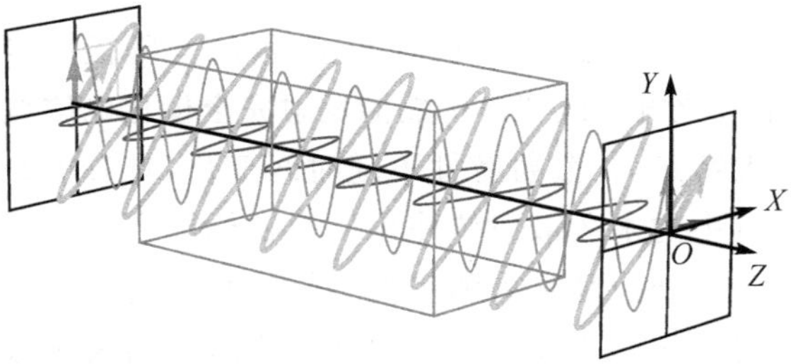

图 8.15　45°线极化——侧视图

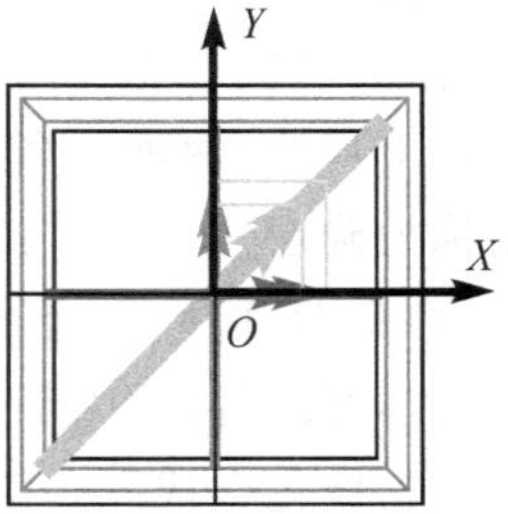

图 8.16　45°线极化——正视图

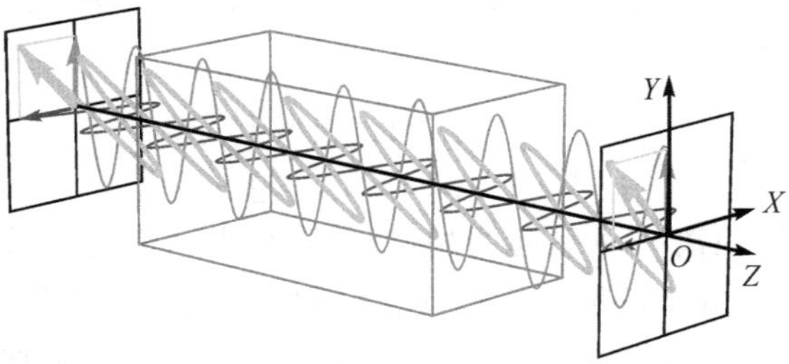

图 8.17　135°线极化——侧视图

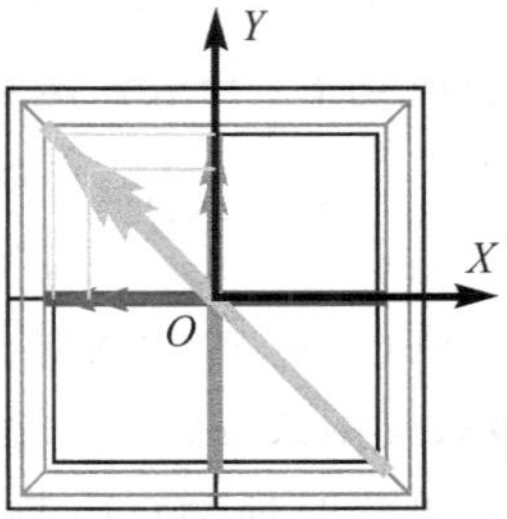

图 8.18　135°线极化——正视图

实际中，无论是发射还是接收的电磁波都不可能是完全极化的，电场幅度或相位差 $\delta(t)=\delta_x(t)-\delta_y(t)$ 都会随时间发生波动，若不满足完全极化的条件，则称为非完全极化波，其电场表述为

$$\boldsymbol{E}_{\xi}(\boldsymbol{r},t)=\begin{bmatrix}E_{\xi_x}(z_0,t)\\E_{\xi_y}(z_0,t)\end{bmatrix}=\begin{bmatrix}|E_{0_x}(t)|\exp(\mathrm{i}\delta_x(t))\\|E_{0_y}(t)|\exp(\mathrm{i}\delta_y(t))\end{bmatrix}\exp(\mathrm{i}\varphi) \tag{8.4}$$

为了描述电场震荡特性复杂的非完全极化波，最直观的方式是在一定时间内对电场矢量进行多次观测，利用多次观测值的统计特性描述电场极化特性。根据电场矢量在观察时间内的变化趋势，电磁波可以分为三种：完全极化波、部分极化波和完全去极化波。若在观测时间内，电场 X 分量与 Y 分量的幅度恒稳并且相位差亦恒稳，则称为完全极化波；若在观测时间内，电场 X 分量与 Y 分量存在占优的稳定振幅、稳定相位差，则称为部分极化波；若在观测时间内，电场 X 分量与 Y 分量振幅、相位差完全随机，则称为完全去极化电磁波。

8.1.2 极化合成孔径雷达图像观测值

极化电磁波对目标的物理特性、几何形状、朝向方向等极为敏感，如水平极化电磁波通常只对水平放置的偶极子敏感，而对垂直放置的偶极子不敏感。传统极化合成孔径雷达系统交替发射水平极化和垂直极化电磁波对地物进行照射，并观测回波的水平极化与垂直极化分量，通过对发射—接收回波的比对，完成地物散射特性的解译。

根据散射机理的不同，雷达目标可以分为确定性目标（相干目标）与随机性目标（非相干目标）两种。当目标被完全极化电磁波照射仍然能反射完全极化电磁波时，则称为确定性目标。该类目标最大特点为：散射特性不随时间变化，具有极好的时间稳定性，可以作为干涉沉降测量中的永久散射体使用。当目标被完全极化电磁波照射反射回波为部分极化或非极化时，则称为随机性目标。与传统单极化雷达不同，极化合成孔径雷达通常采用矩阵形式描述每个像素对应地物的极化散射能力，包括辛克莱（Sinclair）散射矩阵、极化协方差矩阵和极化相干矩阵等。

辛克莱散射矩阵用于表述确定性目标在完全极化波下的散射特性，远场条件下入射电场 $\boldsymbol{E}_I$ 与散射电场 $\boldsymbol{E}_S$ 关系为

$$\boldsymbol{E}_S=\boldsymbol{S}\boldsymbol{E}_I=\begin{bmatrix}S_{\mathrm{HH}} & S_{\mathrm{HV}}\\S_{\mathrm{VH}} & S_{\mathrm{VV}}\end{bmatrix}\boldsymbol{E}_I=\frac{\exp(-\mathrm{i}k_z r)}{r}\begin{bmatrix}S_{\mathrm{HH}} & S_{\mathrm{HV}}\\S_{\mathrm{VH}} & S_{\mathrm{VV}}\end{bmatrix}\boldsymbol{E}_I \tag{8.5}$$

式中，$\exp(-\mathrm{i}k_z r)$为散射电磁波到达距离 r 时引起的相位延迟；$\boldsymbol{S}$ 表示辛克莱散射矩阵，仅用来描述地物在不同极化方式下的散射机理；s_{qp} 表示雷达发射 p 极化、接收 q 极化时地物对应散射系数，p、q 都表示 H、V，H 表示水平极化、V 表示垂直极化。需要说明的是，公共项 $\frac{\exp(-\mathrm{i}k_z r)}{r}$ 中的分母 r 来自球面波传播时距离衰减，在真实的雷达系统中此衰减会被硬件系统估计并消除，因此雷达系统往往会忽视共有的强度信息；而相位 $\exp(-\mathrm{i}k_z r)$来自距离传播引起的相位延迟，由于其包含了目标距天线的精确距离，此部分通常不被硬件系统消除，反而希望尽量保持相

位的精确性，便于 InSAR 技术的开展。

当地物为非确定性目标，雷达回波通常为部分极化或完全去极化。为了表征非稳态电场矢量，最直接的办法是估计观测时间内辛克莱散射矩阵对应的协方差矩阵。在单站雷达观测条件下（$S_{HV}\equiv S_{VH}$），极化 Lexicographic 散射矢量为

$$\boldsymbol{\Omega}=[S_{HH}\quad \sqrt{2}S_{HV}\quad S_{VV}]^{T} \tag{8.6}$$

对应极化协方差矩阵为

$$\boldsymbol{C}=E\{\boldsymbol{\Omega}\boldsymbol{\Omega}^{H}\}\approx\langle\boldsymbol{\Omega}\boldsymbol{\Omega}^{H}\rangle=\begin{bmatrix}\langle|S_{HH}|^{2}\rangle & \sqrt{2}\langle S_{HH}S_{HV}^{*}\rangle & \langle S_{HH}S_{VV}^{*}\rangle\\ \sqrt{2}\langle S_{HV}S_{HH}^{*}\rangle & 2\langle|S_{HV}|^{2}\rangle & \sqrt{2}\langle S_{HV}S_{VV}^{*}\rangle\\ \langle S_{VV}S_{HH}^{*}\rangle & \sqrt{2}\langle S_{VV}S_{HV}^{*}\rangle & \langle|S_{VV}|^{2}\rangle\end{bmatrix} \tag{8.7}$$

式中，上标 T、H 与 * 分别为矩阵转置、共轭转置与共轭运算符；$E\{\cdot\}$表示时间或空间的期望运算，在实际应用中常用 N 次观测的平均值$\langle\cdot\rangle$估计数学期望。

若对 Lexicographic 散射矢量进行线性变换可以获取泡利（Pauli）散射矢量，即

$$\boldsymbol{k}=\frac{1}{\sqrt{2}}[S_{HH}+S_{VV}\quad S_{HH}-S_{VV}\quad 2S_{HV}]^{T} \tag{8.8}$$

与 Lexicographic 散射矢量相比，泡利矢量对地物散射类型具有更好的判别能力，如裸地、水面等，布拉格（Bragg）散射地物的 $S_{HH}+S_{VV}$ 成分通常较高，树桩形成二面角的 $S_{HH}-S_{VV}$ 成分较高，而枝叶形成的体散射中 S_{HV} 成分较高。对于极化相干矩阵为

$$\boldsymbol{T}=E\{\boldsymbol{k}\boldsymbol{k}^{H}\}\approx\langle\boldsymbol{k}\boldsymbol{k}^{H}\rangle$$

$$=\frac{1}{2}\begin{bmatrix}\langle|S_{HH}+S_{VV}|^{2}\rangle & \langle(S_{HH}+S_{VV})(S_{HH}-S_{VV})^{*}\rangle & 2\langle(S_{HH}+S_{VV})S_{HV}{}^{*}\rangle\\ \langle(S_{HH}-S_{VV})(S_{HH}+S_{VV})^{*}\rangle & \langle|S_{HH}-S_{VV}|^{2}\rangle & 2\langle(S_{HH}-S_{VV})S_{HV}{}^{*}\rangle\\ 2\langle S_{HV}(S_{HH}+S_{VV})^{*}\rangle & 2\langle S_{HV}(S_{HH}-S_{VV})^{*}\rangle & 4\langle|S_{HV}|^{2}\rangle\end{bmatrix} \tag{8.9}$$

显然，Lexicographic 散射矢量可由简单线性变换转换为泡利矢量，即

$$\boldsymbol{k}=\frac{1}{\sqrt{2}}\begin{bmatrix}1 & 0\\ 1 & 0\\ 0 & \sqrt{2}\end{bmatrix}\boldsymbol{\Omega}=\boldsymbol{U}\boldsymbol{\Omega} \tag{8.10}$$

因此，矩阵 $\boldsymbol{C}$ 可由酉正交变化矩阵 $\boldsymbol{U}$ 转变为矩阵 $\boldsymbol{T}$，即

$$\boldsymbol{T}=E\{\boldsymbol{k}\boldsymbol{k}^{H}\}=\boldsymbol{U}\cdot E\{\boldsymbol{\Omega}\boldsymbol{\Omega}^{H}\}\cdot\boldsymbol{U}^{H}=\boldsymbol{U}\boldsymbol{C}\boldsymbol{U}^{H} \tag{8.11}$$

由于极化协方差矩阵与相干矩阵仅为简单线性变换，本章在后文中仅对极化相干矩阵 $\boldsymbol{T}$ 进行研究。

8.1.3 自然目标散射特性

1. 散射对称性

除了确定性目标、随机性目标外，根据目标大小与雷达分辨率的关系，自然目标还可以分为点目标和面状目标。当目标大小与雷达分辨率相当时，通常称为点目标；当目标是面状分布时，称为面状目标。如图 8.19、图 8.20 和图 8.21 所示，自然地物在雷达中最常见的特性为散射对称性，其分为三种：反射对称性、旋转对称性及两者都满足的方位向对称性[1]。

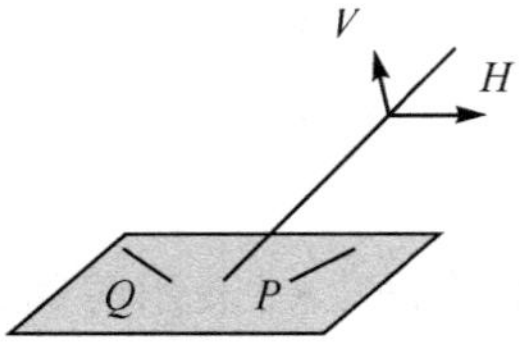

图 8.19 反射对称性

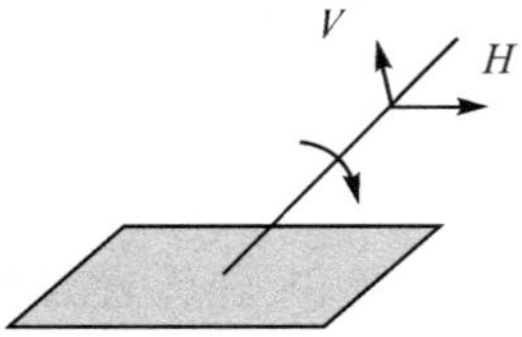

图 8.20 旋转对称性

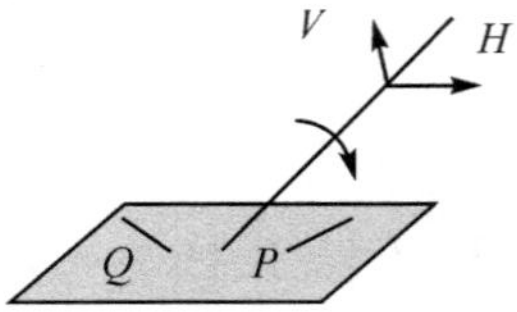

图 8.21 方位向对称性

当目标或雷达坐标系以雷达视线向为轴旋转 ψ 时，获取的旋转辛克莱散射矩阵 $\boldsymbol{S}(\psi)$ 与极化相干矩阵 $\boldsymbol{T}(\psi)$ 为

$$\boldsymbol{S}(\psi)=\boldsymbol{R}_S(\psi)\boldsymbol{S}\boldsymbol{R}_S(\psi)^{\mathrm{H}}=\begin{bmatrix}\cos\psi & \sin\psi\\ -\sin\psi & \cos\psi\end{bmatrix}\boldsymbol{S}\begin{bmatrix}\cos\psi & \sin\psi\\ -\sin\psi & \cos\psi\end{bmatrix} \tag{8.12}$$

$$\boldsymbol{T}(\psi)=\boldsymbol{R}_T(\psi)\boldsymbol{T}\boldsymbol{R}_T(\psi)^{\mathrm{H}}=\begin{bmatrix}1 & 0 & 0\\ 0 & \cos2\psi & \sin2\psi\\ 0 & -\sin\psi & \cos2\psi\end{bmatrix}\boldsymbol{T}\begin{bmatrix}1 & 0 & 0\\ 0 & \cos2\psi & \sin2\psi\\ 0 & -\sin2\psi & \cos2\psi\end{bmatrix}^{\mathrm{H}} \tag{8.13}$$

式中，$\boldsymbol{R}_S(\psi)$ 与 $\boldsymbol{R}_T(\psi)$ 为对应旋转矩阵。式(8.13)$\boldsymbol{T}$ 中 $|S_{\mathrm{HH}}+S_{\mathrm{VV}}|^2$ 成分是旋转不变量，无论 ψ 取值如何，旋转前后 $|S_{\mathrm{HH}}+S_{\mathrm{VV}}|^2$ 均不变。而极化协方差矩阵 $\boldsymbol{C}$ 对应的旋转矩阵 $\boldsymbol{R}_C(\psi)$ 表达式相对 $\boldsymbol{R}_S(\psi)$ 与 $\boldsymbol{R}_T(\psi)$ 要复杂很多，感兴趣的读者可以自己进行推导。

1)反射对称性

当观测目标关于雷达入射平面满足近似镜面对称时，极化散射矩阵中同极化与交叉极化相关系数为 0。此结论可以通过简单推导得到。假设有与水平极化基平行的细小金属棍，由于细金属棍在垂直极化基上没有分量，其辛克莱散射矩阵为

$$\boldsymbol{S}=\begin{bmatrix}a & 0\\ 0 & 0\end{bmatrix} \tag{8.14}$$

式中，a 为 HH 极化方式复散射系数。假设目标经过角度 ψ 的旋转后位于地面上 P 点，对应辛克莱散射矩阵与泡利矢量的形式为

$$\boldsymbol{S}_P=\frac{a}{2}\begin{bmatrix}2\cos^2\psi & -\sin2\psi\\ -\sin2\psi & 2\sin^2\psi\end{bmatrix}\rightarrow k_P\propto\frac{1}{\sqrt{2}}\begin{bmatrix}\alpha\\ \beta\\ \gamma\end{bmatrix}\tag{8.15}$$

将与水平极化基平行的细金属棍进行 $\pi-\psi$ 旋转后，即可获取 P 点镜面对称目标 Q 点的辛克莱散射矩阵与泡利矢量关系为

$$\boldsymbol{S}_Q=\frac{a}{2}\begin{bmatrix}2\cos^2\psi & \sin2\psi\\ \sin2\psi & 2\sin^2\psi\end{bmatrix}\rightarrow k_Q\propto\frac{1}{\sqrt{2}}\begin{bmatrix}\alpha\\ \beta\\ -\gamma\end{bmatrix}\tag{8.16}$$

式中，α、β 与 γ 为对应泡利矢量元素。经过空间平均运算后，其矩阵 $\boldsymbol{T}$ 形式必为

$$\boldsymbol{T}=\boldsymbol{T}_P+\boldsymbol{T}_Q=\begin{bmatrix}|\alpha|^2 & \alpha\beta^* & 0\\ \alpha*\beta & |\beta|^2 & 0\\ 0 & 0 & |\gamma|^2\end{bmatrix}\tag{8.17}$$

式中，$\boldsymbol{T}_P$、$\boldsymbol{T}_Q$ 表示 P、Q 两点辛克莱散射矩阵对应极化相干矩阵。平坦的裸地、道路、水面等面状分布目标近似满足反射对称性。

2）旋转对称性

旋转对称性指雷达观测的极化信息是视线旋转不变量，用 $\boldsymbol{T}$ 与对应旋转矩阵可以表征为 $\boldsymbol{T}(\psi)=\boldsymbol{R}_T(\psi)\boldsymbol{T}\boldsymbol{R}_T(\psi)^{\mathrm{H}}=\boldsymbol{T}$。若 P 点满足旋转不变性，其矩阵 $\boldsymbol{T}$ 形式必为

$$\boldsymbol{T}=\boldsymbol{R}_T(\psi)\boldsymbol{T}\boldsymbol{R}_T(\psi)^{\mathrm{H}}\rightarrow\boldsymbol{T}=\frac{1}{2}\begin{bmatrix}2\alpha & 0 & 0\\ 0 & \beta+\gamma & -\mathrm{i}(\beta+\gamma)\\ 0 & \mathrm{i}(\beta+\gamma) & \beta+\gamma\end{bmatrix}\tag{8.18}$$

3）方位向对称性

方位向对称性指反射对称性与旋转对称性的总和。若地物满足方位向对称性，则矩阵 $\boldsymbol{T}$ 形式必为

$$\boldsymbol{T}=\begin{bmatrix}2\alpha & 0 & 0\\ 0 & \beta+\gamma & 0\\ 0 & 0 & \beta+\gamma\end{bmatrix}\tag{8.19}$$

一般而言，可穿透的各向同性介质都近似满足方位向对称性，如树林、冰层等。关于反射对称性、旋转对称性的极化协方差矩阵表达形式，感兴趣的读者可以自行推导。

2. 各向同性与各向异性

目标各向同性与各向异性是介质的两个属性。各向同性指介质在各个方向上都具有相同的属性，各向异性指介质在不同方向上的属性不同。在介绍单色平面电磁波时，波矢量 $\boldsymbol{k}$ 用来衡量介质对电磁波的折射与衰减过程。若波矢量三个维度的分量都有不同的折射率与消光系数，则此介质是各向异性的（也称为有方向性

的);若波矢量三个方向均相同,则为各向同性介质。与前面平面波的研究类似,若视波矢量 $\boldsymbol{k}$ 中传播方向分量为 0,则 $\boldsymbol{k}$ 可视为由两个正交方向 a 与 b 构成,其对应波矢量分量为

$$k_a=\frac{2\pi}{\lambda}n_a-\mathrm{i}\,\frac{\sigma_a}{2} \tag{8.20}$$

$$k_b=\frac{2\pi}{\lambda}n_b-\mathrm{i}\,\frac{\sigma_b}{2} \tag{8.21}$$

由于 $a-b$ 的方向由介质特性决定,因此 $a-b$ 与 HV 极化基的方向通常不平行。为了简化讨论,本节假设某目标辛克莱散射矩阵 $\boldsymbol{S}$ 在与 $a-b$ 平行的极化基下获取,则目标散射信号穿过各向异性介质后,在距离 r 处观测到的辛克莱散射矩阵为[2]

$$\boldsymbol{S}_{\text{observer}}=\begin{bmatrix}\exp(-\mathrm{i}k_a r) & 0\\ 0 & \exp(-\mathrm{i}k_b r)\end{bmatrix}\boldsymbol{S}\begin{bmatrix}\exp(-\mathrm{i}k_a r) & 0\\ 0 & \exp(-\mathrm{i}k_b r)\end{bmatrix}\rightarrow$$

$$\boldsymbol{T}(r)=\boldsymbol{P}_P\boldsymbol{T}\boldsymbol{P}_P^{\mathrm{H}}=\mathrm{e}^{-\frac{(\sigma_a+\sigma_b)}{2}r}\begin{bmatrix}\cosh\tau & \sinh\tau & 0\\ \sinh\tau & \cosh\tau & 0\\ 0 & 0 & 1\end{bmatrix}\boldsymbol{T}\mathrm{e}^{-\frac{(\sigma_a+\sigma_b)}{2}r}\begin{bmatrix}\cosh\tau * & \sinh\tau * & 0\\ \sinh\tau * & \cosh\tau * & 0\\ 0 & 0 & 1\end{bmatrix} \tag{8.22}$$

式中,$\boldsymbol{T}(r)$、$\boldsymbol{T}$ 分别为 $\boldsymbol{S}_{\text{observer}}$ 与目标矩阵 $\boldsymbol{S}$ 对应的极化相干矩阵;$\boldsymbol{P}_P=\mathrm{e}^{-\frac{(\sigma_a+\sigma_b)}{2}r}\boldsymbol{P}(\tau)$,$\boldsymbol{P}(\tau)$ 为传输介质衰减与折射引起的扰动矩阵,τ 为

$$\tau=vr=\left[\frac{1}{2}(\sigma_b-\sigma_a)+\mathrm{i}\,\frac{2\pi}{\lambda}(n_b-n_a)\right]r \tag{8.23}$$

由于目标矩阵 $\boldsymbol{S}$ 是在与 $a-b$ 极化基平行的极化基中获取,而最终的观测是在 HV 极化基下进行,因此需要将 $a-b$ 极化基旋转到 HV 极化基。假设旋转角为 χ,则 HV 极化基下观测的辛克莱散射矩阵 $\boldsymbol{S}_{\text{HV-observer}}$ 与极化相干矩阵 $\boldsymbol{T}_{\text{HV-observer}}$ 关系为

$$\boldsymbol{S}_{\text{HV-observer}}=\boldsymbol{R}_S(\chi)\boldsymbol{S}_{\text{observer}}\boldsymbol{R}_S(\chi)^{\mathrm{H}}\rightarrow\boldsymbol{T}_{\text{HV-observer}}=\boldsymbol{R}_T(\chi)\boldsymbol{T}(r)\boldsymbol{R}_T(\chi)^{\mathrm{H}} \tag{8.24}$$

如果 $a-b$ 极化基与 HV 极化基相互平行,则有 $\chi=0$,大大简化了模型的复杂度;如果认为 $a-b$ 极化基与 HV 极化基相互不平行,则需要考虑 $\boldsymbol{R}_T(\chi)$ 的影响,这个过程相对简单,因此本章在后面的内容中不再过多考虑,认为 $\chi=0$。空气作为典型的各向同性介质,其介质消光系数为 $\sigma_a=\sigma_b\approx 0$,折射率为 $n_a=n_b\approx 1$;小麦、水稻等农作物具有典型的各向异性,通常认为 $\sigma_a\neq\sigma_b$、$n_a\approx n_b$。对于普通的各向同性介质,其 $\sigma_a=\sigma_b$、$n_a=n_b$、$\boldsymbol{T}(r)=\mathrm{e}^{-(\sigma_a+\sigma_b)r}\boldsymbol{T}$,表示传播介质对 $\boldsymbol{T}$ 造成了强度 $\mathrm{e}^{-(\sigma_a+\sigma_b)r}$ 的衰减,但 $\boldsymbol{T}$ 中的相对极化信息被完整保留。

8.1.4 森林地区极化合成孔径雷达目标分解

通常,每个雷达分辨单元包含了大量散射体,这主要由三个原因引起:①与光

学图像相比，雷达图像分辨率相对粗糙，常在厘米至数十米之间，因此每个分辨单元内有可能包含不同类型地物；②雷达为微波观测系统，波长范围从厘米级到米级，相对波长较小的自然地物（如细小砂粒、石块等）易发生相干散射，增加了分辨单元内的散射体；③微波雷达可以穿透树木、地表等，使得分辨单元包含了覆盖物下的其他目标。极化合成孔径雷达分解技术可以根据特定模型将图像每个像素对应辛克莱散射矩阵、极化协方差矩阵、相干矩阵分解为不同散射类型的和，如 Freeman-Durden 模型将极化相干矩阵分解为来自植被树冠层的体散射 $\boldsymbol{T}_{\text{Canopy}}$、地面树桩的二面角散射 $\boldsymbol{T}_{\text{Dihedral}}$ 与植被下地表散射 $\boldsymbol{T}_{\text{Surface}}$，这对植被下 DEM 提取是有利的，即

$$\boldsymbol{T}=\boldsymbol{T}_{\text{Canopy}}+\boldsymbol{T}_{\text{Surface}}+\boldsymbol{T}_{\text{Dihedral}}+\cdots \tag{8.25}$$

1. 植被层散射模型

极化合成孔径雷达中通常用体散射模型对植被层散射建模。体散射模型主要针对可穿透目标，自然界中常见的体散射目标包括森林、草地、冰层与砂土等。它们的共有特点在于：①雷达对这些目标都有一定穿透性；②这些目标都可以视为许多小目标的总和，如树叶、砂粒等，而雷达每个像素的观测值都是这些细小微粒回波的总和。假设单个细小微粒对应辛克莱散射矩阵为 $\boldsymbol{S}_P$，其对应的极化相干矩阵为 $\boldsymbol{T}_P$。如果微粒几何主轴与垂直极化基夹角 ψ 为满足概率密度函数 $\boldsymbol{P}(\psi)$ 的随机变量，则体散射过程建模为[3]

$$\boldsymbol{T}_{\text{volume}}=\int_{\psi_2}^{\psi_1} p(\psi)\boldsymbol{R}_T(\psi)\boldsymbol{T}_P\boldsymbol{R}_T(\psi)^{\mathrm{H}}\mathrm{d}\psi \tag{8.26}$$

式中，$\boldsymbol{R}_T(\psi)$ 为前面章节提及的视线向旋转矩阵，ψ_1、ψ_2 为积分上下限。式(8.26)是最常见的体散射模型建模方法。完整的体散射模型除了视线向旋转角外，还需要考虑细小微粒在三维空间中的几何倾角；此外，微粒大小与形状变化也是需要充分考虑的。精细的体散射模型往往能够真实地描述实际自然地物的散射过程，但由于包含了较多的未知参数，难以在实际中得到应用。因此，在极化合成孔径雷达图像解译中需要寻求模型复杂度与可求解性的平衡，从图像中有效地提取所需信息。

此外，植被层自身引起的衰减作用也是需要考虑的。假设在高度为 z_0 的表面上有高度 h_v 的植被，考虑衰减特性的植被层散射过程为[4-8]

$$\begin{aligned}\boldsymbol{T}_{\text{Canopy}}&=\int_{z_0}^{z_0+h_v}\boldsymbol{P}_P\boldsymbol{T}_{\text{volume}}\boldsymbol{P}_P^{\mathrm{H}}\mathrm{d}z\\&=\int_{z_0}^{z_0+h_v}\mathrm{e}^{-(\sigma_a+\sigma_b)\frac{z_0+h_v-z}{\cos\theta}}\boldsymbol{P}\left(\frac{z_0+h_v-z}{\cos\theta}v\right)\boldsymbol{T}_{\text{volume}}\boldsymbol{P}\left(\frac{z_0+h_v-z}{\cos\theta}v*\right)\mathrm{d}z\\&=\mathrm{e}^{\frac{-(\sigma_a+\sigma_b)h_v}{\cos\theta}}\int_0^{h_v}\mathrm{e}^{\frac{(\sigma_a+\sigma_b)z}{\cos\theta}}\boldsymbol{P}\left(\frac{h_v-z}{\cos\theta}v\right)\boldsymbol{T}_{\text{volume}}\boldsymbol{P}\left(\frac{h_v-z}{\cos\theta}v*\right)\mathrm{d}z\end{aligned} \tag{8.27}$$

式中，θ 为入射角，z 为垂直高度。当电磁波刚开始进入植被顶层时，电磁波受到

的衰减最小；当电磁波到达植被底部时，受到的衰减最大。而 v 为包含消光系数与折射率的函数，即

$$v=\frac{1}{2}(\sigma_b-\sigma_a)+\mathrm{i}\frac{2\pi}{\lambda}(n_b-n_a) \tag{8.28}$$

值得说明的是，植被结构函数 $f(z)_\omega$ 已经被隐含在 $\boldsymbol{T}_{\text{Canopy}}$ 中，具体的数学表达形式由积分项 $\mathrm{e}^{\frac{(\sigma_a+\sigma_b)z}{\cos\theta}}\boldsymbol{P}(\cdot)\boldsymbol{T}_{\text{volume}}\boldsymbol{P}(\cdot\ *)$ 整体决定。当植被层假设为各向同性介质时，σ_b 与 σ_a 均为 σ，植被结构函数 $f(z)_\omega$ 退化为指数结构函数，对应 $\boldsymbol{T}_{\text{Canopy}}$ 为

$$\boldsymbol{T}_{\text{Canopy}}=\mathrm{e}^{\frac{-2\sigma h_v}{\cos\theta}}\int_0^{h_v}\mathrm{e}^{\frac{2\sigma z}{\cos\theta}}\boldsymbol{T}_{\text{volume}}\,\mathrm{d}z \tag{8.29}$$

2. 地表 Bragg 与 X-Bragg 散射模型

表面散射相对于体散射而言，认为电磁波与目标只发生一次散射后便反射回雷达。典型的表面散射为 Bragg 散射及改进的 X-Bragg 散射，对应的地物为具有一定粗糙度的裸地、有波浪起伏的水体等。Bragg 散射对应的辛克莱散射矩阵 $\boldsymbol{S}_{\text{Bragg}}$ 为[9]

$$\boldsymbol{S}_{\text{Bragg}}=m_s\begin{bmatrix}R_{\mathrm{h}}(\theta,\varepsilon_s) & 0\\ 0 & R_{\mathrm{v}}(\theta,\varepsilon_s)\end{bmatrix} \tag{8.30}$$

式中，$R_{\mathrm{h}}(\theta,\varepsilon_s)=\dfrac{\cos\theta-\sqrt{\varepsilon_s-\sin^2\theta}}{\cos\theta+\sqrt{\varepsilon_s-\sin^2\theta}}$，$R_{\mathrm{v}}(\theta,\varepsilon_s)=\dfrac{(\varepsilon_s-1)(\sin^2\theta-\varepsilon_s(1+\sin^2\theta))}{(\varepsilon_s\cos\theta+\sqrt{\varepsilon_s-\sin^2\theta})^2}$，$\theta$ 为局部入射角，ε_s 为表面介电系数，m_s 为与表面粗糙度相关的系数。对应 $\boldsymbol{T}$ 矩阵为

$$\boldsymbol{T}_{\text{Bragg}}=f_s\begin{bmatrix}1 & \beta^* & 0\\ \beta & |\beta|^2 & 0\\ 0 & 0 & 0\end{bmatrix} \tag{8.31}$$

式中，$f_s=\dfrac{m_s^2}{2}|R_{\mathrm{h}}(\theta,\varepsilon_s)+R_{\mathrm{v}}(\theta,\varepsilon_s)|^2$，$\beta=\dfrac{R_{\mathrm{h}}(\theta,\varepsilon_s)-R_{\mathrm{v}}(\theta,\varepsilon_s)}{R_{\mathrm{h}}(\theta,\varepsilon_s)+R_{\mathrm{v}}(\theta,\varepsilon_s)}$。

Bragg 模型适用于 Bragg 漫散射过程，并假设表面并不存在 HV 与 VH 成分。若波长相对于表面粗糙度较短，表面则有可能出现非 Bragg 散射。为了克服 Bragg 模型的缺陷，X-Bragg 模型作为 Bragg 模型的扩展，加入了表面在方位向随机起伏的影响[10-13]，即

$$\boldsymbol{T}_{\text{X-Bragg}}=\int_{\psi_2}^{\psi_1}p(\psi)_{\text{X-Bragg}}\boldsymbol{R}_T(\psi)\boldsymbol{T}_P\boldsymbol{R}_T(\psi)^{\mathrm{H}}\mathrm{d}\psi \tag{8.32}$$

式中，$p(\psi)_{\text{X-Bragg}}$ 为表面方位向随机旋转角概率密度函数，ψ_1、ψ_2 为表面随机起伏积分范围。式(8.32)与体散射模型较为相似，但是体散射模型积分范围较大，通常为 $\left[-\frac{\pi}{2},+\frac{\pi}{2}\right]$；而 X-Bragg 散射积分范围较窄，通常只有 $\left[-\frac{\pi}{6},+\frac{\pi}{6}\right]$。引入

$p(\psi)_{\text{X-Bragg}}$后，表面散射开始具有体散射的一些特性，如相干矩阵中出现交叉极化成分、相干矩阵三个特征值均不为 0 等。

3. 二次散射模型

二次散射指电磁波经过两次散射后回到接收机的过程[14-20]。二次散射通常在直角地物表面发生，如地表面与树桩构成的直角、建筑物墙面构成的直角等。在森林地区，除了地表面与树桩构成的直角外，地表面与体散射也会构成一个二次散射过程：电磁波经表面散射后，继续向前传播，在植被层发生体散射，然后反射回雷达；或者先在植被层发生体散射，经过地面发生第二次散射后回到雷达。

表面—树桩与树桩—表面构成的二次散射过程可以视为在地表面与树桩表面发生的两次菲涅耳(Fresnel)镜面反射的叠加，即

$$\begin{aligned}\boldsymbol{S}_{\text{Double}}=&\begin{bmatrix}1&0\\0&-1\end{bmatrix}\begin{bmatrix}1&0\\0&\mathrm{e}^{\mathrm{i}\varphi}\end{bmatrix}\begin{bmatrix}R_{s\mathrm{h}}&0\\0&R_{s\mathrm{v}}\end{bmatrix}\begin{bmatrix}R_{t\mathrm{h}}&0\\0&R_{t\mathrm{v}}\end{bmatrix}+\\&\begin{bmatrix}1&0\\0&-1\end{bmatrix}\begin{bmatrix}1&0\\0&\mathrm{e}^{\mathrm{i}\varphi}\end{bmatrix}\begin{bmatrix}R_{t\mathrm{h}}&0\\0&R_{t\mathrm{v}}\end{bmatrix}\begin{bmatrix}R_{s\mathrm{h}}&0\\0&R_{s\mathrm{v}}\end{bmatrix}\end{aligned}\tag{8.33}$$

菲涅耳镜面反射系数为 $R_{i\mathrm{h}}=\dfrac{\cos\theta_i-\sqrt{\varepsilon_i-\sin^2\theta_i}}{\cos\theta_i+\sqrt{\varepsilon_i-\sin^2\theta_i}}$，$R_{i\mathrm{v}}=\dfrac{\varepsilon_i\cos\theta_i-\sqrt{\varepsilon_i-\sin^2\theta_i}}{\varepsilon_i\cos\theta_i+\sqrt{\varepsilon_i-\sin^2\theta_i}}$。其中，$R_{s\mathrm{h}}$、$R_{s\mathrm{v}}$、$R_{t\mathrm{h}}$与 $R_{t\mathrm{v}}$为表面和树桩的菲涅耳反射系数，θ_i 与 ε_i 分别为特定表面上局部入射角与表面介电系数。需要说明的是，式(8.33)中菲涅耳反射系数是在前向散射对准(forward scattering alignment，FSA)坐标系定义，在后向散射过程中需要加入 FSA 坐标系向后向散射对准(back scattering alignment，BSA)坐标系转换矩阵和电磁波穿透植被体散射层引起的相位差 $\mathrm{e}^{\mathrm{i}\varphi}$。最终，$\boldsymbol{T}$ 矩阵形式为

$$\boldsymbol{T}_{\text{Double}}=f_d\begin{bmatrix}|\alpha|^2&\alpha&0\\\alpha*&1&0\\0&0&0\end{bmatrix}\tag{8.34}$$

式中，$f_d=2|R_{s\mathrm{h}}R_{t\mathrm{h}}+R_{s\mathrm{v}}R_{t\mathrm{v}}\mathrm{e}^{\mathrm{i}\varphi}|^2$，$\alpha=\dfrac{R_{s\mathrm{h}}R_{t\mathrm{h}}-R_{s\mathrm{v}}R_{t\mathrm{v}}\mathrm{e}^{\mathrm{i}\varphi}}{R_{s\mathrm{h}}R_{t\mathrm{h}}+R_{s\mathrm{v}}R_{t\mathrm{v}}\mathrm{e}^{\mathrm{i}\varphi}}$。

表面—植被与植被—表面的二次散射则相对复杂，需要结合地面镜面散射成分$\begin{bmatrix}R_{s\mathrm{h}}&0\\0&R_{s\mathrm{v}}\end{bmatrix}$、体散射微粒$\begin{bmatrix}a&0\\0&b\end{bmatrix}$进行考虑，即

$$\begin{aligned}\boldsymbol{S}_{\text{Double}}&=\begin{bmatrix}R_{s\mathrm{h}}&0\\0&R_{s\mathrm{v}}\end{bmatrix}\boldsymbol{R}_S(\psi)\begin{bmatrix}a&0\\0&b\end{bmatrix}\boldsymbol{R}_S(\psi)^{\mathrm{H}}+\boldsymbol{R}_S(\psi)\begin{bmatrix}a&0\\0&b\end{bmatrix}\boldsymbol{R}_S(\psi)^{\mathrm{H}}\begin{bmatrix}R_{s\mathrm{h}}&0\\0&R_{s\mathrm{v}}\end{bmatrix}\\&=\boldsymbol{R}_S(\psi)\begin{bmatrix}a&0\\0&b\end{bmatrix}\boldsymbol{R}_S(\psi)^{\mathrm{H}}\circ\begin{bmatrix}2R_{s\mathrm{h}}&R_{s\mathrm{h}}+R_{s\mathrm{v}}\\R_{s\mathrm{h}}+R_{s\mathrm{v}}&2R_{s\mathrm{v}}\end{bmatrix}\end{aligned}\tag{8.35}$$

式中，°为阿达马(Hadamard)积。假设体散射成分与表面散射成分相互独立，并且

满足反射对称性，则对体散射进行概率密度函数 $p(\psi)$ 的积分，最终 $\boldsymbol{T}$ 矩阵有如下形式

$$\boldsymbol{T}_{\text{Double}}=\int_{\psi_2}^{\psi_1} p(\psi)\boldsymbol{R}_T(\psi)\boldsymbol{T}_P\boldsymbol{R}_T(\psi)^{\mathrm{H}}\circ f_d\begin{bmatrix}|\gamma|^2 & \gamma & 0\\ \gamma^* & 1 & 0\\ 0 & 0 & 0\end{bmatrix}\mathrm{d}\psi \tag{8.36}$$

式中，f_d 与 γ 为 $\begin{bmatrix}2R_{\text{sh}} & R_{\text{sh}}+R_{\text{sv}}\\ R_{\text{sh}}+R_{\text{sv}} & 2R_{\text{sv}}\end{bmatrix}$ 对应的 $\boldsymbol{T}$ 矩阵元素，$\boldsymbol{T}_P$ 为体散射微粒对应的 $\boldsymbol{T}$ 矩阵。

除了以上散射外，森林中还存在更高次的散射过程，如表面—树桩—表面等。虽然森林中存在较多的复杂散射类型，但只有部分散射类型对最终观测有主要贡献作用。而起主要贡献的散射成分通常与电磁波的波长有很大关系：较短波长的电磁波由于穿透力较弱，如 X、C 波段，往往很难照射到植被下地面，因此主要散射类型为植被层体散射；长波长的 P 波段电磁波对森林具有较强的穿透能力，除了上面提到的几种散射成分外，还有高次散射成分；而 L 波段波长介于 P 波段与 C 波段之间，占主导的散射类型为上面提到的四种散射过程。

需要说明的是，除 $\boldsymbol{T}_{\text{Canopy}}$ 外，上面提到的几种散射类型都是直接进行建模的，没有考虑表面是否存在具有衰减特性的覆盖物。当考虑树木覆盖下的地表面散射与二面角散射时，森林必然会对电磁波产生衰减作用，具体已经在“目标各向同性与各向异性”小节中展开讨论。植被下表面散射可由 Bragg 散射或 X-Bragg 散射获得，植被下二面角散射可由二次散射获得，即

$$\left.\begin{aligned}\boldsymbol{T}_{\text{Surface}}&=\mathrm{e}^{\frac{-(\sigma_a+\sigma_b)h_v}{\cos\theta}}\int_0^{h_v}\mathrm{e}^{\frac{(\sigma_a+\sigma_b)z}{\cos\theta}}\boldsymbol{P}\left(\frac{h_v-z}{\cos\theta}v\right)\boldsymbol{T}_{\text{Bragg/X-Bragg}}\boldsymbol{P}\left(\frac{h_v-z}{\cos\theta}\right)\mathrm{d}z\\ \boldsymbol{T}_{\text{Dihedral}}&=\mathrm{e}^{\frac{-(\sigma_a+\sigma_b)h_v}{\cos\theta}}\int_0^{h_v}\mathrm{e}^{\frac{(\sigma_a+\sigma_b)z}{\cos\theta}}\boldsymbol{P}\left(\frac{h_v-z}{\cos\theta}v\right)\boldsymbol{T}_{\text{Double}}\boldsymbol{P}\left(\frac{h_v-z}{\cos\theta}v\right)\mathrm{d}z\end{aligned}\right\} \tag{8.37}$$

式中，$\boldsymbol{T}_{\text{Surface}}$、$\boldsymbol{T}_{\text{Dihedral}}$ 为考虑植被衰减的表面散射、二面角散射。显然只有当 z 为 0，$\boldsymbol{T}_{\text{Surface}}$ 与 $\boldsymbol{T}_{\text{Dihedral}}$ 取值时才有意义，因此植被下表面或二面角散射强度受植被层影响衰减为

$$\left.\begin{aligned}\boldsymbol{T}_{\text{Surface}}&=\mathrm{e}^{\frac{-(\sigma_a+\sigma_b)h_v}{\cos\theta}}\boldsymbol{P}\left(\frac{h_v}{\cos\theta}v\right)\boldsymbol{T}_{\text{Bragg/X-Bragg}}\boldsymbol{P}\left(\frac{h_v}{\cos\theta}v\right)\\ \boldsymbol{T}_{\text{Dihedral}}&=\mathrm{e}^{\frac{-(\sigma_a+\sigma_b)h_v}{\cos\theta}}\boldsymbol{P}\left(\frac{h_v}{\cos\theta}v\right)\boldsymbol{T}_{\text{Double}}\boldsymbol{P}\left(\frac{h_v}{\cos\theta}v\right)\end{aligned}\right\} \tag{8.38}$$

可见各向异性植被层下的各种散射机理除了整体强度外，依然会受到扰动矩阵 $\boldsymbol{P}(\cdot)$ 的影响。各向同性植被条件下的地表散射机理只受绝对强度的影响，但相干矩阵中各个元素相互关系保持不变，即

$$\left.\begin{aligned}\boldsymbol{T}_{\text{Surface}}&=\mathrm{e}^{\frac{-(\sigma_a+\sigma_b)h_v}{\cos\theta}}\boldsymbol{T}_{\text{Bragg/X-Bragg}}\\ \boldsymbol{T}_{\text{Dihedral}}&=\mathrm{e}^{\frac{-(\sigma_a+\sigma_b)h_v}{\cos\theta}}\boldsymbol{T}_{\text{Double}}\end{aligned}\right\} \tag{8.39}$$

§8.2　极化 InSAR 技术基本原理

8.2.1　极化干涉观测量

本书第 2.4 节中已经介绍了传统单极化图像的干涉，而极化 InSAR 系统最大的特点在于不同散射机理可以进行相互干涉。假设 N 次重复观测获取的辛克莱散射矩阵为 $\boldsymbol{S}_n$，$n=1$、…、N，对应泡利散射矢量为 $\boldsymbol{k}_n$，$n=1$、…、N，构建多基线泡利散射矢量 $\boldsymbol{k}_p=[\boldsymbol{k}_1^{\mathrm{T}} \quad \cdots \quad \boldsymbol{k}_N^{\mathrm{T}}]^{\mathrm{T}}$ 与极化相干矩阵 $\boldsymbol{T}_{MB}$ 为

$$\boldsymbol{T}_{MB}=E\{\boldsymbol{k}_p,\boldsymbol{k}_p^{\mathrm{H}}\}\approx\langle\boldsymbol{k}_p\boldsymbol{k}_p^{\mathrm{H}}\rangle=\begin{bmatrix}\boldsymbol{T}_{11} & \cdots & \boldsymbol{X}_{1N}\\ \vdots & \ddots & \vdots\\ \boldsymbol{X}_{1N}^{\mathrm{H}} & \cdots & \boldsymbol{T}_{NN}\end{bmatrix} \tag{8.40}$$

式中，矩阵 $\boldsymbol{T}_{nn}$ 只包含了单纯的极化信息，而矩阵 $\boldsymbol{X}_{mn}$ 是极化与干涉信息的总和。

前文曾提到辛克莱散射矩阵中每个元素 S_{qp} 的相位均包含了目标到雷达距离信息，在双程往返的条件下有

$$S_{qp}=|S_{qp}|\exp(-\mathrm{i}\varphi_{qp})\exp\left(-\mathrm{i}\,\frac{4\pi}{\lambda}r_{qp}\right) \tag{8.41}$$

其可以被分解为两个部分：①与地物散射特性相关的强度、相位成分 $|S_{qp}|\exp(-\mathrm{i}\varphi_{qp})$；②与等效散射中心到传感器距离相关的双程往返相位 $\exp\left(-\mathrm{i}\,\frac{4\pi}{\lambda}r_{qp}\right)$。其中，$r_{qp}$ 为 S_{qp} 对应散射机理的等效散射中心到传感器距离，λ 为载波波长，φ_{qp} 为 qp 散射机理引起的相位变化。由于传感器到等效散射中心的精确距离是未知的，因此没有办法直接估计 r_{qp}。若对同一地物在相近的位置上有相同极化的两次重复观测 S_{qp1}、S_{qp2}，如果两次观测入射角差别不大，可以近似认为散射机理相位相等：$\varphi_{qp1}\approx\varphi_{qp2}$，则 S_{qp1} 与 S_{qp2} 共轭相乘后干涉相位为

$$\phi=\arg(S_{qp1}S_{qp2}^{*})=-\frac{4\pi}{\lambda}(r_{qp1}-r_{qp2}) \tag{8.42}$$

即为传统干涉测量的干涉相位。当极化方式不同时，ϕ 是干涉相位与极化相位差的总和，并被记录在式(8.40)的 $\boldsymbol{X}$ 矩阵中。而通过对 $\boldsymbol{T}_{MB}$ 在泡利矢量上的投影，则可获得指定泡利散射机理 $\boldsymbol{\omega}_m$ 与 $\boldsymbol{\omega}_n$ 上的复相干系数为

$$\gamma(\boldsymbol{\omega}_m,\boldsymbol{\omega}_n)_{mn}=\frac{\boldsymbol{\omega}_m^{\mathrm{H}}\boldsymbol{X}_{mn}\boldsymbol{\omega}_n}{\sqrt{(\boldsymbol{\omega}_m^{\mathrm{H}}\boldsymbol{T}_{mm}\boldsymbol{\omega}_m)(\boldsymbol{\omega}_n^{\mathrm{H}}\boldsymbol{T}_{nn}\boldsymbol{\omega}_n)}} \tag{8.43}$$

8.2.2　森林地区极化干涉分解模型

根据前述森林地区极化合成孔径雷达目标分解原理，$\boldsymbol{T}_{MB}$ 也可以被分解为一

系列物理模型的非相干叠加，假设第 m 与第 n 传感器获取的泡利散射矢量为 $\boldsymbol{k}_m$、$\boldsymbol{k}_n$，则有

$$\left.\begin{aligned}\boldsymbol{k}_m&=\boldsymbol{P}^{(m)}_{P\text{Volume}}\boldsymbol{k}^{(m)}_{\text{Volume}}+\boldsymbol{P}^{(m)}_{P\text{Bragg/X-Bragg}}\boldsymbol{k}^{(m)}_{\text{Bragg/X-Bragg}}+\boldsymbol{P}^{(m)}_{P\text{Double}}\boldsymbol{k}^{(m)}_{\text{Double}}+\cdots\\ \boldsymbol{k}_n&=\boldsymbol{P}^{(n)}_{P\text{Volume}}\boldsymbol{k}^{(n)}_{\text{Volume}}+\boldsymbol{P}^{(n)}_{P\text{Bragg/X-Bragg}}\boldsymbol{k}^{(n)}_{\text{Bragg/X-Bragg}}+\boldsymbol{P}^{(n)}_{P\text{Double}}\boldsymbol{k}^{(n)}_{\text{Double}}+\cdots\end{aligned}\right\}\tag{8.44}$$

式中，$\boldsymbol{P}^{(y)}_{Px}$ 为第 y 传感器观测的散射机理 x 在穿透植被层时引起的扰动矩阵，$\boldsymbol{k}^{(y)}_{x}$ 为第 y 传感器观测的散射机理 x 对应的泡利散射矢量。通常可以认为不同散射机理对应的泡利散射矢量是不相关的，同时考虑到“森林地区极化合成孔径雷达目标分解”小节中的物理模型，近似有

$$\left.\begin{aligned}\boldsymbol{T}_{mm}&=E\{\boldsymbol{k}_m\boldsymbol{k}^{\text{H}}_m\}=\boldsymbol{T}^{(m)}_{\text{Canopy}}+\boldsymbol{T}^{(m)}_{\text{Surface}}+\boldsymbol{T}^{(m)}_{\text{Dihedral}}+\cdots\\ \boldsymbol{T}_{nn}&=E\{\boldsymbol{k}_n\boldsymbol{k}^{\text{H}}_n\}=\boldsymbol{T}^{(n)}_{\text{Canopy}}+\boldsymbol{T}^{(n)}_{\text{Surface}}+\boldsymbol{T}^{(n)}_{\text{Dihedral}}+\cdots\\ \boldsymbol{X}_{mn}&=E\{\boldsymbol{k}_m\boldsymbol{k}^{\text{H}}_n\}=\boldsymbol{X}^{(mn)}_{\text{Canopy}}+\boldsymbol{X}^{(mn)}_{\text{Surface}}+\boldsymbol{X}^{(mn)}_{\text{Dihedral}}+\cdots\end{aligned}\right\}\tag{8.45}$$

式中，$\boldsymbol{T}^{(y)}_{\text{Canopy}}$、$\boldsymbol{T}^{(y)}_{\text{Surface}}$、$\boldsymbol{T}^{(y)}_{\text{Dihedral}}$分别考虑了植被扰动矩阵的体散射、Bragg/X-Bragg 散射、二次散射过程，$\boldsymbol{X}^{(mn)}_{\text{Canopy}}$、$\boldsymbol{X}^{(mn)}_{\text{Surface}}$、$\boldsymbol{X}^{mn}_{\text{Dihedral}}$为不同基线对应的相关矩阵。当第 m 与第 n 传感器空间位置相差不大时（即基线 $B_\perp$ 较小），可以认为不同传感器获取的极化信息近似相等，即 $T_{mm}\approx T_{nn}$，得

$$\left.\begin{aligned}\boldsymbol{T}&=\frac{1}{N}\sum_{y=1}^{N}\boldsymbol{T}_{yy}=\boldsymbol{T}_{\text{Canopy}}+\boldsymbol{T}_{\text{Surface}}+\boldsymbol{T}_{\text{Dihedral}}+\cdots\\ \boldsymbol{X}_{mn}&=E\{\boldsymbol{k}_m\boldsymbol{k}^{\text{H}}_n\}=\boldsymbol{X}^{(mn)}_{\text{Canopy}}+\boldsymbol{X}^{(mn)}_{\text{Surface}}+\boldsymbol{X}^{(mn)}_{\text{Dihedral}}+\cdots\end{aligned}\right\}\tag{8.46}$$

式中，$\boldsymbol{T}$ 是 N 个传感器相干矩阵 $\boldsymbol{T}_{yy}$ 的平均值。$\boldsymbol{T}$ 中只包含了森林的极化信息，任意第 m 与第 n 传感器不同散射机理对应的干涉信息则包含在 $\boldsymbol{X}_{mn}$ 中。式(8.46)是绝大多数极化 InSAR 树高、地形估计算法的基础公式。例如，DEM 差分法将 $\boldsymbol{X}^{(mn)}_{\text{Canopy}}$ 与 $\boldsymbol{X}^{(mn)}_{\text{Surface}}$ 的干涉相位差视为树高，随机地表（random volume over ground，RVoG）模型与 OVoG 模型通过计算 $\boldsymbol{X}_{mn}$、$\boldsymbol{T}$ 的相干系数估计植被下地形相位与树高，Neumann 模型尝试联立求解 $\boldsymbol{X}_{mn}$ 与 $\boldsymbol{T}$ 获取植被高度，多基线下 $\boldsymbol{X}_{mn}$ 与 $\boldsymbol{T}$ 的变化式则可表示 TSAR 过程等。假设植被高度为 h_{v}，植被下地形高程为 z_0，则有

$$\left.\begin{aligned}&\boldsymbol{T}_{\text{Canopy/Surface/Dihedral}}\\&=\mathrm{e}^{\frac{-(\sigma_a+\sigma_b)h_v}{\cos\theta}}\int_0^{h_v}\mathrm{e}^{\frac{(\sigma_a+\sigma_b)z}{\cos\theta}}\boldsymbol{P}(\tau)\boldsymbol{T}_{\text{volume/Bragg/X-Bragg/Double}}\boldsymbol{P}(\tau*)\mathrm{d}z\boldsymbol{X}^{(mn)}_{\text{Canopy/Surfacel/Dihedral}}\\&=\mathrm{e}^{\mathrm{i}\beta_s z_0}\,\mathrm{e}^{\frac{-(\sigma_a+\sigma_b)h_v}{\cos\theta}}\int_0^{h_v}\mathrm{e}^{\mathrm{i}\beta_z^{(mm)}z}\,\mathrm{e}^{\frac{(\sigma_a+\sigma_b)z}{\cos\theta}}\boldsymbol{P}(\tau)\boldsymbol{T}_{\text{volume/Bragg/X-Bragg/Double}}\boldsymbol{P}(\tau*)\mathrm{d}z\end{aligned}\right\}\tag{8.47}$$

式中，$\beta^{(mn)}_z$ 表示第 m 与第 n 传感器干涉对应的相高转换系数，而 $\boldsymbol{T}_{\text{Bragg/X-Bragg/Double}}$ 只在 $z=0$ 时有定义。

§8.3　RVoG 模型植被下 DEM 估计

8.3.1　RVoG 模型原理

RVoG 模型是随机体散射—地表散射模型的简称，其将森林建模为考虑植被衰减的体散射与地表散射的共同过程，植被层被假设为各向同性介质，因此可以用单一的消光系数表示整体衰减过程。若忽略高次散射过程，当植被层被假设为各向同性介质时，由前文"森林地区极化干涉分解模型"小节中可知

$$\left.\begin{aligned}
\boldsymbol{T}_{\text{Surface/Dihedral}} &= e^{\frac{-2\sigma h_v}{\cos\theta}}\boldsymbol{T}_{\text{Bragg/X-Bragg/Double}} \\
\boldsymbol{X}^{(mn)}_{\text{Surface/Dihedral}} &= e^{i\beta_z^{(mn)}}e^{\frac{-2\sigma h_v}{\cos\theta}}\boldsymbol{T}_{\text{Bragg/X-Bragg/Double}} \\
\boldsymbol{T}_{\text{Canopy}} &= e^{\frac{-2\sigma h_v}{\cos\theta}}\int_0^{h_v}e^{\frac{2\sigma z}{\cos\theta}}\boldsymbol{T}_{\text{volune}}\,dz \\
\boldsymbol{X}^{(mn)}_{\text{Canopy}} &= e^{i\beta_z^{(mn)}}e^{\frac{-2\sigma h_v}{\cos\theta}}\int_0^{h_v}e^{i\beta_z^{mn}z}e^{\frac{2\sigma z}{\cos\theta}}\boldsymbol{T}_{\text{volume}}\,dz
\end{aligned}\right\}$$

$$\Rightarrow\left.\begin{aligned}\boldsymbol{T}&=\boldsymbol{T}_{\text{Canopy}}+\boldsymbol{T}_{\text{Surface}}+\boldsymbol{T}_{\text{Dihedral}}+\cdots\\ \boldsymbol{X}_{mn}&=\boldsymbol{X}^{(mn)}_{\text{Canopy}}+\boldsymbol{X}^{(mn)}_{\text{Surface}}+\boldsymbol{X}^{(mn)}_{\text{Dihedral}}+\cdots\end{aligned}\right\}\Rightarrow\left.\begin{aligned}\boldsymbol{T}&=\boldsymbol{T}_{\text{Canopy}}+\boldsymbol{T}_{\text{Ground}}\\ \boldsymbol{X}_{mn}&=\boldsymbol{X}^{(mn)}_{\text{Canopy}}+e^{i\beta_z^{(mn)}z_0}\boldsymbol{T}_{\text{Ground}}\end{aligned}\right\}\tag{8.48}$$

由于与植被下地表有关的散射机理均有相同的干涉相位 $\beta_z^{(mn)}z_0$，因此可以将其联合表达为 $\boldsymbol{T}_{\text{Ground}}$。在 $\boldsymbol{\omega}_m\equiv\boldsymbol{\omega}_n$ 的假设条件下，极化干涉相干系数为

$$\gamma(\boldsymbol{\omega})_{mn}=\frac{\boldsymbol{\omega}^{H}\boldsymbol{X}_{mn}\boldsymbol{\omega}}{\boldsymbol{\omega}^{H}\boldsymbol{T}\boldsymbol{\omega}}=e^{i\beta_z^{(mn)}}\frac{\gamma_C+\mu(\boldsymbol{\omega})}{1+\mu(\boldsymbol{\omega})}\tag{8.49}$$

当 $\boldsymbol{\omega}^{H}\boldsymbol{\omega}$ 为 1 时，植被去相干系数 γ_C、地体强度比 $\mu(\boldsymbol{\omega})$ 分别为

$$\gamma_C=\frac{\int_0^{h_v}e^{i\beta_z^{(mn)}z}e^{\frac{2\sigma z}{\cos\theta}}dz}{\int_0^{h_v}e^{\frac{2\sigma z}{\cos\theta}}dz}\tag{8.50}$$

$$\mu(\boldsymbol{\omega})=\frac{\boldsymbol{\omega}^{H}\boldsymbol{T}_{\text{Ground}}\boldsymbol{\omega}}{\boldsymbol{\omega}^{H}\boldsymbol{T}_{\text{Canopy}}\boldsymbol{\omega}}\geqslant 0\tag{8.51}$$

由 γ_C 可知，RVoG 模型将植被结构函数建模为 $f(z)=e^{\frac{2\sigma}{\cos\theta}\cdot z}$。如图 8.22 所示，入射角 θ 的余弦 $\cos\theta$ 将垂直高度 z 转化为斜距深度，σ 为消光系数。

在实际的过程中并不直接求解 $\boldsymbol{T}_{\text{Ground}}$ 与 $\boldsymbol{T}_{\text{Canopy}}$，而是通过三个复相干系数 $\gamma(\boldsymbol{\omega}_1)_{mn}$、$\gamma(\boldsymbol{\omega}_2)_{mn}$、$\gamma(\boldsymbol{\omega}_3)_{mn}$ 求解六个未知数：z_0、h_v、σ、$\mu(\boldsymbol{\omega}_1)$、$\mu(\boldsymbol{\omega}_2)$ 与 $\mu(\boldsymbol{\omega}_3)$。其中，树高 h_v、消光系数 σ 与地体强度比 $\mu(\boldsymbol{\omega})$ 均为非负，z_0 为植被下地表高程。

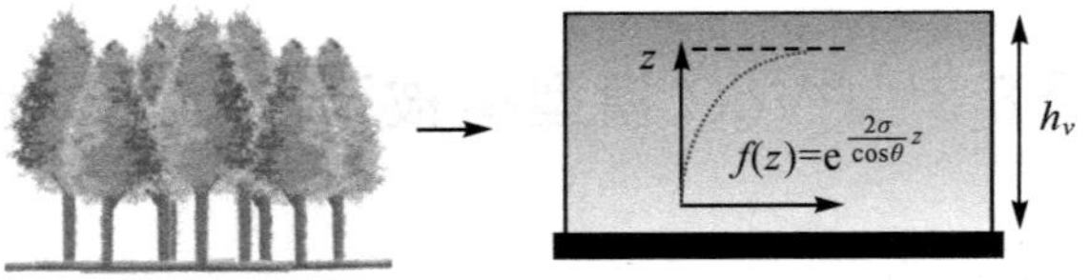

图 8.22 RVoG 森林散射模型

若将 RVoG 模型复相干系数绘制在以实数为横轴、虚数为纵轴的复平面上，可以发现其在复平面上的相干区域为一条直线，本书在此给出简单的证明。假设有任意两个不相等的散射矢量 $\boldsymbol{\omega}_1$ 与 $\boldsymbol{\omega}_2$，对应相干系数的差可表示为复平面上 $\gamma(\boldsymbol{\omega}_1)_{mn}$ 与 $\gamma(\boldsymbol{\omega}_2)_{mn}$ 两点连线形成的矢量，其相位表示为该矢量与水平坐标轴的夹角，即

$$\arg(\gamma(\boldsymbol{\omega}_1)_{mn}-\gamma(\boldsymbol{\omega}_2)_{mn})=\beta_z^{(mn)}z_0+\arg(\gamma_C-1) \tag{8.52}$$

式(8.52)与选取的散射矢量 $\boldsymbol{\omega}_1$ 和 $\boldsymbol{\omega}_2$ 无关，即 RVoG 模型相干区域中任意两点连线均有恒定的斜率，因此 RVoG 模型的相干区域是一条直线。RVoG 模型中的各个待求解参数都有明确的物理含义。如图 8.23 所示，RVoG 模型通常只能观测有限长度线段(黑色粗线)，线段并不会与单位圆直接相交。如果对线段进行延长，延长线必然与单位圆交于两点，其中一个交点为地表干涉相位对应的复数 $e^{i\beta_z^{(mn)}}$(右上角第一个点)；黑色线段上离 $e^{i\beta_z^{(mn)}}$ 最远的点为有地表高度抬升的植被相干系数 $\gamma_C e^{i\beta_z^{(mn)}}$(左下角第二个点)。也就是说，任意满足 RVoG 模型的观测值 $\gamma(\boldsymbol{\omega})_{mn}$ 必然在点 $\gamma_C e^{i\beta_z^{(mn)}}$ 与 $e^{i\beta_z^{(mn)}}$ 之间。当地体强度比 $\mu(\boldsymbol{\omega})$ 越大时，$\gamma(\boldsymbol{\omega})_{mn}$ 越接近 $e^{i\beta_z^{(mn)}}$；$\mu(\boldsymbol{\omega})$ 越小时，$\gamma(\boldsymbol{\omega})_{mn}$ 越接近 $\gamma_C e^{i\beta_z^{(mn)}}$。$e^{i\beta_z^{(mn)}}$ 对 $\gamma(\boldsymbol{\omega})_{mn}$ 的贡献在于将直线围绕原点整体旋转 $\beta_z^{(mn)}z_0$，因此在估计未知量时通常首先估计 $e^{i\beta_z^{(mn)}}$，将其从 $\gamma(\boldsymbol{\omega})_{mn}$ 中消除，再完成后面的估计，结果如图 8.24 所示。

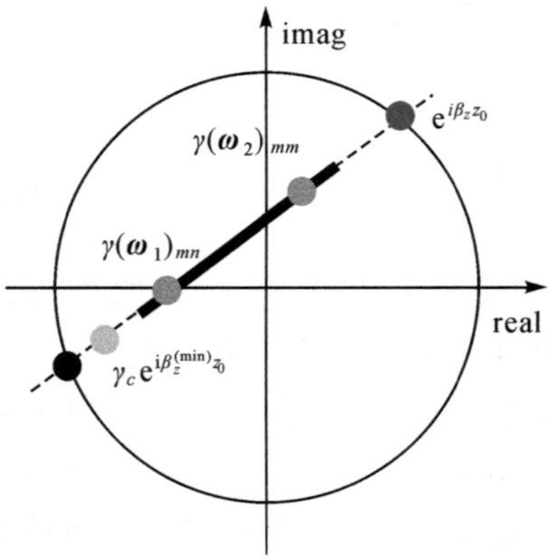

图 8.23 未消除植被下地表相位

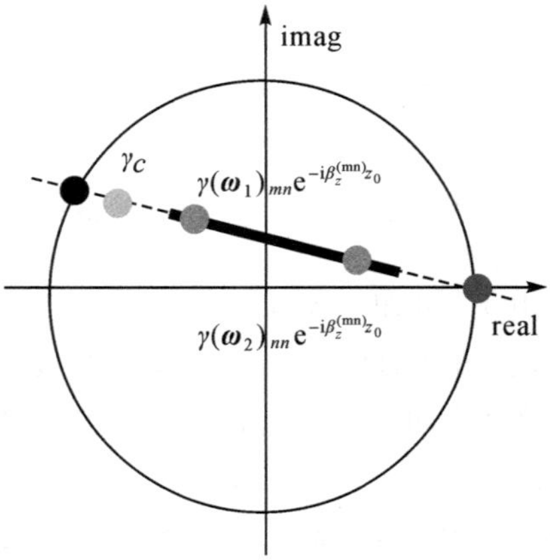

图 8.24 消除植被下地表相位

8.3.2　植被下地表相位估计模糊

RVoG 模型在复平面上的直线特性为植被下 DEM 估计提供了一个便捷途径：只需要估计不同极化状态下的相干系数 $\gamma(\boldsymbol{\omega})_{mn}$，将其绘制在复平面上并拟合为一条直线，直线与单位圆有两个交点，其中一个交点相位为植被下地表相位 φ_1，另外一个为无效解 φ_2。通常有三种方法判断哪个点为真实的地表相位。

1. 基于 DEM 的地表相位估计

当可以获取观测地区的粗精度 DEM 时，如 90 m 格网间隔的 SRTM-DEM，将 DEM 与合成孔径雷达图像配准，利用极化 InSAR 的几何关系，模拟粗精度 DEM 的干涉相位 φ_s。φ_1 和 φ_2 中与 φ_s 中最接近的相位即为真实地表相位。该方法步骤较为烦琐，需要图像配准、相位缠绕模拟等操作，同时也没有考虑图像噪声的因素，往往难以确定真实地表相位。

2. 基于散射机理的地表相位估计

回顾前面提到的极化矩阵 $\boldsymbol{T}_{\text{Canopy}}$ 与 $\boldsymbol{T}_{\text{Ground}}$，现有的极化合成孔径雷达研究普遍认为 HV 分量主要来自植被枝叶的散射过程，因此 $\boldsymbol{T}_{\text{Canopy}}$ 的 HV 分量要比 $\boldsymbol{T}_{\text{Ground}}$ 的 HV 分量强；而 HH＋VV 与 HH-VV 主要来自植被下 Bragg 散射和二面角散射，$\boldsymbol{T}_{\text{Ground}}$ 的 HH＋VV 与 HH-VV 分量要比 $\boldsymbol{T}_{\text{Canopy}}$ 相同分量强。总体而言，不同极化状态下的地体强度比关系为 $\mu(\boldsymbol{\omega}_{\text{HV}})\leqslant\mu(\boldsymbol{\omega}_{\text{HH+VV}})$ 且 $\mu(\boldsymbol{\omega}_{\text{HV}})\leqslant\mu(\boldsymbol{\omega}_{\text{HH+VV}})$。结合 RVoG 模型的特点，较大 $\mu(\boldsymbol{\omega})$ 对应的相干系数比较靠近地表相位 $\beta_z^{(mn)}z_0$，较小 $\mu(\boldsymbol{\omega})$ 对应的相干系数比较靠近 γ_C。因此，通常认为延长线在单位圆上两个交点中，在 $\gamma(\boldsymbol{\omega}_{\text{HV}})_{mn}$ 点一侧的交点为错误解，在 $\gamma(\boldsymbol{\omega}_{\text{HH+VV}})_{mn}$ 或 $\gamma(\boldsymbol{\omega}_{\text{HH-VV}})_{mn}$ 一侧的交点为地表相位。该方法从物理散射的角度出发，不需要外部数据的辅助就可以简单获取地表干涉相位。

但是，在实际中往往会有 $\mu(\boldsymbol{\omega}_{\text{HV}})\geqslant\mu(\boldsymbol{\omega}_{\text{HH+VV}})$ 或 $\mu(\boldsymbol{\omega}_{\text{HV}})\geqslant\mu(\boldsymbol{\omega}_{\text{HH-VV}})$ 的情况存在，在 RVoG 模型上表现为 $\gamma(\boldsymbol{\omega}_{\text{HV}})_{mn}$ 位于 $\gamma(\boldsymbol{\omega}_{\text{HH+VV}})_{mn}$ 与 $\gamma(\boldsymbol{\omega}_{\text{HH-VV}})_{mn}$ 之间。这一般有两种原因：①当地形起伏较大时，极化方位角会使得 $\boldsymbol{T}_{\text{Ground}}$ 存在强烈的 HV 去极化分量，从而使得 $\mu(\boldsymbol{\omega}_{\text{HV}})$ 增大；②当植被层存在较强的方向性时，如枝叶生长方向不再随机，具有明显的方向倾向，$\boldsymbol{T}_{\text{Canopy}}$ 的 HV 分量会减小、HH＋VV 与 HH-VV 分量增加，使得 $\mu(\boldsymbol{\omega}_{\text{HH-VV}})$ 或 $\mu(\boldsymbol{\omega}_{\text{HH+VV}})$ 减小、$\mu(\boldsymbol{\omega}_{\text{HV}})$ 增大。因此，单纯地利用散射机理估计地表相位也会带来误差。

3. 基于最大干涉相位的地表相位估计

若极化 InSAR 系统在重复观测时严格控制干涉的相高转化系数 $\beta_z^{(mn)}$，使得观察区域内最大树高 h_{v} 满足 $0\leqslant h_{\text{v}}\beta_z^{(mn)}\leqslant\pi$，则可以使用排除法消除延长线与单位圆交点中的无效解。假设 RVoG 模型中相干区域的延长线与单位圆有两个交点，其中一个交点相位为 φ_1，另外一个为 φ_2；将观测值 $\gamma(\boldsymbol{\omega})_{mn}$ 中的相位消除，如

图 8.25中的 $\gamma(\boldsymbol{\omega})_{mn}\mathrm{e}^{-\mathrm{i}\varphi_1}$ 与图 8.26 中的 $\gamma(\boldsymbol{\omega})_{mn}\mathrm{e}^{-\mathrm{i}\varphi_2}$；$\gamma(\boldsymbol{\omega})_{mn}\mathrm{e}^{\mathrm{i}\varphi_1}$ 与 $\gamma(\boldsymbol{\omega})_{mn}\mathrm{e}^{\mathrm{i}\varphi_2}$ 中必有一个解的相位大于 π，这违背了 $0\leqslant h_{\mathrm{v}}\beta_z^{(mn)}\leqslant\pi$ 条件，此即为错误解，将其消除从而获取真实地表相位。该方法原理简单，基本上不会引入新的误差，因此精度较高。但很多时候干涉系统往往不能达到 $0\leqslant h_{\mathrm{v}}\beta_z^{(mn)}\leqslant\pi$ 的相位条件，而多基线极化 InSAR 可以很好地解决这个问题，即使所有基线都不满足 $0\leqslant h_{\mathrm{v}}\beta_z^{(mn)}\leqslant\pi$ 的相位条件，仍然可以利用多基线间的互补信息准确估计植被下地形相位。

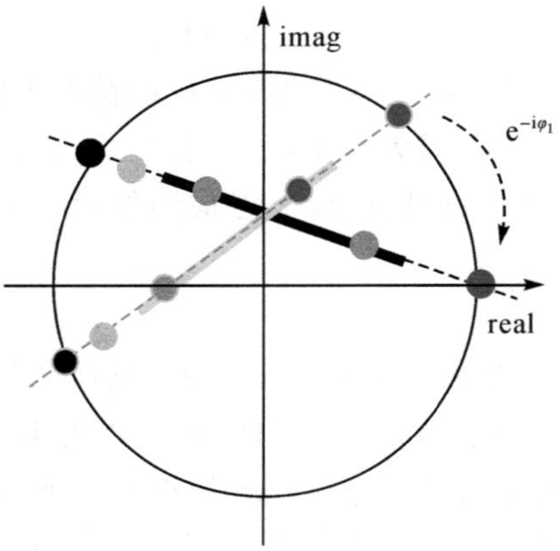

图 8.25　消除真实地表相位后满足 $0\leqslant h_{\mathrm{v}}\beta_z^{(mn)}\leqslant\pi$ 相位条件

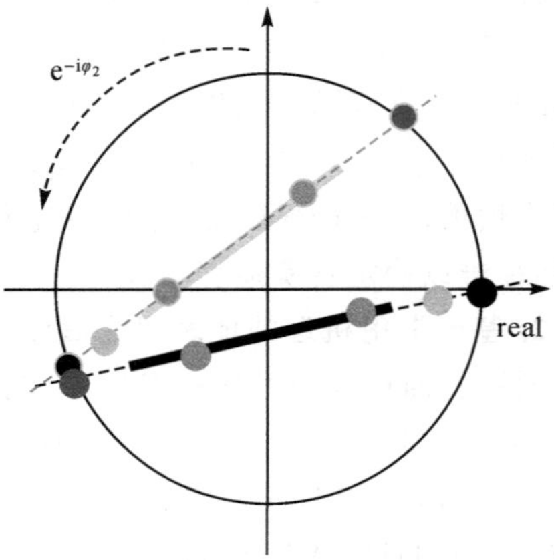

图 8.26　消除备选地表相位后不满足 $0\leqslant h_{\mathrm{v}}\beta_z^{(mn)}\leqslant\pi$ 相位条件

8.3.3　植被下 DEM 估计

实验数据选用北纬 47.89°、西经 12.63°地区的 E-SAR 传感器获取的三景机载全极化 L 波段图像，获取时间为：2003 年 11 月 11 日上午 9 时第 1 轨（主天线），2003 年 11 月 11 日上午 8 时 50 分第 2 轨（5 m 基线），2003 年 11 月 11 日上午8 时 40 分第 3 轨（10 m 基线）。本实例对三景图像构成的 3 根基线进行研究：第 1 轨与第 2 轨（基线 1×2，长度 5 m）、第 1 轨与第 3 轨（基线 1×3，长度 10 m）、第 2 轨与第 3 轨（基线 2×3，长度 5 m）。图像覆盖区常年种植北方云杉、苏格兰松、白杉、欧洲落叶松、欧洲山毛榉、岑树、枫树、橡树与桦树等。雷达图像覆盖范围约为 5 000 m×2 110 m，观测区内几乎包含了上面提到的所有树种，同时还有少量的居民地、草地、裸地等。此外，树木实测平均高度、激光雷达获取的数字表面模型（digital surface model，DSM）（树高＋地形整体高度）将作为验证数据检验 RVoG 模型植被下 DEM 估计精度。

一般而言，DEM 误差是前期 InSAR 处理误差的累积，如最初的合成孔径雷达成像误差、运动补偿误差、相位定标误差、配准误差、相位解缠误差与相位—高程转换误差等。而森林带来的植被去相干加剧了相位解缠中的不连续现象，增加了解缠的误差。本章对整个图像覆盖区进行了极化 InSAR 处理，然后对干涉相位进行相位解缠与高程估计。图 8.27 为本章高程估计实验的覆盖区域，图 8.28 为森林掩模图像。本章对森林区域进行 RVoG 模型估计，对非森林区域则采用普通的 HH＋VV 极化干涉处理方法获取地表干涉相位。为了进行定量分析，本章在真实数字表面模型参考图像上沿距离向选择了两个切面进行评估，其在雷达图像上对应位置如图 8.29 剖线位置所示。

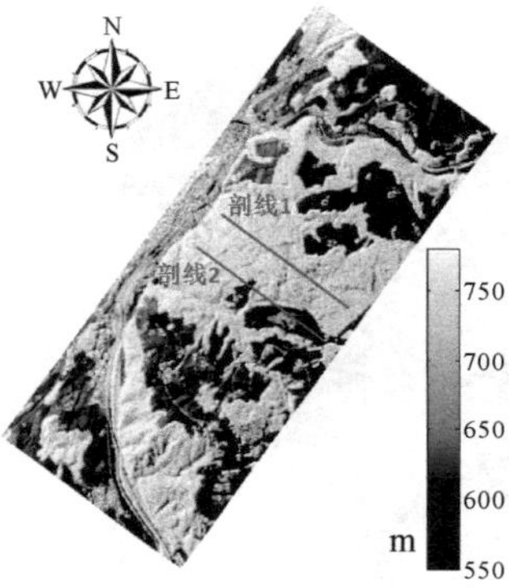

图 8.27　主天线泡利图像

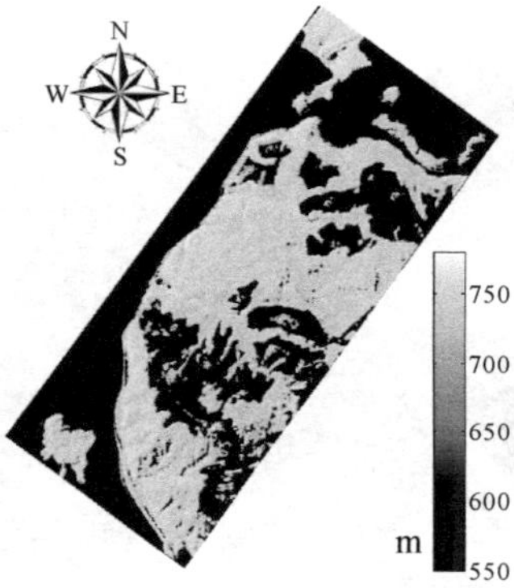

图 8.28　森林掩模图像

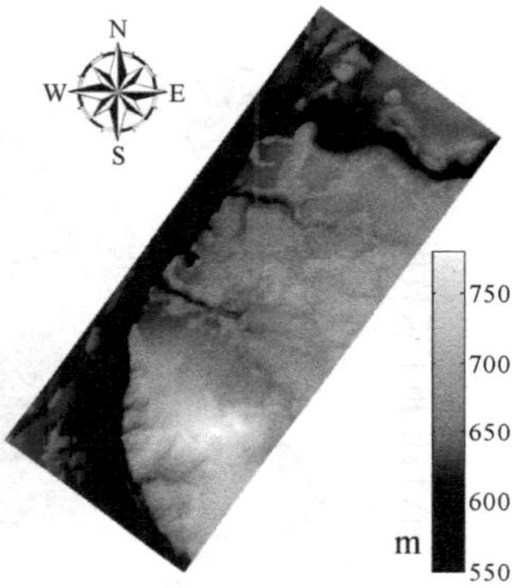

图 8.29　激光雷达数字表面模型图像

在不同基线条件下估计了不同极化方式的相干系数相位。值得说明的是，普通干涉方法仅对干涉相位进行处理，而森林 RVoG 模型估计的植被下相位由相干系数获取。为了比较的公平性，本章在进行干涉处理获取地表地形时采用相干系数相位进行计算。如图 8.30 至图 8.32 所示，本章估计了各个基线 HH＋VV、HV

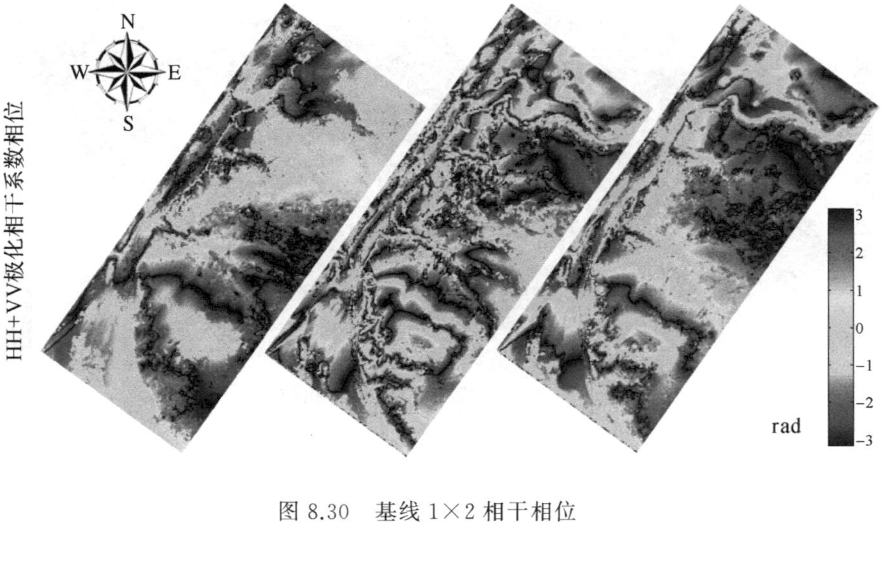

图 8.30　基线 1×2 相干相位

与植被下地形的相干相位。总体而言，相干系数相位随基线与极化方式的变化而变化，如 10 m 基线的相位缠绕总比 5 m 基线多；而两个 5 m 基线因为入射角与斜距的不同使得相干相位不同。虽然同一基线下的 HH+VV、HV 与植被下地形相位的目视效果差别并不大，但 RVoG 模型对应的植被下地形相位相对比较细碎，而较多的相位模糊条纹与细碎的干涉相位会增加解缠的难度，在相位—高程转换中引起较大的误差。

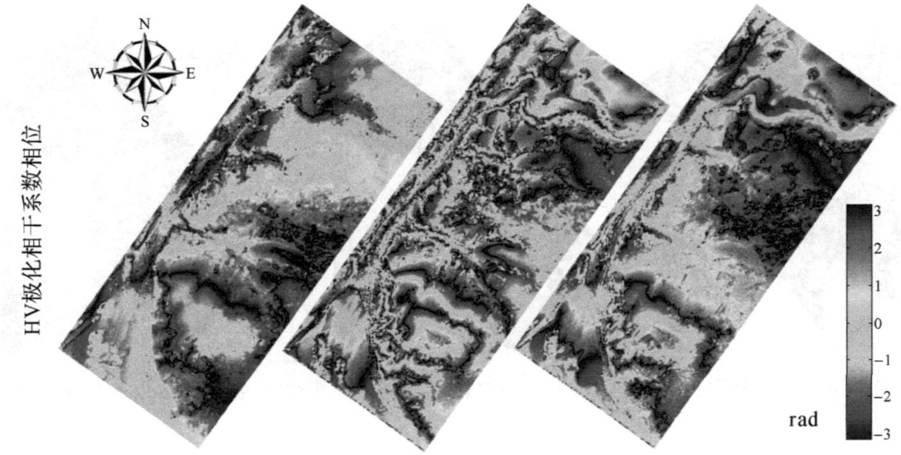

图 8.31 基线 1×3 相干相位

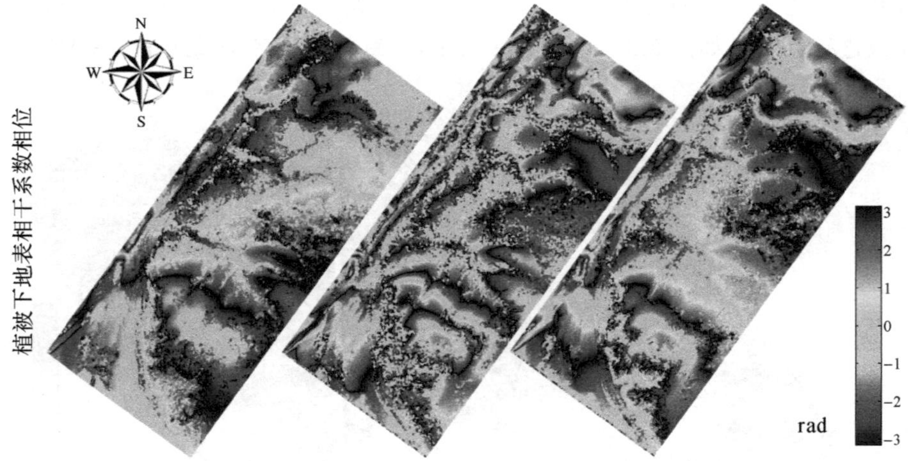

图 8.32 基线 2×3 相干相位

采用质量图指导的相位解缠法进行去缠绕处理，相位解缠后估计的 DEM 如图 8.33 至图 8.35 所示。显然，不同极化方式与不同基线下获取的 DEM 结果不同。无论是 HH＋VV 还是 HV 极化方式，5 m 短基线获取的 DEM 与真实数字表面模型相比较为相似。而 10 m 长基线获取的 DEM 在城区附近都出现了较为明显的不连续斑块，这主要是由于复杂的城区结构引起了相干相位的不连续性，增加了相位的解缠误差。而没有森林覆盖的裸地相干相位噪声较少，因此解缠结果显得较为连续。

图 8.33　基线 1×2 估计高程

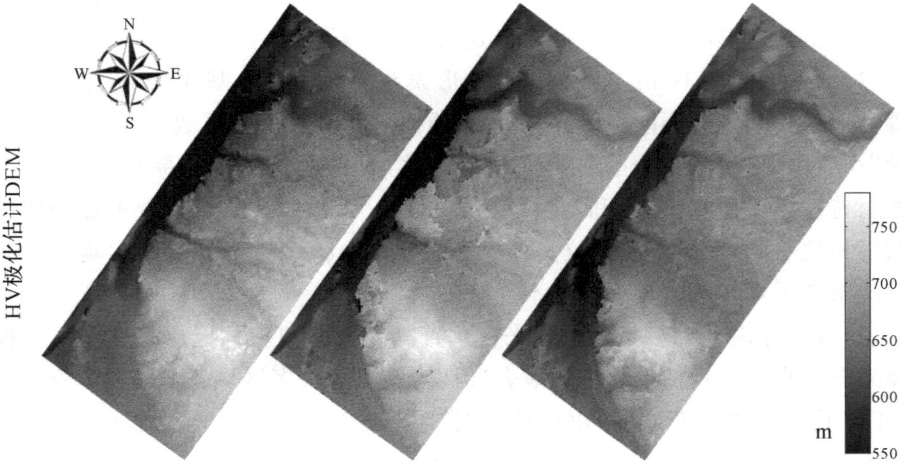

图 8.34　基线 1×3 估计高程

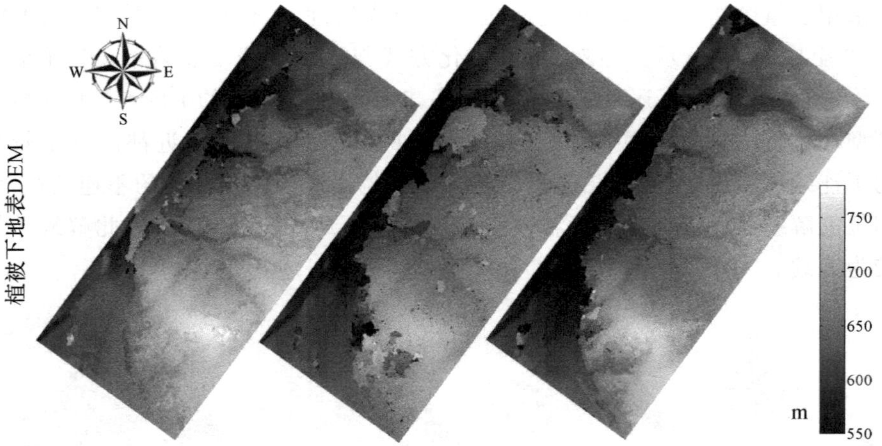

图 8.35 基线 2×3 估计高程

图 8.36 与图 8.37 对估计的 DEM 进行了剖面定量分析。剖面图中有真实数字表面模型高度、本书方法估计的植被下地形高度、HV 极化与 HH＋VV 极化估计的 DEM 高度。由于地表数字表面模型是地形高度与树高的总和，本章在对比实验中将剖面上有实测树高的区域标识为浅绿色并给出了对应树高。从整体趋势上看，实测数字表面模型与各种方法估计的 DEM 具有相似的地形走势；除了剖面上个别样点外，估计的 DEM 与数字表面模型高程差在 50 m 内，与实测树高的变化范围基本吻合。在大多数区域，估计的植被下地形高度位于数字表面模型与 HH＋VV、HV 极化对应 DEM 下方，这说明本章估计的植被下地表相位基本是正确的。从估计地形的细节上看可以得到以下几个结论[21]：

(1)两个剖面上 10 m 基线估计的地形误差要高于 5 m 基线结果，这主要是由于森林地区长基线观测图像差异较大，严重影响了森林相干系数。在"极化干涉观测量"小节中，提到辛克莱散射矩阵每个元素 qp 的相位由两个部分组成，即与地物散射特性相关的相位 φ_{qp} 和与斜距相关相位。长基线观测意味着主辅图像中地物散射相位不同，因此干涉相位受随机相位误差 $\Delta\varphi=\varphi_{qp1}-\varphi_{qp2}$ 的影响，$\Delta\varphi$ 即为长基线条件下森林区域相干相位不连续的主要原因。

(2)虽然理论上 HV 极化主要来自垂直高度较高的森林冠层，HH＋VV 极化主要来自垂直高度较低的森林下地表，但实验发现，许多区域 HH＋VV 极化获取的 DEM 比 HV 极化获取的 DEM 高，这说明单纯利用散射机理对地表相位进行估计是不准确的，必须结合其他信息估计。

(3)剖面 1 中实测森林区域数字表面模型与 5 m 基线估计的植被下地形高度差在 30～40 m 之间，这与 30 m 实测树高是极其吻合的；对于剖面 2 中树高高于 20 m 的森林区域，数字表面模型与 5 m 基线植被下地形的高差几乎等于树高，这说明本章提出的方法在树下地形估计方面达到了相当的高程反演精度。

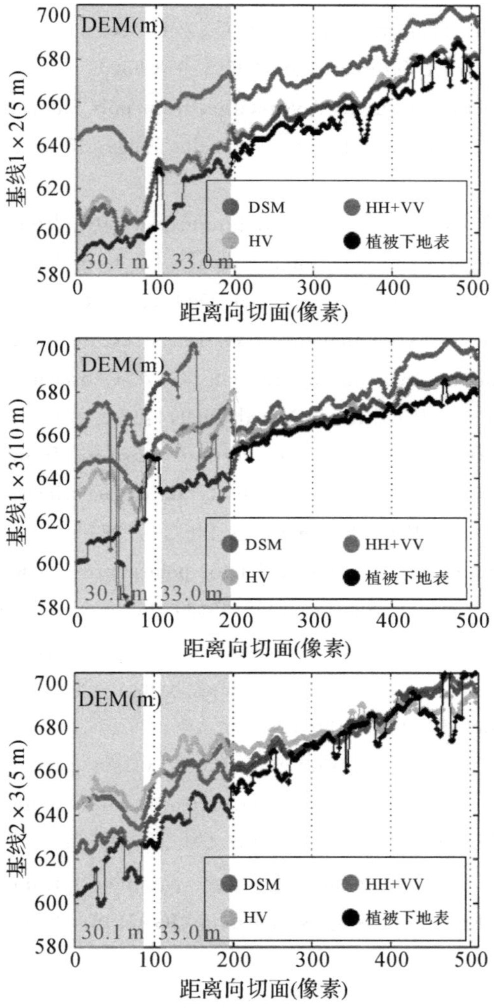

图 8.36　剖面 1 高程估计结果

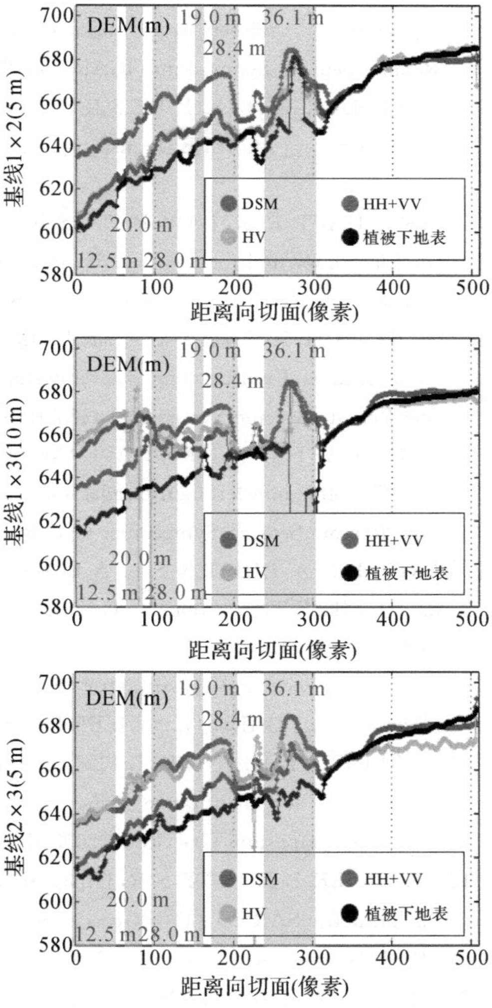

图 8.37　剖面 2 高程估计结果

参考文献

[1] LEE J S, POTTIER E. Polarimetric radar imaging: from basics to applications[M]. Taylor and Francis Press, 2009.

[2] CLOUDE S. Polarisation: applications in remote sensing[M]. Oxford University Press, 2009.

[3] NEUMANN M. Remote sensing of vegetation using multi-baseline polarimetric SAR interferometry: theoretical modeling and physical parameter retrieval [D]. France:

Université de Rennes 1, 2009.

[4] TREUHAFT R,MOGHADDAM M,VAN ZYL J,et al. Estimating vegetation and surface topographic parameters from multibase radar radar interferometry[C]// Geoscience and Remote Sensing Symposium (IGARSS),1996 IEEE International,1996,2:978-980.

[5] TREUHAFT R N,CLOUDE S R. The structure of oriented vegetation from polarimetric interferometry[J]. IEEE Transactions on Geoscience and Remote Sensing,1999,37(5):2620-2624.

[6] TREUHAFT R N, LAW B E, ASNER G P, et al. Vegetation profile estimates from multialtitude, multifrequency radar interferometric and polarimetric data[C]// Geoscience and Remote Sensing Symposium (IGARSS),2000 IEEE International,2000,1:126-128.

[7] TREUHAFT R N,LAW B E,SIQUEIRA P R. Estimating forest vertical structure from multialtitude, fixed-baseline radar interferometric and polarimetric data[C]// Geoscience and Remote Sensing Symposium (IGARSS),1999 IEEE International,1999,4:2209-2211.

[8] TREUHAFT R N, MOGHADDAM M, YODER B J. Forest vertical structure from multibaseline interferometric radar for studying growth and productivity[C]// Geoscience and Remote Sensing Symposium (IGARSS),1997 IEEE International,1997,4:1884-1886.

[9] FREEMAN A,DURDEN S L. A three-component scattering model for polarimetric SAR data[J]. IEEE Transactions on Geoscience and Remote Sensing,1998,36(3):963-973.

[10] ALLAIN S,FERRO-FAMIL L,POTTIER E,et al. Extraction of surface parameters from multi-frequency and polarimetric SAR data[C]// Geoscience and Remote Sensing Symposium (IGARSS),2002 IEEE International,2002,1:426-428.

[11] BREUER A, HAJNSEK I, FERRO-FAMIL L, et al. Full polarimetry versus partial polarimetry for quantitative surface parameter estimation[C]// Geoscience and Remote Sensing Symposium (IGARSS),2003 IEEE International,2003,1:437-439.

[12] HAJNSEK I,CLOUDE S R,JONG-SEN L,et al. Inversion of surface parameters from polarimetric SAR data[C]//Geoscience and Remote Sensing Symposium (IGARSS), 2000 IEEE International,2000,3:1095-1097.

[13] HAJNSEK I, POTTIER E, CLOUDE S R. Inversion of surface parameters from polarimetric SAR[J]. IEEE Transactions on Geoscience and Remote Sensing,2003,41(4):727-744.

[14] BRUNNER D,BRUZZONE L,FERRO A,et al. Analysis of the reliability of the double bounce scattering mechanism for detecting buildings in VHR SAR images[C]// Radar Conference,2009 IEEE,2009:1-6.

[15] BALLESTER-BERMAN J D,LOPEZ-SANCHEZ J M. Coherence loci for a homogeneous volume over a double-bounce ground return[J]. IEEE Geoscience and Remote Sensing Letters,2007,4(2):317-321.

[16] DAHON C,FERRO-FAMIL L,TITIN-SCHNAIDER C,et al. Computing the double-bounce reflection coherent effect in an incoherent electromagnetic scattering model[J].IEEE

Geoscience and Remote Sensing Letters,2006,3(2):241-245.

[17] CHEN J, ZHANG H, WANG C. An improved four-component decomposition with distributed double-bounce scattering model[C]// Computer Vision in Remote Sensing (CVRS), 2012 International Conference,2012:344-349.

[18] FERRO A,BRUNNER D,BRUZZONE L,et al. On the relationship between double bounce and the orientation of buildings in VHR SAR images[J]. IEEE Geoscience and Remote Sensing Letters,2011,8(4):612-616.

[19] HALLBERG B, SMITH-JONFORSEN G, ULANDER L M H, et al. A physical-optics model for double-bounce scattering from tree stems standing on an undulating ground surface[J]. IEEE Transactions on Geoscience and Remote Sensing,2008,46(9):2607-2621.

[20] LOPEZ-SANCHEZ J M,BALLESTER-BERMAN J D,MARQUEZ-MORENO Y. Volume and double-bounce decorrelation effects in the OVoG model for Single-Tx PolInSAR[C]// Geoscience and Remote Sensing Symposium (IGARSS), 2007 IEEE International,2007: 1143-1146.

[21] SHI L. Vegetation height and underlying ground altitude estimation based on multi-baseline PolInSAR images[D]. China:University Wuhan,2013.

附录 1　基线距

干涉基线距 B 的几何示意如附图 1.1 所示，基线不同的表示方法如附图 1.2 所示，它们之间的转换关系如附表 1.1 所示。

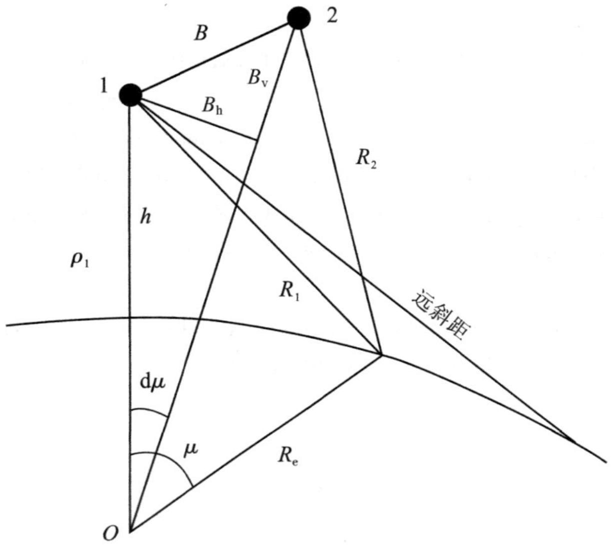

附图 1.1　干涉基线距 B 的几何示意

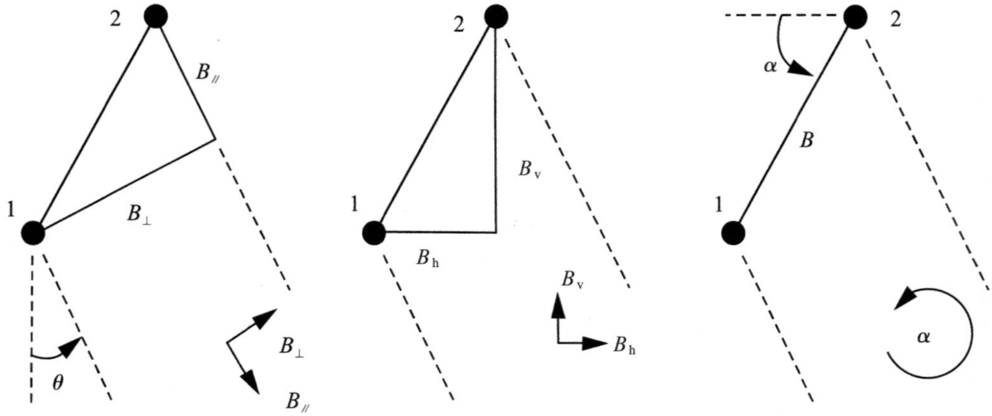

(a) 平行/垂直　　(b) 水平/垂直　　(c) 长度/方位角

附图 1.2　基线的不同表示形式

附表 1.1　各参数转换关系

	$[B_h, B_v]$	$[B,\alpha]$	$[B_\perp, B_{/\!/}]$
$[B_h, B_v]$			$B_h=B_\perp\cos\theta+B_{/\!/}\sin\theta$ $B_v=B_\perp\sin\theta+B_{/\!/}\cos\theta$
$[B,\alpha]$	$\alpha=\arctan(B_v/B_h)$ $B=\sqrt{B_h^2+B_v^2}$		$\alpha=\theta-\arctan(B_{/\!/}/B_\perp)$ $B=\sqrt{B_{/\!/}^2+B_\perp^2}$
$[B_\perp, B_{/\!/}]$	$B_{/\!/}=B_h\sin\theta-B_v\cos\theta$ $B_\perp=B_h\cos\theta+B_v\sin\theta$	$B_{/\!/}=B\sin(\theta-\alpha)$ $B_\perp=B\cos(\theta-\alpha)$	

基线距 B 可通过卫星及地面点的位置矢量计算得到，附图 1.1 和附图 1.2 中各变量的相互关系式为

$$
\begin{aligned}
&B_\perp^2=B^2-B_{/\!/}^2\\
&\boldsymbol{\gamma}_1=\boldsymbol{M}-\boldsymbol{P}\\
&\boldsymbol{\gamma}_1=\boldsymbol{S}-\boldsymbol{P}\\
&\gamma_1=\angle(\boldsymbol{P},\boldsymbol{r}_1)\\
&\gamma_2=\angle(\boldsymbol{P},\boldsymbol{r}_2)\\
&\text{sign}=\begin{cases}-1, & \gamma_1<\gamma_2\\ 1, & \gamma_1>\gamma_2\end{cases}\\
&B_\perp=\text{sign}\sqrt{B_\perp^2}\\
&\theta=\angle(\boldsymbol{M},\boldsymbol{r}_1)\\
&\alpha=\theta-\arctan 2(B_{/\!/},B_\perp)\\
&B_h=B\cos\alpha\\
&B_v=B\sin\alpha
\end{aligned}
$$

附录 2　基本参数及其关系

2.1　干涉测量所需的基本参数

在标准的 SLC 数据产品中，干涉测量所需的基本参数主要可以分为以下几类：①基本的任务信息；②成像时的参数；③成像时的卫星轨道信息。附表 2.1 以欧洲空间局的 ERS 卫星的 SLC 数据为例，对雷达干涉测量的基本参数进行简单说明，所用数据为德国地区的 ERS-1 数据。

附表 2.1　SAR 基本成像参数

中文	英文	值
雷达波长	Radar_wavelength(m)	0.056 666 0
图像中心经度	Scene_centre_longitude	6.844 0
图像中心纬度	Scene_centre_latitude	50.940 0
方位向第一像元成像时刻	First_pixel_azimuth_time(UTC)	1992-3-26 10:25:56.315
最后一行成像时刻	Time To Last Line	1992-3-26 10:26:4.793
脉冲重复频率	Pulse_Repetition_Frequency(Hz)	1 679.902 0
方位向带宽	Total_azimuth_band_width(Hz)	
多普勒频率常数	Xtrack_fDC_constant(Hz)	
多普勒频率线形变化率	Xtrack_fDC_linear(Hz/s)	
多普勒频率二阶变化率	Xtrack_fDC_quadratic(Hz/s)	
距离向回波时延	Range_time_to_first_pixel (2way)(ms)	
距离向脉冲采样频率	Range_sampling_rate(MHz)	
总的距离向带宽	Total_range_band_width(MHz)	
数据行	Number_of_lines_original	
数据列	Number_of_pixels_original	

2.2　SAR 参数中的一些主要关系

1.脉冲重复频率

脉冲重复频率(pulse repetition frequency，PRF)为

$$f_{\mathrm{PRF}}=\frac{Nl-1}{\mathrm{d}t_a}$$

式中，f_{PRF}是脉冲重复频率，单位为 Hz；Nl 是雷达图像总的行数，$\mathrm{d}t_a$ 是方位向最后一行成像的时刻减去第一行的成像时刻的值。

因此，方位向上任意一行的成像时间 t_{al} 为

$$t_{al}=t_{a1}+\frac{(l-1)}{f_{\mathrm{PRF}}}$$

式中，t_{a1} 是方位向第一行成像的时刻。

如果知道了方位向的成像时刻 t_{al}，则方位向的行号 l 为

$$l=1+f_{\mathrm{PRF}}(t_{al}-t_{a1})$$

2.多普勒中心频率

距离向多普勒中心频率(Doppler centroid frequency)可以用一个二阶多项式来表示，即

$$f_{\mathrm{DC}}=a_0+a_1\frac{p}{f_{\mathrm{PSR}}}+a_2\left[\frac{p}{f_{\mathrm{RSR}}}\right]^2$$

式中，p 为像元号(从 0 开始计算)，a_0 表示多普勒频率常数，a_1 表示多普勒频率线性变化率，a_2 表示多普勒频率二阶变化率。

3.距离向采样率

距离向采样率(range sampling rate，RSR)为

$$f_{\mathrm{RSR}}=0.001\,\frac{N_p-1}{\mathrm{d}t_r}$$

式中，f_{RSR} 为距离向采样率；N_p 为距离向的像元数；$\mathrm{d}t_r$ 是以 ms 为单位的双程零多普勒时间，即距离向最后一个像元的成像时刻减去第一个像元的成像时刻。

若已知 p 点的单程距离向时间 t_{rp}，像元 p 点的距离向像元数为

$$f_{\mathrm{RSR}}=1+f_{\mathrm{RSR}}\cdot 2(t_r+t_{r1})$$

式中，t_{r1} 为距离向第一像元的单程成像时刻，即雷达波从零时刻出发到达距离向第一像元的时刻。对于 p 点而言，其单程成像时刻为

$$t_{rp}=t_{r1}+\frac{(p-1)}{2f_{\mathrm{RSR}}}$$

雷达卫星任意一点的距离可表示为

$$r=t_{rp}\times c$$

式中，c 为光速。

附录 3　部分相位解缠程序

```
//——高斯赛德尔迭代法解缠——
//wrappedPhase 要解缠的数据,处理后存放的是解缠数据,h、w 解缠数据的高和宽,
//IterationMaxNum 最大迭代次数
int GSRUnwrapping(float * wrappedPhase,int h,int w,int IterationMaxNum)
{
  assert(wrappedPhase ! = NULL);
  float * deltaX = new float[h * w];
  memset(deltaX,0,sizeof(float) * h * w);
  float * deltaY = new float[h * w];
  memset(deltaY,0,sizeof(float) * h * w);
  //////////////////////
  //求条纹图的 X、Y 方向差分
  DxDy(wrappedPhase,h,w,deltaX,deltaY);
  float * P= new float[h * w];
  memset(p,0,sizeof(float) * h * w);
  GSR(deltaX,deltaY,h,w,p);
  int i = InterationUnwrapping(wrappedPhase,p,h,w,IterationMaxNum);
  delete[]deltaX;
  delete[]deltaY;
  delete[]p;
  return i;
}
//求 x 和 y 方向上的梯度
//返回值存放在 Dx Dy
void DxDy(float * IntermediateResult,int Height,int Width,float * Dx ,float * Dy)
{
  assert(IntermediateResult ! = NULL);

  for(int i=0;i<Height;i++)
    for(int j=0;j<Width;j++)
    {
      //Dx
      if(j == 0)//边界条件
      Dx[i * Width + j] = -(IntermediateResult[i * Width + 1]- IntermediateResult[i *
      Width]);
```

```
        //或 Dx[i * Width+j] = 0;//即边界可不处理
    else
    Dx[i * Width+j] = (IntermediateResult[i * Width+j]-IntermediateResult[i * Width+
    j-1]);
    //Dy
        if(i == 0)//边界条件
          Dy[i * Width+j] = -(IntermediateResult[Width+j]-IntermediateResult[j]);
          //或 Dy[i * Width+j] = 0;
        else
          y[i * Width+j] = (IntermediateResult[i * Width+j]-IntermediateResult[(i-
          1) * Width+j]);
      ////////////////
      if(Dx[i * Width+j] > PI)
        Dx[i * Width+j] = float(Dx[i * Width+j] - 2 * PI);
      if(Dx[i * Width+j] < -PI)
        Dx[i * Width+j] = float(Dx[i * Width+j] + 2 * PI);
      if(Dy[i * Width+j] > PI)
        Dy[i * Width+j] = float(Dy[i * Width+j] -2 * PI);
      if(Dy[i * Width+j] < -PI)
        Dy[i * Width+j] = float(Dy[i * Width+j] + 2 * PI);
  }
}
//由 X 方向和 Y 方向上的梯度值,求迭代公式的常数项—二阶梯度——供 Gauss Seidel
//Relaxation调用
void GSR(float * dx,float * dy,int h,int w,float  * p)
{
  assert(dx ! = NULL && dy ! = NULL && p! = NULL);
  for(int i=0;i<h;i++)
      for(int j=0;j<w;j++)
      {
        if(i == h-1 && j ! = w-1)
          p[i * w+j] = dx[i * w+j+1]-dx[i * w+j] - (dy[i * w+j] - dy[(i-1) * w+
          j]);
          //或 p[i * w+j] = 0;//即边界可不处理
        else if(i ! = h-1 && j == w-1)
          p[i * w+j] = -(dx[i * w+j] - dx[i * w+j-1]) + (dy[(i+1) * w+j] - dy[i *
          w+j]);
          //或 p[i * w+j] = 0;
```

```
        else if(i == h-1 && j == w-1)
          p[i * w+j] = -(dx[i * w+j] - dx[i * w+j-1]) -(dy[i * w+j] - dy[(i-1) *
          w+j]);
          //或 p[i * w+j] = 0;
        else
          p[i * w+j] = dx[i * w+j+1] - dx[i * w+j] + dy[(i+1) * w+j] - dy[i * w+
          j];
      }
}
int InterationUnwrapping (float * pInitStatusPhase, float * dp, int Height, int Width, int
IterationMaxNum)
{
  assert(pInitStatusPhase! =NULL&&dp! =NULL);
  int i=0,j=0,k=0;
  //连续的三次迭代的误差;
  //e1:本次迭代的总误差
  //e2:k-1 次迭代的总误差
  //e3:k-2 次迭代的总误差
  double e1=0.0,e2=0.0,e3=0.0;
  double temp=0.0;
  for(k=0;k<IterationMaxNum;k++)//迭代
{
  e1=0.0;
  for(i=0;i<Height;i++)
    for(j=0;j<Width;j++)
    {
      //先处理数据矩阵内部数据
      if(i>0&&i<Height-1&&j>0&&j<Width-1)
      {
        temp=(pInitStatusPhase[(i-1) * Width+j]+
          pInitStatusPhase[(i+1) * Width+j]+pInitStatusPhase[i * Width+j-1]+
          pInitStatusPhase[i * Width+j+1]-dp[i * Width+j])/4.0;
        e1+=fabs((double)(temp-pInitStatusPhase[i * Width+j]));
        pInitStatusPhase[i * Width+j]=(float)temp;
      }
      //处理边界
      else if(i==0&&j==0)
      {
```

```
    temp=(2 * pInitStatusPhase[1]+2 * pInitStatusPhase[Width]-dp[0])/4.0;
    e1+=fabs((double)(temp-pInitStatusPhase[i * Width+j]));
    pInitStatusPhase[i * Width+j]=(float)temp;
}
else if(i==0&&j>0&&j<Width-1)
{
    temp=(2 * pInitStatusPhase[Width+j]+
        pInitStatusPhase[j-1]+pInitStatusPhase[j+1]-dp[j])/4.0;
    e1+=fabs((double)(temp-pInitStatusPhase[i * Width+j]));
    pInitStatusPhase[i * Width+j]=(float)temp;
}
else if(i==0&&j==Width-1)
{
    temp=(2 * pInitStatusPhase[Width-2]+
        2 * pInitStatusPhase[2 * Width-1]-dp[Width-1])/4.0;
    e1+=fabs((double)(temp-pInitStatusPhase[i * Width+j]));
    pInitStatusPhase[i * Width+j]=(float)temp;
}
else if(i>0&&i<Height-1&&j==0)
{
    temp=(2 * pInitStatusPhase[i * Width+j+1]+
        pInitStatusPhase[i * Width+j-Width]+
        pInitStatusPhase[i * Width+j+Width]-dp[i * Width+j])/4.0;
    e1+=fabs((double)(temp-pInitStatusPhase[i * Width+j]));
    pInitStatusPhase[i * Width+j]=(float)temp;
}
else if(i==Height-1&&j==0)
{
    temp=(2 * pInitStatusPhase[i * Width+j+1]+
        2 * pInitStatusPhase[(i-1) * Width+j]-dp[i * Width+j])/4.0;
    e1+=fabs((double)(temp-pInitStatusPhase[i * Width+j]));
    pInitStatusPhase[i * Width+j]=(float)temp;
}
else if(i==Height-1&&j>0&&j<Width-1)
{
    temp=(2 * pInitStatusPhase[(i-1) * Width+j]+
        pInitStatusPhase[i * Width+j-1]+
        pInitStatusPhase[i * Width+j+1]-dp[i * Width+j])/4.0;
```

```
            e1+=fabs((double)(temp-pInitStatusPhase[i * Width+j]));
            pInitStatusPhase[i * Width+j]=(float)temp;
        }
        else if(i==Height-1&&j==Width-1)
        {
            temp=(2 * pInitStatusPhase[(i-1) * Width+j]+
              2 * pInitStatusPhase[i * Width+j-1]-dp[i * Width+j])/4.0;
            e1+=fabs((double)(temp-pInitStatusPhase[i * Width+j]));
            pInitStatusPhase[i * Width+j]=(float)temp;
        }
        else
        {
            temp=(2 * pInitStatusPhase[i * Width+j-1]+pInitStatusPhase[i * Width+j-
            Width]+pInitStatusPhase[i * Width+j+Width]-dp[i * Width+j])/4.0;
            e1+=fabs((double)(temp-pInitStatusPhase[i * Width+j]));
            pInitStatusPhase[i * Width+j]=(float)temp;
        }
      }
      if(e1<1 || fabs(2 * e1-e2-e3)<1.0)
        break;
      else
      {
        e3=e2;
        e2=e1;
      }
    }
    if(k<IterationMaxNum) //成功
      return k;
      else
      return 0;//表示失败
}
```

//Goldstein 相位解缠算法

```
#define PI 3.1415926
#define TWOPI 6.28318530717959
#define BORDER 0x20
#define ACTIVE 0x08
#define BRANCH_CUT 0x10
```

```
//说明 infile 为输入要解缠文件,format 为文件格式,有 byte、float、complr4、complr8 四种,
//outfile 为输出解缠后裸文件,modekey 为采取解缠方式:
//min_grad(最小),min_var,max_corr,max_pseu,
//bmaskfile 为屏蔽未解缠的点(文件为 byte),qualfile 相关系数图,tsize 采样平滑,
//debug_flag 控制是否输出中间文件,fatten 为变粗的点数,thresh_flag 为阈值,guess_mode
//非 0 时,输入相位必为 float 型
void Goldstein(char * infile,char * format,char * outfile,int xsize,int ysize,
            char * maskfile,int MaxCutLen,int debug_flag,int dipole_flag)
{
  int              i, k;
  FILE             * ifp, * ofp, * mfp;
  float            * phase;      /* array */
  float            * soln;       /* array */
  unsigned char    * bitflags;
  int              in_format;
  int              NumRes;

  printf("Phase Unwrapping By Means of Goldstein's Algorithm\n");
    if (Keyword(format, "complex8")) in_format = 0;
    else if (Keyword(format, "complex4")) in_format = 1;
    else if (Keyword(format, "byte")) in_format = 2;
    else if (Keyword(format, "float")) in_format = 3;
    else
    {
      fprintf(stderr, "Unrecognized format: %s\n", format);
      exit(BAD_PARAMETER);
    }

    printf("Input file = %s\n", infile);
    printf("Input file type = %s\n", format);
    printf("Output file = %s\n", outfile);
    printf("File dimensions = %dx%d (cols x rows).\n", xsize, ysize);

    if (Keyword(maskfile, "none")) printf("No mask file.\n");
    else printf("Mask file = %s\n", maskfile);

    if (dipole_flag) printf("Dipole-residues will be eliminated.\n");
    if (debug_flag)
```

```
  printf("Intermediate files will be saved (i.e. debug on).\n");
/*  打开文件申请内存 */
if ((if p= fopen(infile, "rb"))==NULL)
  printf ("Cannot open infile");
if ((ofp= fopen(outfile, "rb"))==NULL)
  printf ("Cannot open outfile");

if (! Keyword(maskfile, "none"))
{
  if ((mfp= fopen(maskfile, "rb"))==NULL)
    printf ("Cannot open outfile");
}
phase = (float *) malloc(xsize * ysize * sizeof(float));
if ((phase)==NULL)
  printf ("Cannot allocate memory");
memset(phase, 0,xsize * ysize * sizeof(float));

soln = (float *) malloc(xsize * ysize * sizeof(float));
if ((soln)==NULL)
  printf ("Cannot allocate memory");
memset(soln, 0,xsize * ysize * sizeof(float));

bitflags = (unsigned char *) malloc(xsize * ysize * sizeof(unsigned char));
if ((bitflags)==NULL)
  printf ("Cannot allocate memory");
memset(bitflags, 0,xsize * ysize * sizeof(unsigned char));
/* 读出和处理数据 */
printf("Reading phase data...\n");
GetPhase(in_format, ifp, infile, phase, xsize, ysize);
printf("Processing mask data...\n");
if (mfp)
{
  long len=xsize * ysize;
  if (len != long(fread(bitflags, sizeof(unsigned char), xsize * ysize, mfp)))
    printf("File read error");
  fclose(mfp);
}
else
```

```
{
  for (k=0; k<xsize * ysize; k++)
    bitflags[k] = 255;
}
for (k=0; k<xsize * ysize; k++)
  bitflags[k] = (! bitflags[k]) ? BORDER : 0;
FattenMask(bitflags, BORDER, 1, xsize, ysize);
NumRes = Residues(phase, bitflags, POS_RES, NEG_RES,BORDER, xsize, ysize);
printf("%d Residues\n", NumRes);
if (debug_flag)
{
  char filename[300];
  sprintf(filename, "%s.res", outfile);
  SaveByteToImage(bitflags, "residues", filename, xsize, ysize,
    1, 1, 0);
}

if (dipole_flag)
{ /* elimate dipole-residues first */
  Dipole(bitflags, xsize, ysize, BRANCH_CUT);
  i = Residues(phase, bitflags, 0, 0, BORDER | BRANCH_CUT,
    xsize, ysize);
  printf("%d Residues are left\n", i);
}

if (MaxCutLen==0) MaxCutLen = (xsize + ysize)/2;
GoldsteinBranchCuts(bitflags, MaxCutLen, NumRes, xsize, ysize,BRANCH_CUT);
if (debug_flag)
{
  char filename[300];
  sprintf(filename, "%s.brc", outfile);
  SaveByteToImage(bitflags, "branch cuts", filename,
    xsize, ysize, 1, 1, BRANCH_CUT | BORDER);
}
for (k=0, i=0; i<xsize * ysize; i++)
  if (bitflags[i] & BRANCH_CUT) k++;
  printf("%d BRANCH CUT PIXELS\n", k);
  printf("Unwrapping around branch cuts\n");
  k = UnwrapAroundCuts(phase, bitflags, soln, xsize, ysize, AVOID,
```

```
        0, NULL);
      if (k > 1) printf("%d disconnected pieces.\n", k);
      else printf("%d piece\n", k);
      printf("\nFinished\n");
      PrintMinAndMax(xsize, ysize, soln, "solution");
      /* 存储结果 */
      for (k=0; k<xsize * ysize; k++)
        soln[k] *= float(TWOPI); /* scale output */
      printf("Saving unwrapped surface to file '%s'\n", outfile);
    if (len != long(fwrite(soln, sizeof(float), xsize * ysize, ofp)))
        printf("File write error");
    fclose(ofp);
    free(soln);
    free(phase);
    free(bitflags);
}

int Keyword(char * string, char * keyword)
{
  int i, lenstr, lenkey;
  char str[500], key[500];
  lenstr = strlen(string);
  lenkey = strlen(keyword);
  if (lenstr != lenkey) return 0;
  str[lenstr] = key[lenstr] = 0;
  for (i=0; i<=lenstr; i++)
    str[i] = tolower(string[i]);
  for (i=0; i<=lenstr; i++)
    key[i] = tolower(keyword[i]);
  return (! strcmp(str, key));
}

/* 获得相位数据
  * in_format = 0 for 8-byte complex data,
  *             1 for 4-byte complex data,
  *             2 for 1-byte phase data,
  *             3 for 4-byte float phase data
  */
```

```
void GetPhase(int in_format, FILE *ifp, char *infile, float *phase, int xsize, int ysize)
{
  void *in_data;
  if (in_format==0)
  {
    in_data = (float *) malloc(2*xsize*ysize *sizeof(float));
    if ((in_data)==NULL)
      printf ("Cannot allocate memory");
    memset(in_data, 0,xsize*ysize*sizeof(float));
  }
  else if (in_format==1)
  {
    in_data = (short *) malloc(2*xsize*ysize *sizeof(short));
    if ((in_data)==NULL)
      printf ("Cannot allocate memory");
    memset(in_data, 0,xsize*ysize*sizeof(short));
  }
  else if (in_format==2)
  {
    in_data = (unsigned char *) malloc(xsize*ysize *sizeof(unsigned char));
    if ((in_data)==NULL)
      printf ("Cannot allocate memory");
    memset(in_data, 0,xsize*ysize*sizeof(unsigned char));
  }
  else
  {
  in_data = (float *) malloc(xsize*ysize *sizeof(float));
  if ((in_data)==NULL)
    printf ("Cannot allocate memory");
  memset(in_data,0,xsize*ysize*sizeof(float));
  }
  printf("Reading input data...\n");
  long len;
  if (in_format==1)
  {
    len=2*xsize*ysize;
    if (len != long(fread(in_data, sizeof(short), 2*xsize*ysize, ifp)))
      printf("File read error");
```

```
    fclose(ifp);
  }
  else if (in_format==0)
  {
    len=2 * xsize * ysize;
    if (len != long(fread(in_data, sizeof(float), 2 * xsize * ysize, ifp)))
      printf("File read error");
    fclose(ifp);
  }
  else if (in_format==3)
  {
    len=xsize * ysize;
    if (len != long(fread(in_data, sizeof(float), xsize * ysize, ifp)))
      printf("File read error");
    fclose(ifp);
  }
  else
  {
    len=xsize * ysize;
    if (len != long(fread(in_data, sizeof(unsigned char), xsize * ysize, ifp)))
      printf("File read error");
    fclose(ifp);
  }
  ExtractPhase(in_format, in_data, phase, xsize, ysize, 1);
  free(in_data);
}

void ExtractPhase(int in_format, void *in_data, float *phase, int xsize, int ysize, int status_
flag)
{
  int          i, j;
  double       x, y, r, angle;
  static double one_over_twopi = 1.0/2 * PI;
  static double scale;
  float        *in8_data = (float *)in_data;
  short         *in4_data = (short *)in_data;
  unsigned char *quantized_phase = (unsigned char *)in_data;
  float          *float_phase = (float *)in_data;
```

```
if (in_format==0 || in_format==1)
{
  for (j=0; j<ysize; j++)
  {
  if (status_flag && j%100==0)
  {
    printf("%d ", j);
    fflush(stdout);
    if (j+100 >= ysize)
    printf("\n");
    for (i=0; i<xsize; i++)
    {
      if (in_format==1)
      {
        x = in4_data[2 * (j * xsize + i)];
        y = in4_data[2 * (j * xsize + i) + 1];
      }
    else
      {
        x = in8_data[2 * (j * xsize + i)];
        y = in8_data[2 * (j * xsize + i) + 1];
      }
    r = sqrt((double)(x * x + y * y));
    r = (r==0.0) ? 0.0 : 1.0/r;
    x *= r;
    y *= r;
    angle = atan2((double)y, (double)x);
    if (angle < 0) angle += TWOPI;
    if (angle >= TWOPI) angle -= TWOPI;
    angle *= one_over_twopi;
    phase[j * xsize + i] = float(angle);
    }
  }
}
else if (in_format==2)
{ /* quantized phase */
  scale = 1.0/256.0;
  for (j=0; j<xsize * ysize; j++)
```

```
    {
      phase[j] = float(quantized_phase[j] * scale);
    }
  else
  { /* 4-byte float phase */
    scale = one_over_twopi;
    for (j=0; j<xsize * ysize; j++)
    {
      phase[j] = float(float_phase[j] * scale);
    }
  }
}
void FattenMask(unsigned char * array, int mask_code, int thickness, int xsize, int ysize)
{
  int i, j, k, ii, jj, kk, t2=thickness;
  unsigned char * temp;
  if (t2 < 1)
    return;
  temp= (unsigned char * ) malloc(xsize * ysize * sizeof(unsigned char));
  if ((temp)==NULL)
    printf ("Cannot allocate memory");
  memset(temp, 0,xsize * ysize * sizeof(unsigned char));
  for (j=0; j<ysize; j++)
  {
    for (i=0; i<xsize; i++)
    {
      k = j * xsize + i;
      temp[k] = 0;
      for (jj=j-t2; jj<=j+t2 && ! temp[k]; jj++)
      {
        for (ii=i-t2; ii<=i+t2 && ! temp[k]; ii++)
        {
          kk = jj * xsize + ii;
          if (ii>=0 && ii<xsize && jj>=0 && jj<ysize && (array[kk] & mask_code))
          temp[k] = 1;
        }
      }
    }
```

```
  }
  for (k=0; k<xsize * ysize; k++)
  {
    if (temp[k]) array[k] |= mask_code;
  }
  free(temp);
}
int Residues(float * phase, unsigned char * bitflags, int posres_code,
           int negres_code, int avoid_code, int xsize, int ysize)
{
  int i, j, k, NumRes=0;
  double r;
  for (j=0; j<ysize - 1; j++)
  {
    for (i=0; i<xsize - 1; i++)
    {
      k = j * xsize + i;
      if (bitflags && ((bitflags[k] & avoid_code)
         || (bitflags[k+1] & avoid_code)
           || (bitflags[k+1+xsize] & avoid_code)
             || (bitflags[k+xsize] & avoid_code)))
      {
      continue; /* masked region: don't unwra P */
      }
      r = Gradient(phase[k+1], phase[k])+
          Gradient(phase[k+1+xsize], phase[k+1])+
            Gradient(phase[k+xsize], phase[k+1+xsize])+
              Gradient(phase[k], phase[k+xsize]);
      if (bitflags)
      {
        if (r > 0.01) bitflags[k] |= posres_code;
        else if (r < -0.01) bitflags[k] |= negres_code;
      }
      if (r * r > 0.01) ++NumRes;
    }
  }
  return NumRes;
}
```

```
float Gradient(float p1, float p2)
{
  float r;
  r = p1 - p2;
  if (r > 0.5) r -= 1.0;
  if (r < -0.5) r += 1.0;
  return r;
}
void GoldsteinBranchCuts(unsigned char * bitflags, int MaxCutLen,
             int NumRes, int xsize, int ysize, int branchcut_code)
{
  int  i, j, k, ii, jj, kk, ri, rj;
  int  charge, boxctr_i, boxctr_j, boxsize, bs2;
  int  dist, min_dist, rim_i, rim_j, near_i, near_j;
  int  ka, num_active, max_active, * active_list;
  int  bench;
  bench = ysize/100;
  if (bench < 1) bench = 1;
  if (MaxCutLen < 2) MaxCutLen = 2;
  max_active = NumRes + 10;

  active_list = (int * ) malloc((max_active + 1) * sizeof(int));
  if ((active_list)==NULL)
    printf("Cannot allocate memory");
    memset(active_list, 0,(max_active + 1)  * sizeof(int))
    /* branch cuts */
    printf("Computing branch cuts\n");
    for (j=0; j<ysize; j++)
{
    if (j%bench==0)
    {
      printf("%d ", j/bench);
      fflush(stdout);
    }
    for (i=0; i<xsize; i++)
    {
      k = j * xsize + i;
      if ((bitflags[k] & (POS_RES | NEG_RES))
```

```
        && ! (bitflags[k] & VISITED))
    {
      bitflags[k] |= VISITED;
      bitflags[k] |= ACTIVE;
      charge = (bitflags[k] & POS_RES) ? 1 : -1;
      num_active = 0;
      active_list[num_active++] = k;
      if (num_active > max_active) num_active = max_active;
      for (boxsize = 3; boxsize<=2 * MaxCutLen; boxsize += 2)
      {
        bs2 = boxsize/2;
        for (ka=0; ka<num_active; ka++)
        {
          boxctr_i = active_list[ka]%xsize;
          boxctr_j = active_list[ka]/xsize;
          for (jj=boxctr_j - bs2; jj<=boxctr_j + bs2; jj++)
          {
            for (ii=boxctr_i - bs2; ii<=boxctr_i + bs2; ii++)
            {
              kk = jj * xsize + ii;
              if (ii<0 || ii>=xsize || jj<0 || jj>=ysize)
                continue;
              else
              {
                if (ii==0 || ii==xsize-1 || jj==0 || jj==ysize-1
                  || (bitflags[kk] & BORDER))
                {
                  charge = 0;
                  DistToBorder(bitflags, BORDER, boxctr_i,
                      boxctr_j, &ri, &rj, xsize, ysize);
                  PlaceCut(bitflags, ri, rj, boxctr_i, boxctr_j,
                      xsize, ysize, branchcut_code);
                }
              }
            else if ((bitflags[kk] & (POS_RES | NEG_RES))&& ! (bitflags[kk] & ACTIVE))
            {
              if (! (bitflags[kk] & VISITED))
              {
```

```
                    charge += (bitflags[kk] & POS_RES) ? 1 : -1;
                    bitflags[kk] |= VISITED; /* set flag */
                  }
                  active_list[num_active++] = kk;
                if (num_active > max_active)
                  num_active = max_active;
                  bitflags[kk] |= ACTIVE;
                  PlaceCut(bitflags, ii, jj, boxctr_i, boxctr_j,
                  xsize, ysize, branchcut_code);
                }
                  if (charge==0)
                    goto continue_scan;
              }
            }
          }
        }
      }
if (charge != 0)
{ /* connect branch cuts to rim */
  min_dist = xsize + ysize; /* large value */
  for (ka=0; ka<num_active; ka++)
  {
    ii = active_list[ka]%xsize;
    jj = active_list[ka]/xsize;
    if ((dist = DistToBorder(bitflags, BORDER,ii, jj, &ri, &rj, xsize, ysize))<min_dist)
      {
        min_dist = dist;
        near_i = ii;
        near_j = jj;
        rim_i = ri;
        rim_j = rj;
      }
    PlaceCut(bitflags, near_i, near_j, rim_i, rim_j, xsize, ysize, branchcut_code);
  }
  continue_scan :
  for (ka=0; ka<num_active; ka++)
    {
      bitflags[active_list[ka]] &= ~ACTIVE; /* turn flag off */
```

```
        }
    }
}
printf("\n");
free(active_list);
return;
}
void PlaceCut(unsigned char * array, int a, int b, int c, int d, int xsize, int ysize, int code)
{
    int i, j,m, n, istep, jstep;
    double r;

    /* residue location is upper-left corner of 4-square */
    if (c > a && a > 0) a++;
    else if (c < a && c > 0) c++;
    if (d > b && b > 0) b++;
    else if (d < b && d > 0) d++;

    if (a==c && b==d)
    {
        array[b * xsize + a] |= code;
        return;
    }
    m = (a < c) ? c - a : a - c;
    n = (b < d) ? d - b : b - d;
    if (m > n)
    {
        istep= (a < c) ? +1 : -1;
        r = ((double)(d - b))/((double)(c - a));
        for (i=a; i! =c+istep; i+=istep)
        {
            j =int( b + (i - a) * r + 0.5);
            array[j * xsize + i] |= code;
        }
    }
    else
    { /* n< m */
        jstep= (b < d) ? +1 : -1;
```

```
    r = ((double)(c - a))/((double)(d - b));
    for (j=b; j! =d+jstep; j+=jstep)
    {
      i = int(a + (j - b) * r + 0.5);
      array[j * xsize + i] |= code;
    }
  }
  return;
}
int DistToBorder(unsigned char * bitflags, int border_code,int a, int b,
              int * ra, int * rb, int xsize, int ysize)
{
  int besta, bestb, found, dist2, best_dist2;
  int i, j, k, bs;
  * ra = * rb = 0;
  for (bs=0; bs<xsize + ysize; bs++)
  {
    found = 0;
    best_dist2 = 1000000; /* initialize to large value */
    /* search boxes of increasing size until border pixel found */
    for (j=b - bs; j<=b + bs; j++)
    {
      for (i=a - bs; i<=a + bs; i++)
      {
        k = j * xsize + i;
        if (i<=0 || i>=xsize - 1 || j<=0 || j>=ysize - 1
                || (bitflags[k] & border_code))
        {
          found = 1;
          dist2 = (j - b) * (j - b) + (i - a) * (i - a);
          if (dist2 < best_dist2)
          {
            best_dist2 = dist2;
            besta = i;
            bestb = j;
          }
        }
      }
```

```
    }
    if (found)
    {
      * ra = besta;
      * rb = bestb;
      break;
    }
  }
  return best_dist2;
}

void SaveByteToImage(unsigned char * im, char * what, char * filename,
            int xsize, int ysize, int neg, int binary, int mask_code)
{
  int k;
  FILE * fp;
  unsigned char * out, mask;
  printf("Saving %s to file %s\n", what, filename);
  AllocateByte(&out, xsize * ysize, "byte array");
  mask = (mask_code) ? mask_code : 0xFF;
  for (k=0; k<xsize * ysize; k++)
  {
      if (binary)
      out[k] = ((neg && ! (im[k]&mask))
                  || (! neg && (im[k]&mask))) ? 255 : 0;
    else
      out[k] = (neg) ? 255 - (im[k]&mask) : (im[k]&mask);
  }
  if ((f p= fopen(filename, "w"))==NULL)
    printf("Cannot open file");
  long len= xsize * ysize;
  if (len ! = long(fwrite(out, sizeof(unsigned char), len, fp)))
    printf("File write error");
  fclose(fp);
  free(out);
}
int UnwrapAroundCuts(float * phase, unsigned char * bitflags,
                float * soln, int xsize, int ysize, int cut_code, int debug_flag, char *
```

```
infile)
{
  int i, j, k, a, b, c, n, num_pieces=0;
  float value;
  float min_qual, small_val = -1.0E+10;
  int    num_index, max_list_size, bench, benchout;
  int    *index_list;
  int    unwrapped_code=UNWRAPPED, postponed_code = POSTPONED;
  int    avoid_code;

  bench = xsize*ysize/100;
  if (bench < 1) bench = 1;
  benchout = 10 * bench;
  min_qual = small_val;
  max_list_size = xsize*ysize; /* this size may be reduced */
  AllocateInt(&index_list, max_list_size + 1,
              "bookkeeping list (index)");

  avoid_code = cut_code | unwrapped_code | BORDER;

  /* find starting point */
  n = 0;
  num_index = 0;
  for (j=0; j<ysize; j++)
  {
    for (i=0; i<xsize; i++)
    {
      k = j*xsize + i;
      if (! (bitflags[k] & avoid_code))
      {
        bitflags[k] |= unwrapped_code;
        if (bitflags[k] & postponed_code)
          /* soln[k] already stores the unwrapped value */
          value = soln[k];
        else
        {
          ++num_pieces;
          value = soln[k] = phase[k];
```

```
        }
        UpdateList(NULL, i, j, value, phase, soln, bitflags, xsize,
                   ysize, index_list, &num_index, avoid_code,
                   unwrapped_code, postponed_code, max_list_size,
                   0, &min_qual);
        while (num_index > 0)
        {
          if (n%bench==0)
          {
            printf("%d ", n/bench);
            fflush(stdout);
            if (0 && debug_flag && n%benchout==0 && n>0)
            {
              char filename[300];
              static char file_num = 0;
              sprintf(filename, "%s.fill-%d", infile, ++file_num);
              SaveByteToImage(bitflags, "fill path", filename,
                              xsize, ysize, 1, 1, avoid_code);
            }
          }
        }
        ++n;
        if (! GetNextOneToUnwrap(&a, &b, index_list,
                                 &num_index, xsize, ysize))
          break; /* no more to unwrap */
        c = b * xsize + a;
        bitflags[c] |= unwrapped_code;
        value = soln[c];
        UpdateList(NULL, a, b, value, phase, soln, bitflags,
                     xsize, ysize, index_list, &num_index,
                     avoid_code, unwrapped_code, postponed_code,
                     max_list_size, 0, &min_qual);
      }
    }
  }
}
printf("\n");
free(index_list);
```

```
for (j=1; j<ysize; j++)
{
  for (i=1; i<xsize; i++)
  {
    k = j * xsize + i;
    if (bitflags[k] & cut_code)
    {
      if ((bitflags[k-1] & unwrapped_code))
      {
        soln[k] = soln[k-1] + Gradient(phase[k], phase[k-1]);
        bitflags[k] |= unwrapped_code;
      }
    else if ((bitflags[k-xsize] & unwrapped_code))
        {
          soln[k] = soln[k-xsize] + Gradient(phase[k], phase[k-xsize]);
          bitflags[k] |= unwrapped_code;
        }
      }
    }
  }
  return num_pieces;
}

void UpdateList(float * qual_map, int x, int y, float val,float * phase, float * soln,
                unsigned char * bitflags,int xsize, int ysize, int * index_list, int *
                num_index,
                int ignore_code, int processed_code, int postponed_code, int max_list_size,
                int dxdy_flag, float * min_qual)
{
  int  a, b, k, w;
  float grad;
  a = x - 1;
  b = y;
  k = b * xsize + a;

  if (a >= 0 && ! (bitflags[k] & (ignore_code | processed_code)))
  {
    w = y * xsize + x-1;
```

```
grad = Gradient(phase[w], phase[w+1]);
if (dxdy_flag && qual_map)
  qual_map[k] = float(-fabs(grad));
InsertList(soln, val + grad, qual_map, bitflags, a, b,
           index_list, num_index, xsize, ysize, processed_code,
           postponed_code, min_qual, max_list_size);
}
a = x + 1;
b = y;
k = b * xsize + a;
if (a < xsize && ! (bitflags[k] & (ignore_code | processed_code)))
{
  w = y * xsize + x;
  grad = - Gradient(phase[w], phase[w+1]);
  if (dxdy_flag && qual_map)
    qual_map[k] = float(-fabs(grad));
  InsertList(soln, val + grad, qual_map, bitflags, a, b,
          index_list, num_index, xsize, ysize, processed_code,
          postponed_code, min_qual, max_list_size);
}

a = x;
b = y - 1;
k = b * xsize + a;
if (b >= 0 && ! (bitflags[k] & (ignore_code | processed_code)))
{
  w = (y-1) * xsize + x;
  grad = Gradient(phase[w], phase[w+xsize]);
  if (dxdy_flag && qual_map)
    qual_map[k] = float(-fabs(grad));
  InsertList(soln, val + grad, qual_map, bitflags, a, b,
             index_list, num_index, xsize, ysize, processed_code,
             postponed_code, min_qual, max_list_size);
}

a = x;
b = y + 1;
k = b * xsize + a;
```

```
  if (b < ysize && ! (bitflags[k] & (ignore_code | processed_code)))
  {
    w = y * xsize + x;
    grad = - Gradient(phase[w], phase[w+xsize]);
    if (dxdy_flag && qual_map) qual_map[k] = float(-fabs(grad));
    InsertList(soln, val + grad, qual_map, bitflags, a, b,
                index_list, num_index, xsize, ysize, processed_code,
                postponed_code, min_qual, max_list_size);
  }
}

void InsertList(float * soln, float val, float * qual_map,
           unsigned char * bitflags, int a, int b, int * index_list,
           int * num_index, int xsize, int ysize, int processed_code,
           int postponed_code, float * min_qual, int max_list_size)
{
  int i, n, index, top, bot, mid;
  double quality;

  index = b * xsize + a;
  quality = (qual_map) ? qual_map[index] : 0.0;
  if (~(bitflags[index] & postponed_code))
  {
    if (soln)
      soln[index] = val;
  }
  else
  {
    /* if postponed, leave old value */
  }
  /* if quality is too low, postpone it */
  if (qual_map && min_qual && quality < * min_qual)
  {
    bitflags[index] |= postponed_code;
    return;
  }
  /* otherwise, add to list */
  if (! qual_map)
```

```
{ /* don't order if qual_map is NULL */
  index_list[*num_index] = index;
  ++(*num_index);
}
else
{
  /* insert in list in order from lowest to highest quality */
  n = *num_index;
  if (n < 1)
  {
    (*num_index) = 0; /* will be incremented below */
    index_list[0] = index;
  }
  else
  {
    if (quality <= qual_map[index_list[0]])
    {
      for (i=n; i>0; i--)
        index_list[i] = index_list[i-1];
        index_list[0] = index;
    }
    else if (quality > qual_map[index_list[n - 1]])
    {
      /* insert at bottom */
      index_list[n] = index;
    }
    else
    {
      top= 0;
      bot = n - 1;
      while (bot - top> 1)
      {
        mid = (top+ bot)/2;
        if (quality <= qual_map[index_list[mid]]) bot = mid;
        else top= mid;
      }
      for (i=n; i>top+1; i--)
        index_list[i] = index_list[i-1];
```

```
            index_list[top+1] = index;
        }
      }
        ++(*num_index);
    }
    bitflags[index] |= processed_code;
    bitflags[index] &= (~postponed_code);

    if (qual_map && min_qual
            && max_list_size > 0 && *num_index >= max_list_size)
    {
      n = int(0.50*(*num_index)); /* discard 50% */
      for (i=0; i<n; i++)
      {
        bitflags[index_list[i]] |= postponed_code;
        bitflags[index_list[i]] &= (~processed_code);
      }
      for (i=0; i<*num_index - n; i++)
        index_list[i] = index_list[i + n];
      *num_index -= n;
      *min_qual = qual_map[index_list[0]];
    }
    return;
}

void PrintMinAndMax(int w, int h, float *soln, char *keyword)
{
    int  j;
    float rmin, rmax;
    printf("Finding min, max of %s...", keyword);
    rmin = rmax = soln[0];
    for (j=0; j<w*h; j++)
    {
      if (soln[j] > rmax) rmax = soln[j];
      if (soln[j] < rmin) rmin = soln[j];
    }
    printf("Min %f, max %f\n", rmin, rmax);
}
```

//不加权的离散余弦相位解缠

//部分调用函数可在 Goldstein 解缠算法中找到，参数意义同 Goldstein 解缠算法中注释

```
void UnWeightDCT(char * infile,char * format,char * outfile,int xsize,int ysize)
{
//  int       i, j, k, n;
    int       k;
  FILE        * ifp, * ofp;
  float       * phase;  /* array */
  float       * soln;  /* array */
  double      * xcos, * ycos;


  int         in_format;
  int         xsize_dct, ysize_dct;
//  double    rmin, rmax, rscale;
  double      one_over_twopi = 1.0/TWOPI;

  printf("Unweighted Phase Unwrapping by DCT/FFT\n");

  if (Keyword(format, "complex8")) in_format = 0;
  else if (Keyword(format, "complex4")) in_format = 1;
  else if (Keyword(format, "byte")) in_format = 2;
  else if (Keyword(format, "float")) in_format = 3;
  else
  {
    fprintf(stderr, "Unrecognized format: %s\n", format);
    exit(0);
  }

    printf("Input file = %s\n", infile);
    printf("Input file type = %s\n", format);
    printf("Output file = %s\n", outfile);
    printf("File dimensions = %dx%d (cols x rows).\n", xsize, ysize);

    /* Verify dimensions are of form 2* *n + 1 */
    for (xsize_dct = 1; xsize_dct + 1 < xsize; xsize_dct * =2)
    xsize_dct = xsize_dct + 1;
    for (ysize_dct = 1; ysize_dct + 1 < ysize; ysize_dct * =2)
    ysize_dct = ysize_dct + 1;
```

```
if (xsize_dct ! = xsize || ysize_dct ! = ysize)
{
  fprintf(stderr, "Error : dims %dx%d must be 2 * * n + 1\n",
        xsize, ysize);
  exit(0);
}
if ((if p= fopen(infile, "rb"))==NULL)
      printf ("Cannot open infile");
if ((ofp= fopen(outfile, "rb"))==NULL)
      printf ("Cannot open outfile");
if (! Keyword(maskfile, "none"))
{
    if ((mfp= fopen(maskfile, "rb"))==NULL)
      printf ("Cannot open outfile");
}

phase = (float * ) malloc(xsize * ysize * sizeof(float));
if ((phase)==NULL)
        printf ("Cannot allocate memory");
memset(phase, 0,xsize * ysize * sizeof(float));

soln = (float * ) malloc(xsize * ysize * sizeof(float));
if ((soln)==NULL)
        printf ("Cannot allocate memory");
memset(soln, 0,xsize * ysize * sizeof(float));

printf("Reading phase data...\n");
GetPhase(in_format, ifp, infile, phase, xsize, ysize);
printf("Computing Laplacian...\n");
ComputeLaplacian(phase, soln, NULL, NULL, xsize, ysize, 1);
free(phase);
xcos = (double * ) malloc(xsize * sizeof(double));
if ((phase)==NULL)
    printf ("Cannot allocate memory");
memset(xcos, 0,xsize * ysize * sizeof(double));
ycos = (double * ) malloc(xsize * sizeof(double));
if ((ycos)==NULL)
    printf ("Cannot allocate memory");
```

```
    memset(ycos, 0,xsize * ysize * sizeof(double));
    printf("Performing direct transform...\n");
    CosineTransform(soln, xsize, ysize, xcos, ycos);
    free(xcos);
    free(ycos);
    printf("\nFinished\n");
    PrintMinAndMax(xsize, ysize, soln, "solution");
    for (k=0; k<xsize * ysize; k++)
      soln[k] = float(soln[k] * TWOPI);
    printf("Saving unwrapped surface to file '%s'\n", outfile);
    long len= xsize * ysize;
    if (len ! = long(fwrite(soln, sizeof(float), len, ofp)))
      printf("File write error");
    fclose(fp);
    free(soln);
}
void ComputeLaplacian(float *input, float *laplacian, float *dxwts,
                float *dywts, int xsize, int ysize, int laptype)
{
    double w1, w2, w3, w4;
    int    i, j, k1, k2, k3, k4, k;
    float  *wts;
    for (j=0; j<ysize; j++)
    {
      for (i=0; i<xsize; i++)
      {
        k = j * xsize + i;
        k1 = (i<xsize-1) ? k + 1 : k - 1;
        k2 = (i>0) ? k - 1 : k + 1;
        k3 = (j<ysize-1) ? k + xsize : k - xsize;
        k4 = (j>0) ? k - xsize : k + xsize;
        if (dxwts==NULL && dywts==NULL)
        { /* unweighted */
          w1 = w2 = w3 = w4 = 1.0;
        }
        else if (dxwts==NULL || dywts==NULL)
        { /* one set of wts */
          wts = (dxwts) ? dxwts : dywts;
```

```
            w1 = SIMIN(wts[k], wts[k1]);
            w2 = SIMIN(wts[k], wts[k2]);
            w3 = SIMIN(wts[k], wts[k3]);
            w4 = SIMIN(wts[k], wts[k4]);
          }
          else
          { /* dxwts and dywts are both supplied */
            w1 = dxwts[k];
            w2 = (i>0) ? dxwts[k-1] : dxwts[k]; /* boundary condition */
            w3 = dywts[k];
            w4 = (j>0) ? dywts[k-xsize] : dywts[k]; /* boundary condition */
          }
        if (laptype)
        { /* compute wrapped phase Laplacian */
          float *phase = input;
          laplacian[k] = float(w1 * Gradient(phase[k], phase[k1])+
                         w2 * Gradient(phase[k], phase[k2])+
                           w3 * Gradient(phase[k], phase[k3])+
                             w4 * Gradient(phase[k], phase[k4]));
        }
        else
        { /* compute usual (not wrapped) Laplacian */
          float *surface = input;
          laplacian[k] = float(w1 * (surface[k] - surface[k1])+
                         w2 * (surface[k] - surface[k2])+
                             w3 * (surface[k] - surface[k3])+
                                 w4 * (surface[k] - surface[k4]));
        }
      }
    }
}

void CosineTransform(float *array, int xsize, int ysize,
                                         double *xcos, double *ycos)
{
  int     i, j;// m, n;
  printf("Forward transform...\n");
  FastCosineTransform(array, xsize, ysize, 1);
```

```
  /* Divide */
  printf("Scaling...\n");
  for (i=0; i<xsize; i++)
  {
    xcos[i] = cos(i*PI/(xsize - 1.0));
  }
  for (j=0; j<ysize; j++)
  {
    ycos[j] = cos(j*PI/(ysize - 1.0));
  }
  array[0] = 0.0;
  for (j=0; j<ysize; j++)
  {
    for (i=0; i<xsize; i++)
    {
      if (i==0 && j==0)
      {
        array[0] = 0.0;
      }
      else
      {
        array[j*xsize + i] =float(array[j*xsize + i] /(4.0 - 2.0*xcos[i] - 2.0*
        ycos[j]));
      }
    }
  }
  printf("Inverse transform...\n");
  FastCosineTransform(array, xsize, ysize, -1);
}
void FastCosineTransform(float *array, int xsize, int ysize, int sign)
{
// int     i, j;
  float      *vector, *buffer;
  vector = (float*) malloc(ysize*sizeof(float));
  if (! vector)
  {
    fprintf(stderr, "Cannot allocate memory for cosine transf.\n");
    exit(MEMORY_ALLOCATION_ERROR);
```

```
    }
    buffer = (float *) malloc(BLOCKSIZE * ysize * sizeof(float));
    if (! buffer)
    {
        fprintf(stderr, "Cannot allocate buffer for cosine transf.\n");
        exit(MEMORY_ALLOCATION_ERROR);
    }
    RowDcts(array, xsize, ysize, sign);
    ColDcts(array, xsize, ysize, sign, vector, buffer);
    free(vector);
    free(buffer);
}

void UnWrap::RowDcts(float *array, int xsize, int ysize, int sign)
{
    int     j;
    for (j=0; j<ysize; j++)
    {
        FastDct(&array[j * xsize], xsize, sign);
    }
}

void ColDcts(float *array, int xsize, int ysize, int sign,
                    float *vector, float *buffer)
{
    int     i, j;
    int ii, istop, blocksize=BLOCKSIZE;
    if (blocksize<=0)
    {
        for (i=0; i<xsize; i++)
        {
            for (j=0; j<ysize; j++)
            {
                vector[j] = array[j * xsize + i];
            }
            FastDct(vector, ysize, sign);
            for (j=0; j<ysize; j++)
            {
```

```
            array[j * xsize + i] = vector[j];
          }
        }
      }
    else
      {
        for (ii=0; ii<xsize; ii+=blocksize)
          {
            istop= (ii + blocksize <= xsize) ? ii + blocksize : xsize;
            for (j=0; j<ysize; j++)
              {
                for (i=ii; i<istop; i++)
                  {
                    buffer[(i - ii) * ysize + j] = array[j * xsize + i];
                  }
              }
            for (i=ii; i<istop; i++)
              {
                FastDct(&buffer[(i - ii) * ysize], ysize, sign);
              }
            for (j=0; j<ysize; j++)
              {
                for (i=ii; i<istop; i++)
                  {
                    array[j * xsize + i] = buffer[(i - ii) * ysize + j];
                  }
              }
          }
      }
}

void FastDct(float * array, int size, int sign)
{
  int     j;
  double rmult, sum, p1, p2;
  double angle, zr, zi, zpi, zpr, r;
  --array;     --size;
  angle = PI/size;     r = sin(0.5 * angle);
```

```
  zpr = -2.0 * r * r;      zpi = sin(angle);
  zr = 1.0;                zi = 0.0;
  sum= float(0.5 * (array[1] - array[size + 1]));
  array[1] = float(0.5 * (array[1] + array[size + 1]));
  for (j=2; j<=size/2; j++)
  {
    r = zr;
    zr = r * zpr - zi * zpi + zr;
    zi = zi * zpr + r * zpi + zi;
    p1 = 0.5 * (array[j] + array[size + 2 - j]);
    p2 =       (array[j] - array[size + 2 - j]);
    array[j] = float(p1 - zi * p2);
    array[size + 2 - j] = float(p1 + zi * p2);
    sum += zr * p2;
  }
  RealFft(array, size, 1);
  array[size + 1] = array[2];
  array[2] = float(sum);
  for (j=4; j<=size; j+=2)
  {
    sum += array[j];
    array[j] =float(sum);
  }
  if (sign < 0) rmult = 1.0/size;
  else rmult = 2.0;
  for (j=1; j<=size+1; j++)
        array[j] = float(array[j] * rmult);
}

void RealFft(float *array, int size, int sign)
{
  int       i, i1, i2, i3, i4;
  double s1, s2, qr, qi, rr, ri;
  double zr, zi, zpr, zpi, r, angle;

  angle = PI/(size/2);
  s1 = 0.5;
  if (sign > 0)
```

```
{
  s2 = -0.5;
  Fft(array, size/2, 1);
}
else
{
  s2 = 0.5;
  angle = -angle;
}
r = sin(0.5 * angle);
zpr = -2.0 * r * r;          zpi = sin(angle);
zr = 1.0 + zpr;              zi = zpi;
for (i=2; i<= size/4; i++)
{
  i1 = 2 * i - 1;
  i2 = i1 + 1;
  i3 = size + 3 - i2;
  i4 = i3 + 1;
  qr = s1 * (array[i1] + array[i3]);
  qi = s1 * (array[i2] - array[i4]);
  rr = -s2 * (array[i2] + array[i4]);
  ri = s2 * (array[i1] - array[i3]);
  array[i1] = float( qr + zr * rr - zi * ri);
  array[i2] = float( qi + zr * ri + zi * rr);
  array[i3] = float( qr - zr * rr + zi * ri);
  array[i4] = float(-qi + zr * ri + zi * rr);
  r = zr;
  zr = r * zpr - zi * zpi + zr;
  zi = zi * zpr + r * zpi + zi;
}
qr = array[1];
if (sign > 0)
{
  array[1] = float(qr + array[2]);
  array[2] = float(qr - array[2]);
}
else
{
```

```
        array[1] = float(s1 * (qr + array[2]));
        array[2] = float(s1 * (qr - array[2]));
        Fft(array, size/2, -1);
    }
}

void Fft(float * array, int size, int sign)
{
    int             n, nmax, m, j, istep, i;
    double          r, zr, zpr, zpi, zi, angle;
    double          tmp, tmpr, tmpi;
    j = 1;      n = 2 * size;
    for (i=1; i<n; i+=2)
    {
        if (j > i)
        {
            tmp= float(array[j]);
            array[j] = array[i];
            array[i] = float(tmp);
            tmp= float(array[j+1]);
            array[j+1] = array[i+1];
            array[i+1] = float(tmp);
        }
        m = n/2;
        while (j > m && m > 1)
        {
            j -= m; m /= 2;
        }
        j += m;
    }
    nmax = 2;
    while (n > nmax)
    {
        istep= 2 * nmax;
        angle = TWOPI/nmax;
        if (sign < 0) angle = -angle;
        r = sin(0.5 * angle);
        zpr = -2.0 * r * r; zpi = sin(angle);
```

```
    zr = 1.0;              zi = 0.0;
    for (m=1; m<nmax; m+=2)
    {
    for (i=m; i<=n; i+=istep)
    {
        j = i + nmax;
        tmpr = zr * array[j] - zi * array[j+1];
        tmpi = zr * array[j+1] + zi * array[j];
        array[j]      = float(array[i] - tmpr);
        array[j+1]    = float(array[i+1] - tmpi);
        array[i]+     = float(tmpr);
        array[i+1] += float(tmpi);
      }
      r = zr;
      zr = r * zpr - zi * zpi + zr;
      zi = zi * zpr + r * zpi + zi;
    }
    nmax = istep;
  }
}
```

//不加权的最小二乘相位解缠

```
//部分调用函数可在Goldstein解缠算法中找到,参数意义同Goldstein解缠算法中注释
void UnWeightLMS(char * infile,char * format,char * outfile,int xsize,int ysize,
                 int num_cycles,int num_iter)
{
  int          k;
  FILE         * ifp, * ofp;
  float        * phase;
  float        * soln;
  float        * dx;
  float        * dy;
  int          in_format;

  printf("Unweighted Phase Unwrapping by Multigrid Algorithm\n");

  if (num_iter < 0) num_iter = 1;
  if (num_cycles < 0) num_cycles = 1;
```

```
if (Keyword(format, "complex8")) in_format = 0;
else if (Keyword(format, "complex4")) in_format = 1;
else if (Keyword(format, "byte")) in_format = 2;
else if (Keyword(format, "float")) in_format = 3;
else
{
  fprintf(stderr, "Unrecognized format: %s\n", format);
  exit(0);
}

printf("Input file = %s\n", infile);
printf("Input file type = %s\n", format);
printf("Output file = %s\n", outfile);
printf("File dimensions = %dx%d (cols x rows).\n", xsize, ysize);

if ((ifp= fopen(infile, "rb"))==NULL)
  printf ("Cannot open infile");
if ((ofp= fopen(outfile, "rb"))==NULL)
  printf ("Cannot open outfile");

phase = (float *) malloc(xsize * ysize * sizeof(float));
if ((phase)==NULL)
  printf ("Cannot allocate memory");
memset(phase, 0,xsize * ysize * sizeof(float));

soln = (float *) malloc(xsize * ysize * sizeof(float));
if ((soln)==NULL)
  printf ("Cannot allocate memory");
memset(soln, 0,xsize * ysize * sizeof(float));

printf("Reading phase data...\n");
GetPhase(in_format, ifp, infile, phase, xsize, ysize);

/* 解缠 */
printf("Unwrapping...\n");

dx = (float *) malloc(xsize * ysize * sizeof(float));
if ((dx)==NULL)
```

```
    printf ("Cannot allocate memory");
  memset(dx, 0,xsize * ysize * sizeof(float));

  dy = (float * ) malloc(xsize * ysize * sizeof(float));
  if ((dy)==NULL)
    printf ("Cannot allocate memory");
  memset(dy, 0,xsize * ysize * sizeof(float));

  DxGradient(phase, dx, xsize, ysize);
  DyGradient(phase, dy, xsize, ysize);
  for (k=0; k<xsize * ysize; k++) soln[k] = 0.0;
  UnweightedMG(soln, dx, dy, xsize, ysize, num_cycles, num_iter);
  printf("\nFinished\n");
  PrintMinAndMax(xsize, ysize, soln, "solution");

  for (k=0; k<xsize * ysize; k++)
    soln[k] = float(soln[k] * TWOPI);
  printf("Saving unwrapped surface to file '%s'\n", outfile);
  long len= xsize * ysize;
  if (len != long(fwrite(soln, sizeof(float), len, ofp)))
    printf("File write error");
  free(dx);
  free(dy);
  free(soln);
}

void DxGradient(float * phase, float * dx, int xsize, int ysize)
{
  int     i, j, k;
  float grad;
  for (j=0; j<ysize; j++)
  {
      for (i=0; i<xsize; i++)
      {
        k = j * xsize + i;
        if (i < xsize - 1)
          grad = Gradient(phase[k+1], phase[k]);
        else
```

```
          grad = Gradient(phase[k-1], phase[k]);
        dx[k] = grad;
      }
    }
}

void DyGradient(float *phase, float *dy, int xsize, int ysize)
{
    int     i, j, k;
    float grad;
    for (j=0; j<ysize; j++)
    {
      for (i=0; i<xsize; i++)
      {
        k = j*xsize + i;
        if (j < ysize - 1)
          grad = Gradient(phase[k+xsize], phase[k]);
        else
          grad = Gradient(phase[k-xsize], phase[k]);
        dy[k] = grad;
      }
    }
}

float Gradient(float p1, float p2)
{
    float r;
    r = p1 - p2;
    if (r > 0.5) r -= 1.0;
    if (r < -0.5) r += 1.0;
    return r;
}

void UnweightedMG(float *soln, float *dx, float *dy,int xsize, int ysize,
                    int num_cycles, int num_iter)
{
    int   n, coarsest_dim=3;
    for (n=0; n<num_cycles; n++)
```

```
    {
        printf("\nFMG CYCLE %d\n", n+1);
        Ufmg(soln, dx, dy, xsize, ysize, num_iter, coarsest_dim);
    }
}

void Ufmg(float * soln, float * dx, float * dy, int w, int h, int numit, int mindim)
{
    float * dx2=NULL, * dy2=NULL, * soln2=NULL;
    int     w2 = w/2, h2 = h/2;
    if (! Coarsest(w, h, mindim))
    {
        dx2 = Allocate(w2, h2, dx_type);
        dy2 = Allocate(w2, h2, dy_type);
        soln2 = Allocate(w2, h2, soln_type);
        Restrict(dx2, dy2, w2, h2, dx, dy, NULL, NULL, soln, w, h);
        Zero(soln2, w2, h2);
        Ufmg(soln2, dx2, dy2, w2, h2, numit, mindim);
        ProlongAndAccumulate(soln, w, h, soln2, w2, h2, NULL, NULL);
    }
    Umv(soln, dx, dy, w, h, numit, mindim);
}

void Umv(float * soln, float * dx, float * dy, int w, int h, int numit, int mindim)
{
    float * dx2=NULL, * dy2=NULL, * soln2=NULL;
    int     w2 = w/2, h2 = h/2;
    if (! Coarsest(w, h, mindim))
    {
        Relax(soln, dx, dy, NULL, NULL, w, h, numit);
        dx2 = Allocate(w2, h2, dx_type);
        dy2 = Allocate(w2, h2, dy_type);
        soln2 = Allocate(w2, h2, soln_type);
        Restrict(dx2, dy2, w2, h2, dx, dy, NULL, NULL, soln, w, h);
        Zero(soln2, w2, h2);
        Umv(soln2, dx2, dy2, w2, h2, numit, mindim);
        ProAccumulate(soln, w, h, soln2, w2, h2, NULL, NULL);
        Relax(soln, dx, dy, NULL, NULL, w, h, numit);
```

```
  }
  Relax(soln, dx, dy, NULL, NULL, w, h, 2 * w * h);
}

void Restrict(float *dx2, float *dy2, int wc, int hc, float *dx, float *dy, float *dxwts,
            float *dywts, float *soln, int wf, int hf)
{
  int    a, b, i, j, k;
  int    k1, k2, k3, k4, k5, k6, k7, k8, k9;
  int    k1x, k2x, k3x, k4x, k5x, k6x, k7x, k8x, k9x;
  int    k1y, k2y, k3y, k4y, k5y, k6y, k7y, k8y, k9y;
  float  scale;
  double  f1, f2, f3, f4, f5, f6, f7, f8, f9, wmult;
  double  w1, w2, w3, w4, w5, w6, w7, w8, w9;
  w1 = w2 = w3 = w4 = w5 = w6 = w7 = w8 = w9 = 1.0;
  scale = float((wf - 1.0)/(wc - 1.0));
  for (j=0; j<hc; j++)
  {
    b = 2 * j;
    for (i=0; i<wc-1; i++)
    { /* note: a < wf - 1 */
      a = 2 * i;
      k = b * wf + a;
      /* Indexes: */
      /* k1 k2 k3 */
      /* k4 k5 k6 */
      /* k7 k8 k9 */
      k5 = k;
      k4 = (a > 0) ? k5 - 1 : k5 + 1;
      k6 = (a < wf - 1) ? k5 + 1 : k5 - 1;
      k2 = (b > 0) ? k5 - wf : k5 + wf;
      k8 = (b < hf - 1) ? k5 + wf : k5 - wf;
      k1 = (a > 0) ? k2 - 1 : k2 + 1;
      k3 = (a < wf - 1) ? k2 + 1 :  k2 - 1;
      k7 = (a > 0) ? k8 - 1 : k8 + 1;
      k9 = (a < wf - 1) ? k8 + 1 : k8 - 1;
      k1x = k2;     k4x = k5;     k7x = k8;
      k2x = k3;     k5x = k6;     k8x = k9;
```

```
k3x = k3 + 1;  k6x = k6 + 1;  k9x = k9 + 1;
if (dxwts && dywts)
{
  /* weights: compute as MIN(k, k-1) */
  if ((w1 = dxwts[k1x]) > dxwts[k1]) w1 = dxwts[k1];
  if ((w2 = dxwts[k2x]) > dxwts[k2]) w2 = dxwts[k2];
  if ((w3 = dxwts[k3x]) > dxwts[k3]) w3 = dxwts[k3];
  if ((w4 = dxwts[k4x]) > dxwts[k4]) w4 = dxwts[k4];
  if ((w5 = dxwts[k5x]) > dxwts[k5]) w5 = dxwts[k5];
  if ((w6 = dxwts[k6x]) > dxwts[k6]) w6 = dxwts[k6];
  if ((w7 = dxwts[k7x]) > dxwts[k7]) w7 = dxwts[k7];
  if ((w8 = dxwts[k8x]) > dxwts[k8]) w8 = dxwts[k8];
  if ((w9 = dxwts[k9x]) > dxwts[k9]) w9 = dxwts[k9];
  wmult = 0.25 * w5 + 0.125 * (w2 + w8 + w4 + w6) +
              0.0625 * (w1 + w3 + w7 + w9);
}
f1 = w1 * (dx[k1] - (soln[k1x] - soln[k1]));
f2 = w2 * (dx[k2] - (soln[k2x] - soln[k2]));
f3 = w3 * (dx[k3] - (soln[k3x] - soln[k3]));
f4 = w4 * (dx[k4] - (soln[k4x] - soln[k4]));
f5 = w5 * (dx[k5] - (soln[k5x] - soln[k5]));
f6 = w6 * (dx[k6] - (soln[k6x] - soln[k6]));
f7 = w7 * (dx[k7] - (soln[k7x] - soln[k7]));
f8 = w8 * (dx[k8] - (soln[k8x] - soln[k8]));
f9 = w9 * (dx[k9] - (soln[k9x] - soln[k9]));
if (dxwts && dywts)
{
  if (wmult > 1.0e-6)
    dx2[j * wc + i] = float(scale * (0.25 * f5+0.125 * (f4 + f6 + f2 + f8)+0.0625 *
    (f1 + f3 + f7 + f9))/wmult);
  else
    dx2[j * wc + i] = dx[k];
}
else
{
  dx2[j * wc + i] = float(scale * (0.25 * f5 + 0.125 * (f4 + f6 + f2 + f8)+
                                        0.0625 * (f1 + f3 + f7 + f9)));
}
```

```
  }
}
for (j=0; j<hc; j++)
{
  dx2[j * wc + (wc - 1)] = -dx2[j * wc + (wc - 2)];
}

  scale = float((hf - 1.0)/(hc - 1.0));
  for (j=1; j<(hc-1); j++)
  { /* note: b > 0 */
    b = 2 * j;
    for (i=0; i<wc; i++)
    {
      a = 2 * i;
      k = b * wf + a;
      k5 = k;
      k4 = (a > 0) ? k5 - 1 : k5 + 1;
      k6 = (a < wf - 1) ? k5 + 1 : k5 - 1;
      k2 = (b > 0) ? k5 - wf : k5 + wf;
      k8 = (b < hf - 1) ? k5 + wf : k5 - wf;
      k1 = (a > 0) ? k2 - 1 : k2 + 1;
      k3 = (a < wf - 1) ? k2 + 1 : k2 - 1;
      k7 = (a > 0) ? k8 - 1 : k8 + 1;
      k9 = (a < wf - 1) ? k8 + 1 : k8 - 1;
      k1y = k4;     k2y = k5;     k3y = k6;
      k4y = k7;     k5y = k8;     k6y = k9;
      k7y = k7 + wf; k8y = k8 + wf; k9y = k9 + wf;
      if (dxwts && dywts)
      {
        if ((w1 = dywts[k1y]) > dywts[k1]) w1 = dywts[k1];
        if ((w2 = dywts[k2y]) > dywts[k2]) w2 = dywts[k2];
        if ((w3 = dywts[k3y]) > dywts[k3]) w3 = dywts[k3];
        if ((w4 = dywts[k4y]) > dywts[k4]) w4 = dywts[k4];
        if ((w5 = dywts[k5y]) > dywts[k5]) w5 = dywts[k5];
        if ((w6 = dywts[k6y]) > dywts[k6]) w6 = dywts[k6];
        if ((w7 = dywts[k7y]) > dywts[k7]) w7 = dywts[k7];
        if ((w8 = dywts[k8y]) > dywts[k8]) w8 = dywts[k8];
        if ((w9 = dywts[k9y]) > dywts[k9]) w9 = dywts[k9];
```

```
        wmult = 0.25 * w5 + 0.125 * (w2 + w8 + w4 + w6)+
                     0.0625 * (w1 + w3 + w7 + w9);
      }
      f1 = w1 * (dy[k1] - (soln[k1y] - soln[k1]));
      f2 = w2 * (dy[k2] - (soln[k2y] - soln[k2]));
      f3 = w3 * (dy[k3] - (soln[k3y] - soln[k3]));
      f4 = w4 * (dy[k4] - (soln[k4y] - soln[k4]));
      f5 = w5 * (dy[k5] - (soln[k5y] - soln[k5]));
      f6 = w6 * (dy[k6] - (soln[k6y] - soln[k6]));
      f7 = w7 * (dy[k7] - (soln[k7y] - soln[k7]));
      f8 = w8 * (dy[k8] - (soln[k8y] - soln[k8]));
      f9 = w9 * (dy[k9] - (soln[k9y] - soln[k9]));
      if (dxwts && dywts)
      {
        if (wmult > 1.0e-6)
          dy2[j * wc + i] = float(scale * (0.25 * f5+
                    0.125 * (f4 + f6 + f2 + f8)+
                      0.0625 * (f1 + f3 + f7 + f9))/wmult);
        else
          dy2[j * wc + i] = scale * dy[k];
      }
      else
      {
          dy2[j * wc + i] = float(scale * (0.25 * f5 + 0.125 * (f4 + f6 + f2 + f8)+
                                            0.0625 * (f1 + f3 + f7 + f9)));
      }
    }
  }
  for (i=0; i<wc; i++)
  {
    dy2[(hc - 1) * wc + i] = -dy2[(hc - 2) * wc + i];
  }
}

void Relax (float * soln, float * dx, float * dy, float * dxwts,float * dywts, int w, int h,
         int numit)
{
  int i, j, k, n, ipass, istart;
```

```
float x1, x2, x3, x4, y, z, r;
float w1, w2, w3, w4, norm=0.0;
double diff, maxdiff, sum;

if (w * h < 8 * 8 && numit < 2) numit = 2 * (w + h);
for (n=0; n<numit; n++)
{/* iteration */
  for (ipass=0; ipass<2; ipass++)
  { /* red and black sweeps */
    istart = ipass;
    sum = maxdiff = 0.0;
    for (j=0; j<h; j++)
    {/* row */
      for (i=istart; i<w; i+=2)
      {/* column */
        k = j * w + i;
        /* weights */
        if (dxwts && dywts)
        {
          w1 = (i < w - 1) ? dxwts[k+1] : dxwts[k-1];
          if (w1 > dxwts[k]) w1 = dxwts[k];
          w1 = w1 * w1;
          w2 = (i > 0) ? dxwts[k-1] : dxwts[k+1];
          if (w2 > dxwts[k]) w2 = dxwts[k];
          w2 = w2 * w2;
          w3 = (j < h - 1) ? dywts[k+w] : dywts[k-w];
          if (w3 > dywts[k]) w3 = dywts[k];
          w3 = w3 * w3;
          w4 = (j > 0) ? dywts[k-w] : dywts[k+w];
          if (w4 > dywts[k]) w4 = dywts[k];
          w4 = w4 * w4;
          norm = w1 + w2 + w3 + w4;
        }
        /* surface points */
        x1 = (i < w - 1) ? soln[k+1] : soln[k-1];
        x2 = (i > 0) ? soln[k-1] : soln[k+1];
        x3 = (j < h - 1) ? soln[k+w] : soln[k-w];
        x4 = (j > 0) ? soln[k-w] : soln[k+w];
```

```
          /* derivatives */
          y = (i > 0) ? dx[k-1] : -dx[k];
          z = (j > 0) ? dy[k-w] : -dy[k];
          if (norm > 1.0e-6)
          {
            r = (w1 * (x1 - dx[k]) + w2 * (x2 + y)+
                                  w3 * (x3 - dy[k]) + w4 * (x4 + z))/norm;
          }
          else
          {
            r = float(0.25 * (x1 - dx[k] + x2 + y + x3 - dy[k] + x4 + z));
          }
          diff = r - soln[k];
          if (diff < 0) diff = -diff;
          maxdiff = (maxdiff < diff) ? diff : maxdiff;
          sum += diff * diff;
          soln[k] = r;
        }
        istart = (istart) ? 0 : 1;
      }
    }
  }
  for (n=1; n<w; n *=2) printf(" ");
  printf("Relax %d %d: rms = %lf\n", w, h, sqrt(sum/(w * h)));
}

voidProAccumulate(float *fine, int wf, int hf, float *coarse, int wc, int hc,
                              float *coarse_dxwts, float *coarse_dywts)
{
  int    i, j, k, k1, k2, k3, k4, a, b, c;
  float  x1, x2, x3, x4, y1, y2, y3, y4, w1, w2, w3, w4, w;
  float  w1x, w2x, w3x, w4x, w1y, w2y, w3y, w4y;

  for (j=0, k=0; j<hc; j++)
  {
    for (i=0; i<wc; i++, k++)
    {
```

```
a = 2 * i;
b = 2 * j;
c = b * wf + a;
k1 = k;
k2 = (i < wc - 1) ? k1 + 1 : k1;
k3 = (j < hc - 1) ? k1 + wc : k1;
k4 = (i < wc - 1) ? ((j < hc - 1) ? k1 + wc + 1 : k2) : k3;
x1 = coarse[k1];
x2 = coarse[k2];
x3 = coarse[k3];
x4 = coarse[k4];
if (coarse_dxwts && coarse_dywts)
{
  w1x = coarse_dxwts[k1];
  w2x = coarse_dxwts[k2];
  w3x = coarse_dxwts[k3];
  w4x = coarse_dxwts[k4];
  w1y = coarse_dywts[k1];
  w2y = coarse_dywts[k2];
  w3y = coarse_dywts[k3];
  w4y = coarse_dywts[k4];
  w1 = MIN(w1x, w1y);
  w2 = MIN(w2x, w2y);
  w3 = MIN(w3x, w3y);
  w4 = MIN(w4x, w4y);
  y1 = x1;
  w = w1 + w2;
  y2 = float((w > 0.0) ? (w1 * x1 + w2 * x2)/w : 0.5 * (x1 + x2));
  w = w1 + w3;
  y3 = float((w > 0.0) ? (w1 * x1 + w3 * x3)/w : 0.5 * (x1 + x3));
  w = w1 + w2 + w3 + w4;
  y4 = float((w > 0.0) ? (w1 * x1 + w2 * x2 + w3 * x3 +
                w4 * x4)/w : 0.25 * (x1 + x2 + x3 + x4));
}
else
{
  y1 = x1;
```

```
    y2 = float(0.5 * (x1 + x2));
    y3 = float(0.5 * (x1 + x3));
    y4 = float(0.25 * (x1 + x2 + x3 + x4));
  }
  fine[c] += y1;
  fine[c + 1] += y2;
  fine[c + wf] += y3;
  fine[c + wf + 1] += y4;

  if (i==wc - 1)
  {
    b = 2 * j;
    for (a=2 * wc; a<wf; a++)
    {
      c = b * wf + a;
      fine[c] += y2;
      fine[c + wf] += y4;
    }
  }
  if (j==hc - 1)
  {
    a = 2 * i;
    for (b=2 * hc; b<hf; b++)
    {
      c = b * wf + a;
      fine[c] += y3;
      fine[c + 1] += y4;
    }
  }

  if (i==wc - 1 && j==hc-1)
  {
    for (b=2 * hc; b<hf; b++)
    {
      for (a=2 * wc; a<wf; a++)
      {
          c = b * wf + a;
```

```
                    fine[c] += y4;
                }
            }
        }
    }
}
}
```

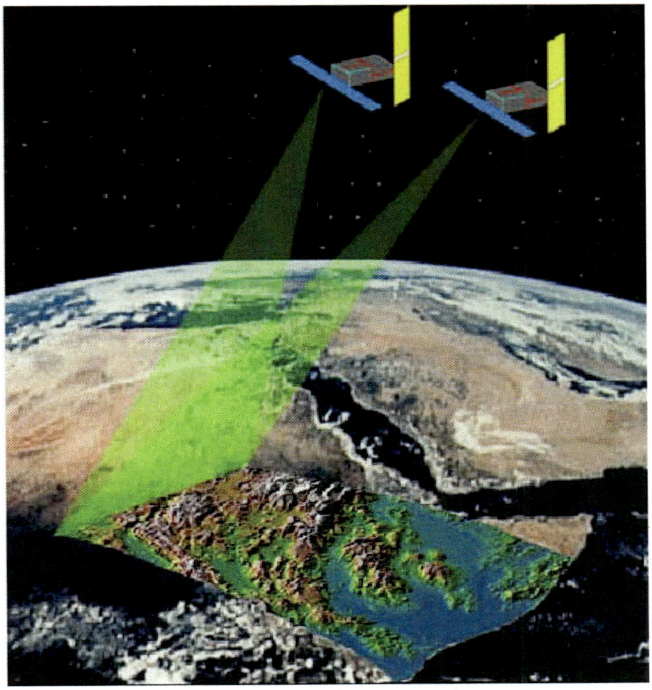

重复轨道(两卫星)InSAR 测量地面 DEM 示意❶

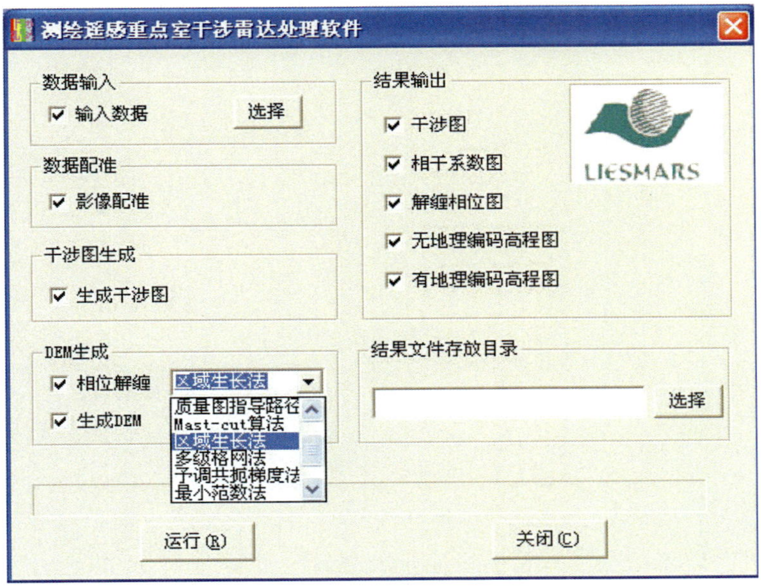

干涉测量处理系统

---

❶ 来自 http://www.ccrs.nrcan.gc.ca/ccrs/rd/programs/globsar/gsarmain_e.html。

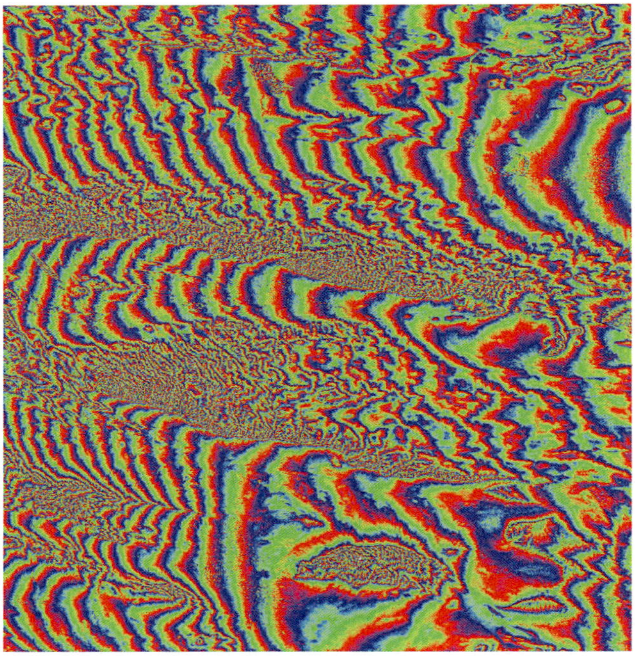

利用 ERS 数据生成的南极地区的干涉条纹图

利用 ERS 数据生成的南极地区 DEM

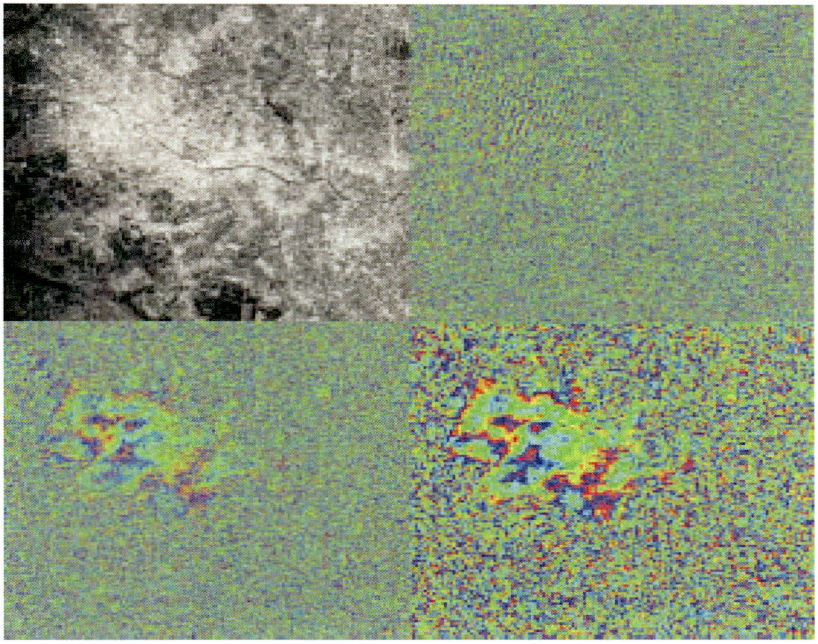

天津地区 ERS 数据处理结果

注:左上为幅度图像;右上为干涉相位图(含平地效应);左下为干涉相位图(消除了平地效应);右下为局部放大(左下图)。

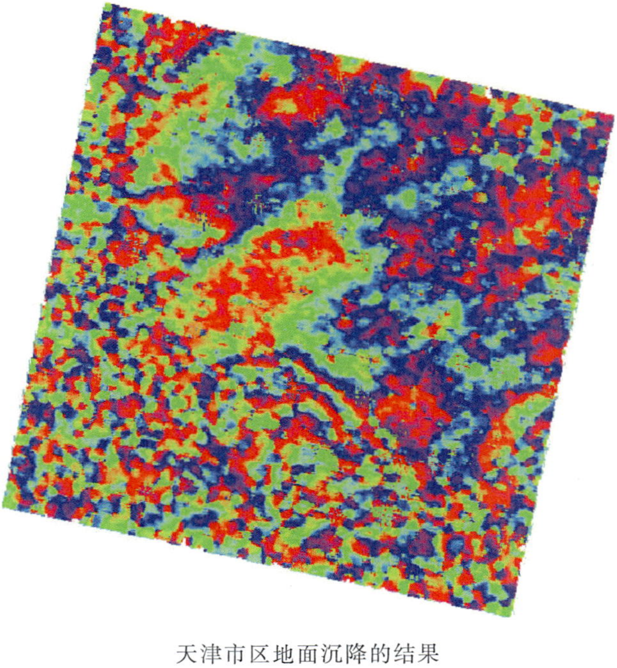

天津市区地面沉降的结果

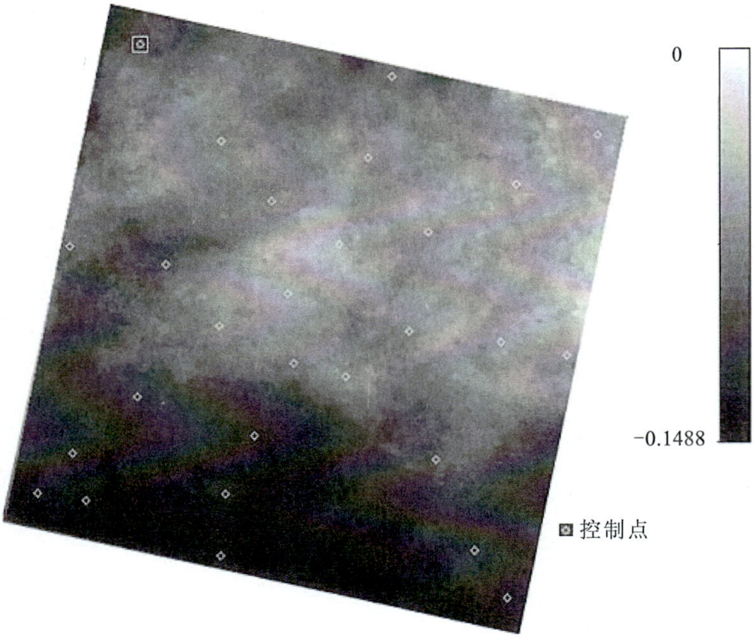

天津市区地面沉降的结果与控制点比对

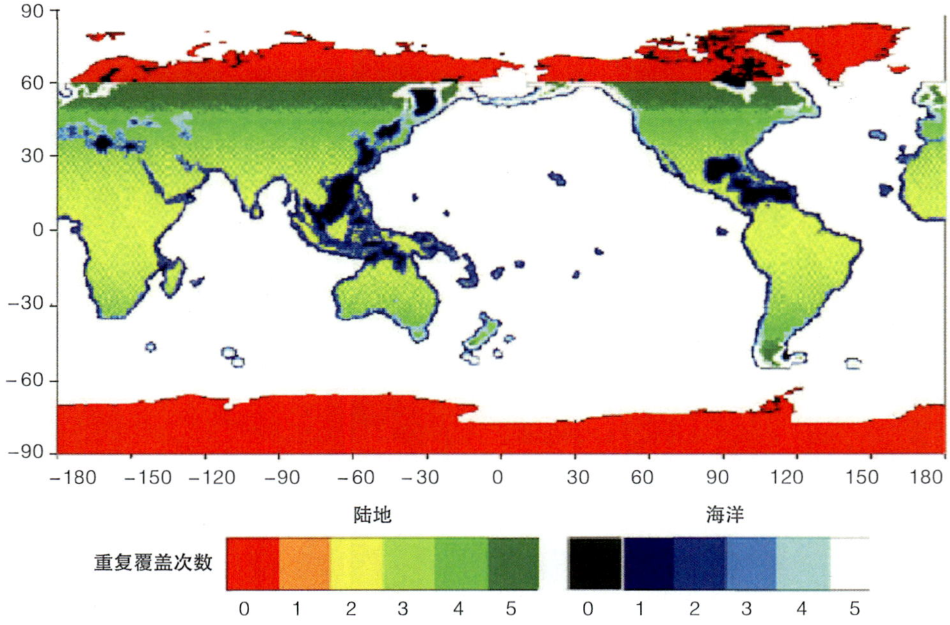

SRTM 全球 80%覆盖图(南纬 60°到北纬 60°之间)